工程

环境化学原理及应用

刁春燕　编著

中国水利水电出版社
www.waterpub.com.cn

内 容 提 要

　　工程环境化学是研究化学物质,特别是化学污染物在环境中的各种存在形态及特性、迁移转化规律、污染物对生态环境和人类影响的科学。本书主要内容包括绪论、大气环境化学、水环境化学、土壤环境化学、固体废物处置及电子废弃物资源化、环境污染物质的生物化学、重要化学元素的生物地球化学循环、典型污染物在环境各圈层中的转归与效应、工程环境化学的实验与应用。本书知识结构完整,注重实用性,可供从事环境保护、环境工程以及化学研究领域的工作人员参考。

图书在版编目(CIP)数据

工程环境化学原理及应用 / 刁春燕编著. -- 北京：
中国水利水电出版社, 2014.12(2022.10重印)
ISBN 978-7-5170-2833-8

Ⅰ. ①工… Ⅱ. ①刁… Ⅲ. ①环境化学 Ⅳ. ①X13

中国版本图书馆CIP数据核字(2014)第311274号

策划编辑:杨庆川　责任编辑:陈洁　封面设计:崔蕾

书　　名	工程环境化学原理及应用
作　　者	刁春燕　编著
出版发行	中国水利水电出版社
	(北京市海淀区玉渊潭南路 1 号 D 座 100038)
	网址:www.waterpub.com.cn
	E-mail:mchannel@263.net(万水)
	sales@mwr.gov.cn
	电话:(010)68545888(营销中心)、82562819(万水)
经　　售	北京科水图书销售有限公司
	电话:(010)63202643、68545874
	全国各地新华书店和相关出版物销售网点
排　　版	北京鑫海胜蓝数码科技有限公司
印　　刷	三河市人民印务有限公司
规　　格	184mm×260mm　16 开本　16.75 印张　407 千字
版　　次	2015年5月第1版　2022年10月第2次印刷
印　　数	3001—4001册
定　　价	59.00 元

前　言

从古至今,随着人类的发展,环境的破坏也随之发生。在不同的历史阶段,由于人类改造环境的水平不同,环境问题的类型、影响范围和危害程度也不尽相同。环境问题已成为一个不可忽视的、必须面对和解决的重大难题。为推进可持续发展战略的实施,我国的环境工作在管理思想和管理制度方面也都发生了深刻的变化,不仅拓宽了环境学科的研究领域急需的综合性科学,也使工程环境化学的研究和发展受到广泛的重视。

工程环境化学主要是从化学的角度研究讨论由人类活动引起的环境质量变化规律及其保护和改善的原理。从保护自然生态和人体健康的角度出发,将化学与生物学、气象学、水文地质、土壤学等进行综合,逐渐发展而成新的研究方法、手段、观点和理论。

本书以化学物质,特别是化学污染物在环境中的迁移、转化规律,污染物的各种状态、特性,及其在环境中出现而引起的环境问题为研究对象,以解决环境问题为目标。

本书内容大致分为9章:第1章为绪论,介绍有关环境问题和环境污染的概况以及环境化学的定义和研究内容;第2章为大气环境化学,讨论了大气环境化学基础,给出了大气污染的典型现象以及环境空气质量标准,研究了大气中污染物的迁移和转化机理及污染控制技术;第3、4章分别从水环境化学和土壤环境化学两方面研究了环境污染,并且对应地提出了水污染控制技术和土壤污染的防治修复技术;第5章主要阐述了固体废弃物处置及电子废弃物资源化;第6章讨论了环境污染物质的生物化学,从生物学的角度研究了环境污染物质的生物富集、放大和积累以及转运和生物毒效应;第7章重点介绍了碳、氮、磷、硫和一些重金属的生物地球化学循环的基本过程;第8章阐述了典型污染物在环境各圈层中的转归与效应;第9章讨论了工程环境化学的实验与应用。

本书在撰写的过程中参考了大量书籍,但由于作者的水平和所收集的资料有限,书中难免存在疏漏和不足之处,望广大读者批评指正。

作　者

2014 年 9 月

目　　录

第1章 绪 论

1.1 环境问题和环境污染

1.1.1 环境问题

1.环境及环境问题概述

环境总是相对于某一中心事物而言的。环境因中心事物的不同而不同,随中心事物的变化而变化。从环境学科的角度来看,它是以"人类—环境"系统为其特定的研究对象,研究"人类—环境"系统的发生和发展、调节和控制以及改造利用的科学。"人类—环境"系统,即人类与环境所构成的对立统一体,是一个以人类为中心的生态系统。

工程环境化学所研究的环境主要包括自然环境和生活环境。自然环境是人类赖以生存、生活和生产所必须的自然条件和自然资源的总称,包括大气圈、水圈、土壤岩石圈和生物圈,这当中的各类环境要素都是人类生产所需的资源,水圈为人类提供农业灌溉、工业用水、生活用水等,生物圈为人类提供食物和大量的生产资料,岩石圈为人类提供大量的矿产资源;生活环境包括人类为从事生活活动而建立起来的居住、工作和娱乐环境以及有关的生活环境因素等。自然环境和生活环境都是人类生存所必需的,其组成和质量的状况与人体健康的关系极为密切。

所谓环境问题是指全球环境或区域环境中出现的,由于自然原因或人类的活动使环境质量下降或生态系统失调,对人类的社会经济发展、健康和生命产生有害影响的现象。

环境问题大致可分为原生环境问题和次生环境问题两类。

(1)原生环境问题

原生环境问题主要是由自然力造成的,多以自然灾害的形式出现,如地震、泥石流、火山喷发、洪涝、干旱等。

(2)次生环境问题

次生环境问题主要是由人类活动破坏造成的,体现在环境污染和生态破坏等方面。目前所说的环境问题一般是指次生环境问题。

生态破坏是指人类活动直接作用于自然生态系统,造成生态系统的生产能力显著下降和结构显著改变,从而引起的环境问题,如过度放牧引起草原退化,滥采滥捕使珍稀物种灭绝和生态系统生产力下降,植被破坏引起水土流失等。引起生态环境破坏的主要原因是由于不合理开发和利用自然资源;超出环境承载能力,使生态环境质量恶化或自然资源枯竭。

环境污染则指人类活动的副产品和废弃物进入环境后,对生态系统产生的一系列扰乱和侵害,特别是由此引起的环境质量的恶化反过来又影响了人类自己的生活质量。环境污染的实质是环境中排放的污染物质超出了环境的最大净化能力(环境容量),造成有毒有害物质积聚过多。

2.当代全球性重大环境问题

全球性环境问题是指伴随着经济全球化产生的在全球范围内引发严重的生态、环境破坏，进而对经济社会发展产生长期而广泛的不利影响的一系列环境问题。全球环境问题全方位、大尺度、多层次、长时期的特点使得其影响已经触及地球的每一个角落，涉及人类生活的方方面面。

当前人类面临的全球性环境问题至少有以下几个方面。

(1)大气污染

引起全球变暖的主要原因是"温室效应"，大气中的 CO_2 起重要作用。在过去的 125 年内，全球平均地面温度上升了 $0.3℃\sim0.6℃$，北极地区上升的温度几乎为其余地区的 2 倍，冰川和海冰大面积消融，海平面上升了 $14\sim25cm$。人类活动导致温室效应持续加强，使全球变暖，增加了气象灾难事件并使其程度加重。2007 年 1 月，科学家再敲"末日之钟"，首次警告全球变暖的威胁堪比核武器，在今后 30 年或 40 年的气候变化可能对人类赖以生存的栖息地造成极大伤害。

(2)人口激增

世界人口数由 1960 年的 30 亿增至 2006 年的 65 亿。人口增长失控，人口过多，对环境构成巨大压力。人类为了供养如此大量的人口，冲破自然规律的制约，不断地破坏自然环境和掠夺式地开发自然资源，导致资源耗竭，环境恶化，已成为一个严重的环境问题。

(3)酸雨蔓延与臭氧层破坏

酸雨给陆地、水域和植物带来了缓慢的物理和化学变化以及不可逆的生态破坏，因而日益引起人们的关注。目前，酸雨已扩展到整个欧洲，蔓延到亚太部分地区和拉丁美洲的部分地区。全球形成了欧洲、北美和亚太地区 3 大酸雨区。我国南方是受酸雨危害最为严重的地区。

臭氧层的破坏危及地球上各种生物的生存、繁衍和发展。自 1985 年首次发现南极上空出现"空洞"到现在破坏面积已达 $28\times10^6km^2$；欧洲和北美上空的臭氧平均减少了 6%，紫外线增加 7%；南极上空臭氧减少达 50%，紫外线增加 130%。如果按现在的消减速度推算，到 2075 年臭氧将比 1985 年减少 40%，将导致全球皮肤癌患者可能达到 1.5 亿人，白内障患者可能达 1800 万人，农作物产量将减少 7.5%，水产资源将损失 25%，人体免疫功能也将减退。

(4)城市环境恶化与垃圾围城

目前，各国都在大力发展城市建设，城市基础设施建设滞后和生活排放的大量废弃物，使城市环境污染越来越突出，城市居民健康受到严重影响。废水排放、大气污染、室内空气污染、住房拥挤、交通事故、汽车尾气排放、交通运输噪声等日趋严重，已成为城市环境恶化的主要特征。

随着资源的大量消耗，全球废物排放亦与日俱增，垃圾堆积如山，全球每年新增垃圾约 100×10^8t，其中约有 $3\%\sim5\%$ 为有毒有害废物。同时，发达国家不断向发展中国家转嫁污染，有害废物的越境转移造成全球环境的更广泛污染。

(5)生态系统退化与绿色屏障锐减

人类无节制地从环境中攫取资源，不仅造成资源枯竭，还破坏了自然生态系统的良性循环。

①绿色屏障锐减。据调查预测,从 1990 年到 2025 年,全球森林将以每年 $16×10^6 \sim 20×10^6 \, hm^2$ 的速度消失,物种濒危。到 2040 年,现有约 1000 万个物种中有 70 万个物种将永远消失。

②全球每年有 $6×10^6 \, hm^2$ 的土地荒漠化,荒漠化面积约已占全球陆地面积的 1/4,影响到近 10 亿人口、100 多个国家和地区。

③地下水超量开采,淡水资源严重短缺。目前全世界有 100 多个国家缺水,43 个国家和地区严重缺水,约 17 亿人得不到安全的饮用水。水体污染严重,在世界范围已经确定存在于饮水中的有机污染物达 1100 多种,每年至少有 2500 万人死于水污染引起的疾病。大量污水直接排入海洋,造成许多沿海水域出现富营养化。过度的开发海洋渔业资源,使环境超过 60% 的海洋资源衰退。国际河流和海洋资源的分配已成为国际争端的重要事因。21 世纪将面临水资源的争夺战。

3.我国当前的环境形势

我国环境保护虽然取得积极进展,但环境形势依然严峻。"十五"环境保护计划指标没有全部实现,与 2000 年相比 SO_2 排放量增加了 27.8%,化学需氧量仅减少 2.1%,未完成削减 10% 的控制目标。淮河、海河、辽河、太湖、巢湖、滇池(以下简称"三河三湖")等重点流域和区域的治理任务只完成计划目标的 60% 左右。主要污染物排放量远远超过环境容量,环境污染严重。

全国水力侵蚀面积 161 万 km^2,沙化土地 174 万 km^2,90% 以上的天然草原退化;许多河流的水生态功能严重失调;生物多样性减少,外来物种入侵造成的经济损失严重;一些重要的生态功能区生态功能退化。农村环境问题突出,土壤污染日趋严重。危险废物、汽车尾气、持久性有机污染物等持续增加。应对气候变化形势严峻,任务艰巨。发达国家上百年工业化过程中分阶段出现的环境问题,在我国已经集中显现。我国已进入污染事故多发期和矛盾凸显期。

"十五"期间力图解决的一些深层次环境问题没有取得突破性进展,产业结构不合理、经济增长方式粗放的状况没有根本转变,环境保护滞后于经济发展的局面没有改变;体制不顺、机制不活、投入不足、能力不强的问题仍然突出;有法不依、执法不严、违法难究的现象仍然十分严重。

"十一五"期间,我国人口在庞大的基数上增加了 4%,城市化进程加快,虽然经济总量增长了 40% 以上,但经济社会发展与资源环境约束的矛盾越来越突出,国际环境保护压力加大,环境保护面临越来越严峻的挑战。

1.1.2　环境污染和环境污染物

1.环境污染

人类活动产生的污染物或污染因素,进入环境的量超过环境容量或环境自净能力时,就会导致环境质量的恶化,出现环境污染,该物质成为环境污染物。就实际研究来看,大多数环境问题是由环境污染(特别是化学物质的污染)引起的。环境污染的产生有一个从量变到质变的发展过程,只有当某种污染物质的浓度或其总量超过环境自净能力时,才会产生环境污染。环境污染的概念可以简述如下：

$$\frac{自然因素或人类}{活动的冲击破坏} - \frac{包括自净机能在内的自}{然界动态平衡恢复能力} = \frac{环境污染}{造成的危害}$$

关于由物质(污染物)因素引起环境污染的概念用图 1-1 所示。

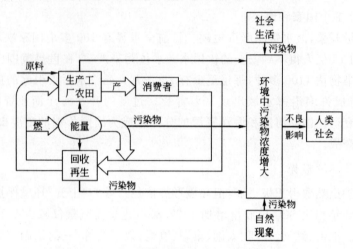

图 1-1 环境污染概念示意

环境污染有不同的类型。按污染产生的原因可分为生产污染(包括农业污染、工业污染、交通污染等)和生活污染；按环境要素可分为水体污染、大气污染、土壤污染等；按污染物的性质可分为物理污染、化学污染和生物污染；按污染的作用结果可分为环境污染和环境干扰。环境污染是指人类活动所排出的污染物，作用于环境产生不良影响，其特点是污染源停止排出污染物后，污染并没有马上消失，还会存在较长的时间。环境干扰是人类活动排出的能量作用于环境而产生的不良影响，但干扰源停止后，干扰立即消失。

2.环境污染物的分类

由于环境发生污染，当然会影响到环境的质量。自然环境的质量包括化学的、物理的和生物的三个方面。这三方面质量相应地受到三种环境污染因素的影响，即化学污染、物理污染和生物性污染。物理污染因素主要是一些能量性因素，如放射性、噪声、振动、热能、电磁波等。生物性污染物来自于人、动植物和微生物本身及其代谢产物。至于化学污染物，其种类繁多，它们是环境化学研究的主要对象。

水体中的主要化学污染物质有如下几类：

①有害金属或准金属，如 Cd、Cr、Cu、Hg、Pb、Zn、As 等。

②有害阴离子，如 CN^-、F^-、Cl^-、Br^-、S^{2-}、SO_4^{2-} 等。

③过量营养物质，如 NH_4^+、NO_2^-、NO_3^-、PO_4^{3-} 等。

④有机物，如农药、酚、醛、表面活性剂、多氯联苯、脂肪酸、有机卤化物等，在 1978 年美国环境保护局(EPA)曾提出水体中 129 种应予优先考虑的污染物，其中有机污染物占 114 种。

⑤放射性物质，如等核元素。

大气中的主要化学污染物来自于化石燃料的燃烧。燃烧的直接产物 H_2O 和 CO_2 是基本无害的。污染物产生于燃烧过程中，空气中的 N_2 和 O_2 通过链式反应等复杂过程产生各种氮氧化物(以 NO_x 表示)。

①燃料中含硫,燃烧后产生污染气体 SO_2。

②煤炭粉末或石油细粒末及燃烧而散逸。

③燃烧不完全,产生 CO 等中间产物。

④燃料使用过程中加入添加剂,如汽油中加入铅有机物,作为内燃机汽缸的抗震剂,经燃烧后,铅化合物进入大气。

1990 年美国清洁空气法修正案(CAAA)曾提出空气中应予以关注的 189 种有害空气污染物(HAPs),其中无机污染物占 23 种(类),其余为有机污染物。

土壤中的主要化学污染物是农药、肥料、重金属等。

存在于自然环境中的各种化学污染物都有可能进入各种生物的机体之内。现有生物物种有 1000 万种之多,它们又生活在环境条件各异的空域、水域或地域之中,所以存在于生物体内的主要污染物随物种及它们的生活地而异,不可一概而论。

化学工业在最近数十年来有了长足的发展,为人类文明和社会经济繁荣做出了贡献。目前已知化学物质总数超过 2000 万种,且这个数字还在不断增长。其中 6 万~7 万种是人们日常使用的,而约 7000 种是工业上大量生产的。到目前为止,在环境中已发现近 10 万不同种类的化合物,其中有很多对于各种生物具有一定的危害性,或是立即发生作用,或是通过长期作用而在植物、动物和人的生活中引起这样或那样不良的影响。进入环境的化学污染物数量也是惊人的,例如仅由于烧煤,世界范围内每年约有 3000t 汞进入大气。

3.环境污染物的来源

大部分环境污染物是人类生产、生活活动过程中产生的。按污染物的来源可分为天然污染源和人为污染源。天然污染源是指自然界自行向环境排放有害物质或造成有害影响的场所,如正在活动的火山。人为污染源是指人类社会活动所形成的污染源。后者是环境保护工作研究和控制的主要对象。

人为污染源有多种分类方法。按排放污染物的种类,可分为无机污染源、有机污染源、热污染源、放射性污染源、噪声污染源、病原体污染源和同时排放多种污染物的混合污染源等。实际上,大多数污染源都属于混合污染源。按污染的主要对象,可分为水体污染源、土壤污染源等。按排放污染物的空间分布方式,可分为点污染源(集中在一点或一个可当作一点的小范围排放污染物)和面污染源(在一个大面积范围排放污染物)。更常见的是按人类社会活动功能分类,分为农业污染源、工业污染源、生活污染源以及交通运输污染源。

(1)农业污染源

在农业生产过程中对环境造成有害影响的农田和各种农业设施称为农业污染源。不合理施用化肥和农药会破坏土壤结构和自然生态系统,特别是破坏土壤生态系统。降水所形成的径流和渗流把土壤中的氮和磷、农药以及牧场、养殖场、农副产品加工厂的有机废物带入水体,使水体水质恶化,有的造成河流、水库、湖泊等水体富营养化。大量氮化合物进入水体导致饮用水中硝酸盐含量增加,危及人体健康。氮肥分解产生的氮氧化物直接影响大气的物质平衡。在农业高度现代化的国家,农业污染源排放的硝酸盐、氮和无机磷已经对水体构成极大危害。有研究报告指出,在生活污水中氮的质量浓度一般为 18~20mg/L;而农田径流中,氮的质量浓度为 1~70mg/L,上限远超过生活污水。农田径流中磷的质量浓度为 0.05~1.1mg/L。农田径流里的氮、磷含量都大大超过藻类生长需要。使水体营养过剩,造成水体富营养化污染。

（2）生活污染源

生活活动也能产生物理的、化学的和生物的污染,排放"三废"。分散取暖和炊事废气、生活污水、生活垃圾等。生活污染源主要来自人类消费活动产生的各种废弃物,其污染环境的途径有:

①消耗能源排出废气造成大气污染,如城市里居民普遍使用的小炉灶在城市区域内排放的废气。

②排出生活污水(包括粪便)造成水体污染,如生活污水中的有机物,合成洗涤剂、氯化物以及致病菌、病毒和寄生虫卵等污染物进入水体,恶化水质,并传播疾病。

③抛弃的城市垃圾造成环境污染,如厨房废物、废塑料、废纸、金属、煤炭和渣土等。

（3）工业污染源

工业生产中的一些环节,如原料生产和加工过程、燃烧过程、加热和冷却过程、成品整理过程等使用的生产设备或生产场所都可能成为工业污染源。除废渣堆放场和工业区降水径流构成的污染以外,多数工业污染源属于点污染源。它通过排放废水、废气、废渣和废热污染大气、水体和土壤,其产生噪声、振动又危害周围环境。各种工业生产过程排出的废物含有不同的污染物。例如,煤燃烧过程排出的气体中含有 CO、SO_2、粉尘等污染物;一些化工生产过程排出的废气主要含有 H_2S、NO_x、HF、HCl、甲醛、氨等各种有害气体;炼油厂废水中主要含原油和石油制品,以及硫化物、碱等;电镀工业废水中主要含有重金属离子、酸和碱、氰化物和各种电镀助剂;火力发电厂主要排出烟气和废热。此外,由于化学工业的迅速发展,越来越多的人工合成物质进入环境;地下矿藏的大量开采,把原来埋在地下的物质带到地上,从而破坏了地球上物质循环的平衡。重金属、各种难降解的有机物等污染物在人类生活环境中循环、富集,对人体健康构成长期威胁。可见,工业污染源对环境危害很大。

（4）交通运输污染源

污染主要是噪声、汽油(柴油)等燃料燃烧物的排放和有毒有害物的泄漏、清洗、扬尘和污水等。交通运输污染源主要来自对周围环境造成污染的交通运输设施和设备。这类污染源排放废气和洗刷废水(包括油轮压舱水),泄漏有害液体、发出噪声等都会污染环境。主要污染物有一氧化碳、氮氧化物、碳氢化合物、二氧化硫、铅化合物、苯并[a]芘、石油和石油制品以及有毒有害的运载物。

1.2 工程环境化学

1.2.1 工程环境化学的定义和研究内容

1.工程环境化学的定义

工程环境化学是在化学学科基本理论和方法学原理的基础上发展起来的以有毒有害化学物质所引起的环境问题为研究对象,以解决环境问题为目标的一门新型学科。

作为一门独立的学科,工程环境化学具有其自身的特点和内涵,主要是综合应用环境科学和化学科学的基本理论和方法,从微观的原子和分子水平阐明和研究宏观的环境现象与环境变化的化学原因、过程机制及其防治途径。环境化学之所以从化学的其他分支学科分离出来，是由于它以环境问题为研究对象，阐述和解释环境问题的化学本质，为调控人类活动的行为提供科学依据。

　　2. 工程环境化学的研究内容

　　由于自然环境是一个开放体系，时刻都有能量流和物质流的传递，污染物进入环境后，可迁移转化至大气、水体、岩石、土壤中，也可以为生物体吸收而积累，或通过食物链传递等，因而研究范围可以从地球表面覆盖的矿物到高空中的离子，涉及面广。根据我国多年环境化学教学和科研的经验，认为环境化学覆盖的研究领域和分支学科如表 1-1 所示。

表 1-1　环境化学分支学科的划分

研究领域	分支学科
环境分析化学	环境有机分析化学 环境无机分析化学
各圈层的环境污染化学	大气环境（污染）化学 水环境（污染）化学 土壤环境（污染）化学
污染生态化学	
污染控制化学	大气污染控制化学 水污染控制化学 固体废物污染控制化学

　　（1）环境分析化学

　　环境分析化学研究如何运用现代科学理论和先进实验技术来鉴别和测定环境中化学物质的种类、成分形态（包括状态、结构）及含量。具体有如下三方面：

　　①通过环境污染物的分析，可判明环境是否受到污染，了解污染的程度。

　　②分析污染物的存在状态和结构，为防治污染提供依据。

　　③研究环境污染物的分析方法如何实现"高灵敏度"、"高准确性"、"高分辨率"以及"自动化"、"连续化"、"计算机化"。

　　（2）各圈层的环境污染化学

　　本分支学科研究在全球环境各圈层中化学物质的来源、迁移、所发生的各种物理、化学与生物化学过程的规律，以及人类各种活动所产生的污染物对这些过程的干扰与影响。各种污染物的转化有其各自的特征。如耗氧有机物可以在自然环境中降解；有机氯农药等持久性有机污染物则不易降解、可生物积累；重金属是完全不能降解、只能转化和富集。

　　（3）污染控制化学

　　污染控制化学与环境工程学、化学工程学有密切的关系。它研究与污染控制有关的化学机制与工艺技术中的化学基础性问题，以便最大限度地控制化学污染，为开发高效的污染控制技术和发展清洁工艺提供科学依据。

　　污染控制目前有两种模式：一种是传统的终端污染控制（end-of-pipe control）；另一种是

污染预防(pollution-prevention)与清洁生产(cleaner-production)。

①终端污染控制。其研究内容主要包括:水污染控制、大气污染控制、固体废弃物污染控制及资源化研究。其中污染控制材料的研究,包括离子交换剂、吸附剂、絮凝剂、催化剂、膜材料、消毒剂等的研究;污染控制技术的研究,包括物理法(如重力沉降、浮选、过滤等)、化学法(如中和、氧化还原、化学凝聚等)、物理化学法(如吸附、电解、离子交换、膜分离等)、生物法(如生物滤池、活性污泥法等)。终端控制对各国污染控制技术的发展和环境污染治理起着积极的推动作用,但终端控制只能减少或阻止污染物排放,并不能有效阻止污染物的产生。

②污染预防与清洁生产。鉴于终端治理的局限性,20世纪80年代中期,欧美国家提出了污染预防的政策。它强调的是控制污染源的发生,目的是减少甚至消除污染的根源,这是环境管理战略的一次重大转变。污染预防的核心是清洁生产,它包括以下几个具体内容:

生产过程的设计尽量采用新工艺,使原材料最大限度地转换为产品,能源得到最有效的利用,废物的排放最少化。

采用无污染、少污染、低噪声、节省原料和能源的高技术装备,代替那些严重污染环境、浪费资源、能源的陈旧设备。

尽量使用无毒、无害、低毒、低害原料,替代有害的原料。

采用合理的产品设计,发展换代型的对环境无污染、少污染、环境兼容和可回收利用的新产品。

1.2.2　工程环境化学的特点

工程环境化学作为一门新兴的学科,在很多方面有其自己的特点。

①自然环境是一个开放体系,时刻有能量流和物质流的传送,影响因素众多,环境物质大多处于不平衡状态,至多处于一种稳态。因此,只用化学热力学很难确切描述它们的反应历程,化学动力学在工程环境化学中有着极其重要的作用。

②化学变化复杂,有多种反应路径,受到的影响因素也比较多。环境中的化学反应,由于参与反应的物质难以计数,各种物质相互之间反应十分复杂,反应物在介质中的浓度又往往小得微乎其微,加之使反应得以进行的能量,如热、光等也难以把握,影响反应的因素又很多,使环境中的化学反应不像"纯"化学那样能得到清晰的描绘,对工程环境化学问题常给不出一个简单答案,常出现界限不明、结论不同等现象。

③自然环境有多种组分,体系复杂,其组分含量变化范围大,且多数是低含量的。这就给环境化学的研究,特别在定量研究上带来了困难,给环境分析和监测提出了很高的要求。要求环境分析方法有高选择性、灵敏度以及快速、自动连续性等。

④环境化学是一门新兴学科,它从兴起到目前也就20多年。环境化学的研究工作还不够深入,不够全面,很多本质和规律尚未被揭露和掌握,甚至许多概念还含混不清,定义尚不统一、术语还不一致,环境化学本身的定义和范围都还未能统一。因此,需要更多的研究,来推动环境化学的发展。

⑤环境化学具有跨学科的综合性质。自然环境是个复杂的体系,组成复杂,现象复杂,性质和规律也复杂,其化学现象和其他现象紧密地联系在一起。因此,在了解其化学现象的同时,也必须对其他现象给予一定的了解。这必然导致研究环境化学除涉及化学学科外,还涉及

气象、生物、水文、土壤、物理、数学、计算机、毒理、卫生等许多学科,使环境化学成为跨学科性的和综合性的特点。

1.2.3　工程环境化学的研究方法

环境化学与许多理论性和实用性的化学学科及环境学科的其他分支学科有着最密切的联系。环境化学的研究方法通常有四个方面。

1. 现场研究

现场研究是指在所研究区域直接布点采样、采集数据,了解污染物时空分布,同步监测污染物变化规律,有地面监测、遥感测等,人力物力需求较大。

2. 实验室研究

实验室研究主要是指在实验室内,仅对所感兴趣的化学物质进行有关的 1 个或 2 个影响参数研究,而把其他的一些影响参数尽可能排除在外。绝大多数的环境化学研究是通过这种方法进行。由于化学污染物在环境中微量、浓度低、形态多样,又随时随地发生迁移和形态间的转化,所以需要以非常准确而又灵敏的环境分析监测手段作为研究工作的先导。例如对许多结构不明的有机污染物,经常需要用红外光谱仪、色质联用仪等结构分析仪来分析鉴定;对污染物在环境介质中的相互平衡或反应动力学机理研究常需用高灵敏度的同位素示踪技术等。

3. 实验室模拟系统研究

自然环境通常是在不断变化的,各种因子处于动态变化之中,因此在实地对化学物质进行一些规律性研究是困难的。而实验室研究往往难以进行多个影响参数、多种物质共同存在下的化学物质的环境行为、归宿和效应等研究。实验模拟研究是指试图把自然环境的某个局部置于可以控制、调节和模拟的系统内,对化学物质在诸多因子影响下的环境行为进行研究。

4. 计算机模拟研究

化学物质在环境中所发生的迁移、转化、归宿及生态效应等牵涉到该物质在环境中发生的各种物理过程、化学反应和生物化学过程,而这些过程与反应又受环境中诸多因素影响,因而化学物质在环境中的变化是相当复杂的。通过计算机模拟研究建立数学模型、进行参数估值、灵敏度分析以及模型的标定等过程,可较为接近地描述化学物质在环境中所发生的迁移、转化、归宿等过程,应用该方法进行研究在该领域已经有近八十年历史了。

在环境化学研究方法中需运用多方结合的手段,即多种学科结合、宏观和微观结合、静动结合、简繁结合,"软硬"结合等。

第 2 章　大气环境化学

2.1　大气环境化学基础

大气是地球上一切生命赖以生存的气体环境。一个成年人每天大约要呼吸 $10\sim12m^3$ 空气,其质量约为每人每天摄取食物的 10 倍。充足洁净的空气对人类健康是不可缺少的。大气层的重要性还在于吸收来自太阳和宇宙空间的大部分高能宇宙射线和紫外辐射,是地球生命的保护伞。同时,大气层是地球维持热量平衡的基础,为生物创造了一个适宜的温度环境。

2.1.1　大气的组成

大气是由多种气体组成的混合物。大气的总质量为 5.14×10^{18} kg。另外,大气中还含有少量的悬浮固体颗粒和液体微滴。

大气中除去水汽和杂质的空气称为干洁大气(干燥清洁的空气)。干洁大气的主要组分是氮、氧、氩三种气体,占大气总体积的 99.99%,加上 CO_2 后,则占大气总体积的 99.995%。次要成分主要是惰性气体,还有微量的有毒气体(NO、NO_2、O_3、CO、SO_2、H_2S)。在 90km 以下的大气层中,空气密度是随高度的增加而减小的,但大气中的主要成分的组成比例却几乎没有变化。这层干洁大气的组成如表 2-1 所示。

表 2-1　干洁大气的组成及总质量数

组分	体积分数/%	总质量/10^6t
N_2	78.09	4220000000
O_2	20.95	1290000000
Ar	0.93	72000000
CO_2	0.033	2700000
Ne	18.18×10^{-4}	70000
He	5.24×10^{-4}	4000
CH_4	1.4×10^{-4}	4600
Ke	1.14×10^{-4}	16200
H_2	0.5×10^{-4}	290
N_2O	0.25×10^{-4}	1700
CO	0.1×10^{-4}	540

组分	体积分数/%	总质量/10^6 t
Xe	0.08×10^{-4}	2000
O_3	0.025×10^{-4}	190
NO_2	0.001×10^{-4}	9
NO	0.006×10^{-4}	3
SO_2	0.002×10^{-4}	2
H_2S	0.002×10^{-4}	1
NH_3	0.006×10^{-4}	2

注:未计入水蒸气

低层($<90km$)大气的气体成分也可以分为稳定组分、可变组分和不确定组分三种类型。稳定组分包括氮、氧、氩及微量的惰性气体氦、氖、氪、氙等,它们在大气成分中保持固定的比例;可变组分指大气中的 CO_2、SO_2 和 H_2O 等,这些气体的组成比例随时间、地点而变,即随地区、季节、气象和人类活动而有所变化。其中,水汽的含量虽然很少,但其受时间、地点、气象条件而变化的幅度最大,也是导致出现各种复杂的天气现象(如雨、雪、霜、露等)的主要原因之一。CO_2 和 O_3 虽所占比例也很小,但它们的组成比例发生变化会对气候产生较大的影响。另外,大气中还有一些组分,主要来源于自然界的火山爆发、森林火灾、地震以及人类社会的生产活动和生活活动,包括尘埃、煤烟、氮氧化物、硫氧化物等,它们是大气中的不确定组分,可以造成一定空间范围、一定时期的暂时性大气污染,影响到人类生存的环境。

2.1.2　大气的结构

1.大气的垂直分层

大气的温度是随着距地面的垂直高度变化而变化的。按照大气在垂直方向上温度变化和运动的特点通常将大气分为对流层、平流层、中间层和热层等四层,如图 2-1 所示。

(1)对流层

对流层(troposphere)是指靠近地表的这一层大气,其平均厚度为 $10\sim12km$,赤道附近为 $16\sim18km$,两极附近为 $8\sim9km$,中纬度地区为 $10\sim12km$。对流层的厚度随季节不同会有所变化,一般夏季较厚,冬季较薄。从厚度上讲,对流层只是大气圈的一小部分,但是对流层空气密度大,大气圈总质量的 75% 以上处于对流层中。

对流层大气的温度在 $+17℃\sim-83℃$ 之间,且温度随高度增加而下降,一般情况下,高度每垂直上升 $100m$,气温大至下降 $0.6℃$。这是因为地表对外的红外辐射是对流层大气的重要热源,因此在对流层内越靠近地表的空气吸收来自地表的长波辐射能量越多,温度越高,离地表越高,吸收地表的辐射能越少,温度越低,造成对流层内气温上冷下热。因对流层大气上冷下热,靠近地表的热空气密度小作上升运动,高处的冷空气密度大而向下运动,因而对流层内空气有强烈的上下对流运动,"对流层"因此而得名。对流层空气的强烈对流运动有利于污染物的稀释扩散。

几乎所有的水分、尘埃都集中在对流层中,风、云、雨、雪、雷电、冰雹等天气现象也都发生在对流层中。主要的大气污染现象也多发生在此层。在对流层最上面为对流层顶,厚度为1～3km。

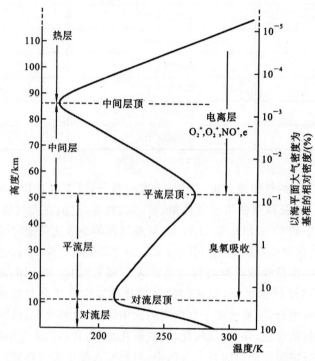

图 2-1　大气的垂直分层结构

(引自 Thomas,2003)

(2)平流层

平流层在对流层顶以上,距地面约 11～50km。在平流层下层,即从对流层顶到 30～35km 高度,这一层温度随高度的变化较小,气温趋于稳定,称为同温层。从 30～35km 往上至平流层顶,气温随高度的增加而增加。其原因是地表的长波辐射基本上被对流层气体吸收而不能到达平流层,平流层的热量主要来自于太阳紫外线的能量,越往上,吸收紫外线能量越多,温度越高。平流层大气温度处于 $-83～-3℃$ 之间,由于气温上热下冷,空气基本上没有上下对流运动,以水平运动即平流为主。

平流层大气稳定,透明度较高,污染物一旦进入该层,只形成一薄层气流随地球旋转而运动,会滞留很长时间,有时可达数年,在强烈的光照下,可发生各种光化学作用,致使臭氧层破坏,造成全球性环境问题。

在高 15～35km 范围内,有约 20km 的一层大气中 O_3 浓度较高,集中了大气中约 70% 的 O_3,称为臭氧层。O_3 的空间动力学分布主要受其生成和消除过程控制:

$$O_2 + h\nu \longrightarrow 2O \cdot$$
$$O_2 + O \cdot \longrightarrow O_3$$
$$O_3 + h\nu \longrightarrow O_2 + O \cdot$$

$$O_3 + O \cdot \longrightarrow 2O_2 \qquad (2\text{-}1)$$

在不受外界因素影响的情况下以上 4 个反应在平流层达到动态平衡,维持一定的 O_3 浓度。反应(2-1)是 O_3 分解反应,在平流层中这一过程吸收大量来自太阳的紫外线(UV-B、UV-C),使地球生命免遭过量紫外线的伤害,可以说臭氧层是地球生命的保护伞。

(3)中间层

中间层在平流层顶之上,距地面 50～85km 的区域。这一层的空气更为稀薄,吸收太空辐射较少,热量主要靠其下面的平流层提供,因此气温随高度的增加而下降,上冷下热,有较强的上下垂直对流运动。在 60km 以上的高空,大气分子受到宇宙射线的照射会产生电离,因此在 60～80km 之间是均质层转向非均质层的过渡层。

(4)热层

距地面 85～800km 高度之间的大气层称为热层((或热成层、暖层)。在热层中,波长<150nm 的紫外线几乎全部被吸收,所以气温随高度增加而迅速升高,在热层顶温度可高达 1000℃。热层内空气十分稀薄,其空气质量大约只占大气总质量的 5%,在 120km 的高度,空气密度大约只是海平面的几亿分之一,而在 300km 的高度,空气密度降到海平面的百亿分之一。由于空气密度很低,高空太阳紫外线辐射强度很高,NO_2、O_2、O_3 等分子几乎处于完全电离状态,所以热层又称为电离层。

(5)外大气层

外大气层在热成层的上部,距离地面高度超过 800km。该层大气极其稀薄,远离地表,受地球引力小,大气质点不断向星际空间逃逸,因此称为逸散层。

2.大气主要层次及其特征

大气主要层次及其特征概括于表 2-2 中。

表 2-2　大气主要层次及其特征

层次	高度范围/km	温度变化特征及范围/℃	空气运动特征	
对流层	低纬度地区 0 到 16～18 中纬度地区 0 到 10～12 高纬度地区 0 到 8～9	气温随高度增加而下降,温度范围:−83～+17	有强烈的上下对流运动	N_2、O_2、CO_2、Ar、H_2O、固体颗粒物
平流层	低纬度地区 18～50 高纬度地区 8～50	气温随高度增加而增加,温度范围:−83～−3	稳定的平流状态	N_2、O_2、CO、CO_2、Ar、CH_4 等,(O_3 浓度较高)
中间层	50 到 80～85	气温随高度增加而下降,温度范围:−113～−3	有较强的上下对流运动	N_2、O_2、O_2^+、NO^+ 等
热层	80～85 到 800*	气温随高度增加而迅速上升,温度范围:−114～+3000	空气稀薄	N_2、O_2、O_2^-、O_2^+、O^+、$O\cdot$、NO^+、e^-
外大气层	800～3000	气温随高度增加而增加	向太空逃逸	

注 *:有资料认为热层的范围为 85～500km 或 700km。

2.2 大气污染的典型现象

2.2.1 温室效应

温室效应是指地球大气层上的一种物理特性,即太阳短波辐射透过大气层射入地球表面,而地面增暖后放出的长、短辐射被大气中的 CO_2 等物质所吸收,进而对地球起到保温作用的现象(见图 2-2),能够引起温室效应的气体,称为温室气体。这些气体中,能够吸收长波长的主要有 CO_2 和 H_2O 分子。水分子只能吸收波长为 700~850nm 和 1100~1400nm 的红外辐射,且吸收极弱,而对 850~1100nm 的辐射全无吸收。即水分子只能吸收一部分红外辐射,而且较弱。因而当地面吸收了来自太阳的辐射,转变成为热能,再以红外光向外辐射时,大气中的水分子只能截留一小部分红外光。而大气中的 CO_2 虽然含量比水分子低得多,但它可强烈地吸收波长为 1200~1630nm 的红外辐射,因而它在大气中的存在对截留红外辐射能量影响较大。对于维持地球热平衡有重要的影响。

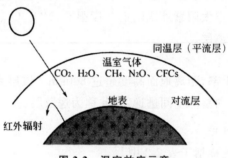

图 2-2 温室效应示意

1. 温室气体

如果大气中温室气体增多,则过多的能量被保留在大气中而不能正常地向外空间辐射,这样就会使地表面和大气的平均温度升高,对整个地球的生态平衡会有巨大的影响。

除了二氧化碳之外,大气中还有一些痕量气体也会产生温室效应,其中有些比 CO_2 的效应还要强,如表 2-3 所示。

表 2-3 各种温室气体的

温室气体	增温效应(以 CO_2 为标准)
CO_2	1
CH_4	23
NO_x	310
CFCs	140~11700
PFCs	6500~9200
SF_6	23900

图 2-3 显示了近几十年来大气中各种温室气体对气温的影响,从中可以看到,除 CO_2 以外具有温室效应的气体的增加对气温的影响非常明显,因此在进行温室效应的研究时必须给予足够的重视。

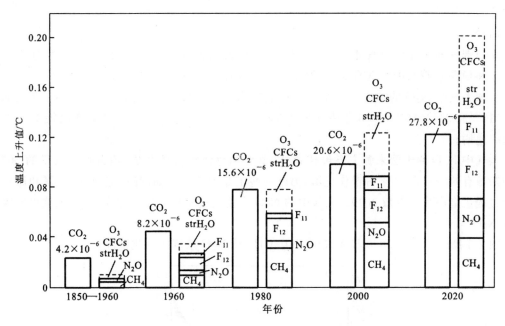

图 2-3　各种温室气体对气温上升的影响

(CFCs 为除氟利昂-11、氟利昂-12 以外的氟利昂气体,strH₂O 为同温层水蒸气)

(引自王晓蓉,1993)

人为活动的影响,使得大气内的 CO_2、N_2O、CH_4、O_3 和 CFCs 温室气体的浓度越来越高,破坏了地球的能量平衡,导致了温室效应的加剧。

(1)CO_2

CO_2 一直是全球气候变化研究的重点,CO_2 浓度增加主要来自矿物燃料的燃烧和森林的毁坏两方面的原因。据科学测定表明,空气中 CO_2 浓度在逐年增加。在工业革命以前,全球大气 CO_2 为 $280cm^3/m^3$,2005 年为 $379cm^3/m^3$。预计到 2030 年,大气中 CO_2 的质量分数将比工业革命之前增加 1 倍。

(2)CH_4

甲烷(CH_4)的温室效应比 CO_2 大 20 倍,因此它的浓度增长也是不容忽视的。CH_4 的红外吸收和辐射能力远大于 CO_2,其吸收和辐射带不在 CO_2 和水蒸气间。CH_4 是仅次于 CO_2 的重要温室气体,它在大气中的浓度虽比 CO_2 少得多,但增长率却大得多。据联合国政府间气候变化专业委员会 1996 年发表的第二次气候变化评估报告的资料显示,从 1750—1990 年共 240 年间 CO_2 浓度增加了 30%,而同期 CH_4 浓度却增加了 145%。因此在温室效应的研究中,CH_4 越来越受到重视。

大气中 CH_4 的来源非常复杂,除了天然湿地等天然来源外,超过 2/3 大气中的 CH_4 都来自于与人类有关的活动:采矿、天然气和石油工业、稻田、动物排泄物、污水管道、垃圾填埋坑等。

（3）O_3

大气中的 O_3 能吸收大量的紫外辐射,同样它对波长在 $10\mu m$ 左右的红外辐射有个很强的吸收峰,可以吸收此波段的长波辐射并加热大气。因此,存在于平流层和对流层中的 O_3。都是重要的温室气体。

（4）N_2O

N_2O 是一种微量温室气体,可以吸收地球辐射回的长波辐射,产生温室效应,使地表温度上升。N_2O 具有较长的大气寿命,一般是 150 年,因此是一种高强度温室气体。

全球大气中 N_2O 的浓度在工业革命初期约为 285×10^{-9},1985 年和 1990 年分别增加到 305×10^{-9} 和 310×10^{-9},2005 年浓度为 319×10^{-9}。目前,大气中的 N_2O 浓度以每年 0.25% 的速率递增。

大气中 N_2O 的天然来源主要包括森林、草地和海洋等自然系统,约占总排放量的 60%;人为来源有 $60\%\sim70\%$ 来自耕作土壤,另外一些工业生产过程如硝酸、尼龙、合成氨和尿素等生产过程也会向大气释放 N_2O。大气中的 N_2O 主要通过光化学反应除去,另外土壤也能吸收少量 N_2O。

图 2-4 反映了过去 1000 年大气中 CO_2、CH_4 及 N_2O 浓度的变化情况。

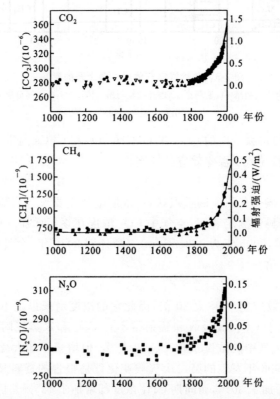

图 2-4 过去 1000 年中 CO_2、CH_4 及 N_2O 大气浓度变化及相应的辐射强迫变化

（引自联合国政府间气候变化专业委员会 IPCC,2001）

（5）CFCs 及其替代物

大气中原本不存在 CFCs,主要来自于它们的生产过程。CFCs 是制冷工业（如冰箱）、喷雾剂和发泡剂中的主要原料。研究表明,CFCs 中的某些化合物如氟利昂-11(CCl_2F,CFC-11)和氟利昂-12(CCl_2F_2,CFC-12)是具有强烈增温效应的温室气体,且会破坏臭氧层。

2.温室效应对人类的影响

1988 年 11 月汉堡"全球气候变化会议"指出:如果"温室气体"剧增造成的"温室效应"不被阻止,世界将在劫难逃。温室效应对人类的影响主要表现为:

气候变暖,雪盖和冰川面积减少,海平面上升,沿海地区的海岸线变化。海平面上升这种渐进性的自然灾害使沿海地区的居民及生态系统受到威胁:

①威胁沿海地区、沿海低地将被淹没,如"水城"威尼斯,低地之国荷兰等。

②海滩和海岸遭受侵蚀冲刷,海岸线后退。

③损坏港口设备和海岸建筑物,影响航运。

④海水倒灌与洪水加剧,风暴潮频度增加。

⑤影响沿海水产养殖业和旅游业。

⑥土地恶化,地下水位上升,导致土壤盐渍化。

⑦破坏水的管理系统等。

气温上升导致气候带(温度带和降水带)的移动,降水格局发生改变,一般来说,低纬度地区现有雨带的降水量会增加,高纬度地区冬季降雪也会增多,而中纬度地区夏季降水将会减少。气温上升导致原本温度较低的地区气温升高,相当于原来处于较低纬度的气候带往高纬度地区推移。

全球温度稍有升高,就可能带来自然灾害,会严重威胁这些地区的工农业生产和人们的日常生活,进而造成大规模的灾害损失。气候带移动引起的生态系统改变也是不容忽视的。据估计,一方面,气候变暖将使森林所占土地面积从现在的 58% 减到 47%,荒漠将从 21% 扩展到 24%;另一方面,草原将从 18% 增加到 29%,苔原将从 3% 减到 0,又使人类增加了可利用的土地。

气温上升热带传染病发病区将扩大。全球变暖增加人类乃至动植物发病的可能性。与疾病有关的病毒、细菌、真菌在气温稍升高一点就加快繁殖速度,并通过极端天气和气候事件扩大疫情的流行。而气温低则妨碍细菌的生长,可临时性地阻止寄生虫的活动。

对农业和生态系统产生难以预料的变化。气温上升影响土壤状况和季节变化,加剧粮食短缺。

气候变暖还会影响人类健康。高温天气给人群带来心脏病发作、中风和其他疾病的风险,还可以将热带疾病向较冷的地区传播,并使传染病传播更加广泛,疾病和死亡率增加。

2.2.2　酸性降水

酸性降水是指通过降水(雨、雪、雾等)将大气中的酸性物质迁移到地面的过程。最常见的是酸雨。酸雨是指 pH 小于 5.6 的雨称为酸雨,又称酸沉降;pH 小于 5.6 的雪称为酸雪;在高空或高山上弥漫的雾,pH 小于 5.6 时称为酸雾。英文中烟雾(smog)是烟(smoke)和雾(fog)的合成词。

1872 年,科学家 R.史密斯在分析伦敦市的雨水成分时,发现市区雨水呈酸性,在其著作《空气和降雨:化学气候学的开端》中首次提出"酸雨"(acid rain)一词。

　　酸雨率指一年出现酸雨的降水过程次数除以全年降水过程的总次数,是判别某地区是否为酸雨区的一个指标。pH 为 5.3～5.6,酸雨率是 10%～40%,为轻酸雨区;pH 为 5.0～5.3,酸雨率是 30%～60%,为中度酸雨区;pH 为 4.7～5.0,酸雨率是 50%～80%,为较重酸雨区;pH 小于 4.7,酸雨率是 70%～100%,为重酸雨区。[①]

　　我国在 1979 年开始对对酸雨进行监测,开始在北京、上海、南京、重庆、贵阳等地开展对降水化学成分的测定,并在 1981 年开展了全国性的酸雨普查。检测结果表明,我国酸雨出现面积之广,酸度大。其中,南方地区的酸雨更为严重。据 1981 年调查资料,pH<4.0 的城市有:贵州的都匀市(3.1)、重庆(3.6)、南昌和贵阳(3.7)、苏州和广州(3.8)。其中,贵州省所参加测报所有地区都出现酸雨,全省降雨的 pH=5.0。

1.酸雨的来源

　　大气中可能导致酸性的物质主要有:含硫化合物,包括 SO_2、SO_3、H_2S、$(CH_3)_2S$(二甲基硫 DMS)、$(CH_3)_2S_2$(二甲基二硫 DMDS)、羰基硫 COS、CS_2、CH_3SH、硫酸盐和 H_2SO_4;含氮化合物,包括 NO、NO_2、N_2O、硝酸盐、HNO,以及氯化物和 HCl 等。这些物质有可能在降水过程中进入降水,使其呈酸性,造成雨水带酸的原因主要有两方面:自然源(natural resource)和人为源(anthogenic resource)。

　　我们所指的酸雨是工业化过程中因人类的活动产生的,称之为人为源(anthogenic resource),由于大量使用燃料,燃烧过程中产生出来的 SO_2、氮氧化物(NO_x)及 HCl 等污染空气的物质被排放至大气当中,经光化学反应生成 H_2SO_4、HNO_3 等酸性物质,使得雨水之 pH 降低,形成酸雨,如图 2-5 所示。

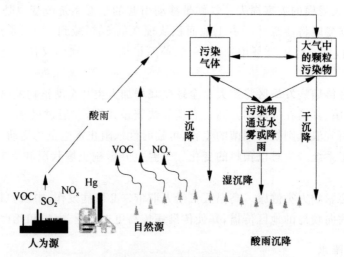

图 2-5　酸雨的来源及形成过程示意图

2.酸雨的形成机制

　　酸雨主要是二氧化硫(SO_2)和氮氧化物(NO_x)在大气或水滴中转化为 H_2SO_4、HNO_3 所致,这两种酸占酸雨中总酸的 90% 以上,其机制归纳如下。

---

　　① 李元.环境生态学导论.北京:科学出版社,2009.

(1)二氧化硫的氧化

SO_2 会在空气中被氧化成 SO_4^{2-}。首先，SO_2 与氧产生反应，生成 SO_3。其过程非常复杂，有时还会涉及碳氢化合物及锰、铜、铁等金属离子。若有水蒸气存在时，SO_3 会溶在水蒸气中，形成 H_2SO_4，在空气中凝结成水点。或者，在空中被雨水溶解，成为雨水中的 SO_4^{2-}。

直接光化学反应：

$$SO_2 \xrightarrow[\text{紫外线 } O_2]{\text{水}} H_2SO_4$$

间接光化学反应：

$$SO_2 \xrightarrow[\text{烟雾、}O_2 \text{ 水}]{\text{过氧化物}} H_2SO_4$$

在液滴中空气氧化：

$$SO_2 \xrightarrow{\text{液体水}} H_2SO_3$$

$$H_2SO_3 + NH_3 \xrightarrow{O_2} NH_4^+ + SO_4^{2-}$$

在液滴中多相催化氧化：

$$SO_2 \xrightarrow[O_2 \text{ 液体水}]{\text{重金属离子}} H_2SO_4 \text{（重金属离子:Fe、Mn、V 等）}$$

在干燥表面上催化氧化：

$$SO_2 \xrightarrow[O_2 \text{ 水蒸气}]{\text{碳颗粒}} H_2SO_4$$

臭氧氧化：

$$SO_2 + O_3 \longrightarrow SO_3 + O_2$$

该反应是大气中最主要的化学反应，由 SO_2 氧化成 SO_3，由 SO_3 进一步形成 H_2SO_4 和 MSO_4 气溶胶。

$$SO_2 \xrightarrow{H_2O} H_2SO_4 \text{（水合过程）}$$

$$H_2SO_4 \xrightarrow{H_2O} (H_2SO_4)_m g(H_2O)_n \text{（气溶胶核形成过程）}$$

$$H_2SO_4 \xrightarrow{NH_3, H_2O} (NH_4)_2SO_4 gH_2O \text{（气溶胶核形成过程）}$$

(2)氮氧化物(NO_x)催化氧化

燃烧煤时产生的高温热力会使 O_2 与 N_2 化合，形成酸性气体氮氧化物(NO_x)。空气中的氧、氮化物及金属催化物发生化学反应，形成 NO_2、无机性的硝酸盐或过氧硝酸乙酸脂(PAN)等物质。最后，这些物质被微粒表面吸收，转变为无机性硝酸盐或硝酸，硝酸再与氨产生反应，生成硝酸铵(NH_4NO_3)，于是便产生了硝酸根和铵离子。

$$NO \xrightarrow{O_3} NO_2 \xrightarrow{H_2O} HNO_3 \begin{cases} \xrightarrow{H_2O} HNO_3 \\ \xrightarrow{NH_3} NH_4NO_3 \end{cases}$$

3.降水的酸化过程

酸雨现象是大气化学过程和物理过程的综合效应，是对大气中生成的酸性物质的清除过程。从机理上分析，酸雨的形成过程一般包括两个过程:雨除和洗脱或冲刷，如图 2-6 所示。

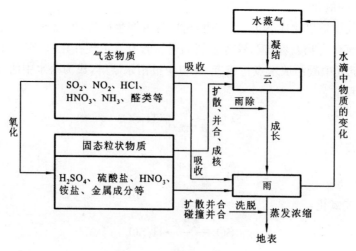

图 2-6　酸雨的形成过程

(引自刘静宜,1987)

（1）雨除

雨除也称为云内清除,在这个过程中,大气中反应产生的硫酸盐和硝酸盐气溶胶作为活性凝结核参与了云的形成过程。大气中,水蒸气可以凝结在 $0.1 \sim 10 \mu m$ 的气溶胶凝结核上,通过碰撞并形成云滴,大气中的酸性气体同时溶于云滴并在其中发生化学反应,云滴不断增长会形成雨滴从云基下落。

气体的雨除与气体分子的扩散速率、在水中的溶解度、在溶液中的反应性以及云的类型有关。因为化学转化速率比气液平衡扩散速率要慢得多,所以污染气体的化学氧化速率是雨除速率的决定因素。污染气体液相氧化反应的速率取决于氧化剂的类型和浓度,在云滴中的溶解度取决于其气相浓度和云滴的 pH。

（2）洗脱

在雨滴下落过程中,雨滴会继续吸收和捕获大气中的污染气体和气溶胶,同时雨滴内部也会发生化学反应,这个过程叫作污染物的洗脱或者冲刷或者云下清除。

洗脱的过程与气体分子同液相的交换速率、气体在水中的溶解度和液相氧化速率以及雨滴在大气中的停留时间等因素有关。雨滴对气溶胶粒子的洗脱作用在其粒径为 $0.5 \sim 1 \mu m$ 之间有一个清除盲区,降水的冲刷作用对这部分粒子的清除效应很小。

4.降水的化学组成

降水的组成通常包括以下几类。

①大气固定气体成分:O_2、N_2、CO_2、H_2 及惰性气体。

②无机物:土壤矿物离子 Al^+、Ca^{2+}、Mg^{2+}、Fe^{3+}、Mn^{2+} 和硅酸盐等;海洋盐类离子 Na^+、Cl^-、Br^-、SO_4^{2-}、HCO_3^- 及少量 K^+、Mg^{2+}、Ca^{2+}、I^- 和 PO_4^{3+};大气转化产物 SO_4^{2-}、NO_3^-、NH_4^+、Cl^- 和 H^+;人为排放物 As、Cd、Cr、Co、Cu、Pb、Mn、Mo、Ni、V、Zn、Hg、Ag、Sn 等的化合物。

③有机物:有机酸(以甲酸、乙酸为主,曾测出 $C_1 \sim C_{30}$ 的有机酸)、醛类(甲醛、乙醛等)、烷

烃、烯烃和芳烃。

④光化学反应产物：H_2、O_2、O_3、PAN、醛类等。

⑤不溶物：雨水中的不溶物主要来自土壤颗粒和燃料燃烧排放尘粒中的不溶物部分，其含量可达 $1\sim3mg/L$。

降水的酸度取决于上述组成中的酸性物质和碱性物质平衡的结果。单单知道降水的酸度并不能完全了解降水的水质状况和大气的污染情况，因此掌握降水中的物质组成对于我们掌握大气污染状况是必要的。

在降水中，人们比较关心的阳离子是 H^+、Ca^{2+}、NH_4^+、Na^+、K^+、Mg^{2+}；阴离子是 SO_4^{2-}、NO_3^-、Cl^-、HCO_3^-。它们对酸雨的酸度有很大影响，参与了地表、土壤中的离子平衡，对陆地和水生生态系统有较大影响。在降水中保持电中性和阴、阳离子总当量数相等的原则，存在着如下平衡：

$$\underbrace{[H^+]+[NH_4^+]+[K^+]+[Na^+]+2[Ca^{2+}]+2[Mg^{2+}]}_{\text{碱性物质}}$$

$$=\underbrace{2[SO_4^{2-}]+[NO_3^-]+[Cl^-]+[HCO_3^-]}_{\text{酸性物质}}$$

5. 酸雨的危害与控制

(1)酸雨的危害

酸雨的危害主要表现在以下几个方面：

①腐蚀建筑材料、金属结构、油漆等，特别是许多以大理石和石灰石为材料的历史建筑物和艺术品，耐酸性差，容易受酸雨腐蚀和变色。

②引起水生生态系统结构的变化，导致水生生物群落结构趋于单一化。

③酸雨可以使土壤酸化，抑制土壤中有机物的分解和氮的固定，植物生长所需的 K、Ca、P 等营养元素从土壤中淋洗出来，使土壤贫瘠化，也使有害金属离子活性增强。

④人们普遍将大面积的森林死亡归因于酸雨的危害。酸雨可以损害植物的新生叶芽，从而影响其生长发育，导致森林生态系统的退化。

⑤导致浅层地下水水质发生改变，pH 降低，硬度增高，水质恶化。

⑥对人体皮肤、肺部、咽喉呼吸道系统的刺激性危害，空气中的酸性水气及细小水滴随人呼吸进入呼吸道产生危害。

综上所述，酸雨对陆地生态系统危害过程可以总结如下(图 2-7 所示)。

(2)防治酸雨的综合措施

由于酸雨危害大、涉及面广，特别是酸雨危害的国际化，使各国政府都非常重视，仅靠一个国家解决不了酸雨问题，只有各国共同采取行动，减少 SO_2 和 NO_x 的排放量，才能控制酸雨污染及危害，为此联合国多次召开国际会议。欧共体建议其成员国在 1989 年之前改用无铅汽油，到 1995 年完全使用汽车催化转化器，旨在将汽车尾气排放的硫和 NO 减少 60%。加拿大在 1985 年宣布，到 1994 年国内 SO_2 排放量将削减一半，从 460 万吨降到 230 万吨。美国 1990 年对"清洁空气法"进行了修订，确定了在 1990 年全美 SO_2 排放量在 2000 万吨的基础上，今后每 5 年削减 500 万吨，到 2000 年总排放量减少一半，控制在 1000 万吨，以后不再超过这个数量的行动纲领。

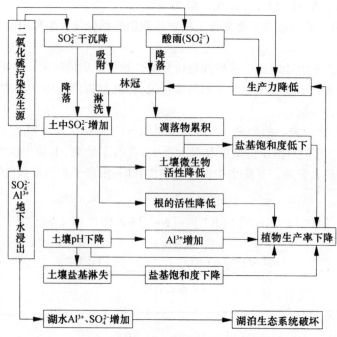

图 2-7　酸雨对陆地生态系统影响过程

我国也非常重视酸雨问题,1990 年 12 月国务院环保委员会第四次会议上通过了《关于控制酸雨发展的若干意见》。1996 年国务院发布《关于二氧化硫排污收费扩大试点工作有关问题的批复》。

目前,酸雨措施主要有以下几种。

①使用低硫燃料。对原煤进行清洗减少 SO_2 污染,有效方法是改用含 S 低的燃料。化石燃料中 S 含量一般为其质量的 $0.2\%\sim5.5\%$,美国规定,当煤的含 S 量达到 1.5% 以上时,就应加入一道洗煤工序。据有关资料介绍,洗选之后的原煤,SO_2 排放量可减少 $30\%\sim50\%$,灰分去除约 20%。另外,改烧低硫油,低硫型煤或以煤气、天然气(CH_4)代替原煤,也是减少 S 排放的有效途径。

②改进燃烧技术,采用烟道气脱硫装置。采用烟道气脱硫效果很好,即在烟道气排出烟囱前,喷以石灰或石灰石,达到脱硫的目的。燃烧技术的改善也能减少 SO_2 和 NO_x 的。使用低 NO_x 的燃烧器来改进锅炉,可以减少 NO_x 的排放。流化床燃烧技术近来已得到应用,新型的流化床锅炉有极高的燃烧效率,几乎达到 99%,而且能祛除 $80\%\sim95\%$ 的 SO_2 和 NO_x,还能去除相当数量的重金属。这种技术是通过向燃烧床喷射石灰石或者石灰,其中的 $CaCO_3$ 与 SO_2 反应生成 $CaSO_3$,通过空气氧化成 $CaSO_4$,可作为路基填充物或制造建筑板材和水泥。

③改进汽车发动机技术,安装净化汽车尾气装置。汽车尾气中含有的 NO_x,可以通过改良发动机和使用催化剂控制其排放量。

2.2.3　臭氧层破坏

臭氧层是地球的保护罩,它一方面可以使地球表面温度不致过高,另一方面可以保护地球表面的生物免遭强紫外线杀伤。因此,臭氧层的破坏直接关系到生物的安危与人类的生存,是人类普遍关注的全球性环境问题。

1.大气臭氧层的形成及其作用

大气中的 O_3 含量很低,仅一亿分之一,但其浓度的变化对气候和人类健康的影响却很大。由于 O_3 具有强氧化性质,在大气中的分布如图 2-8 所示,有一定特点。自然界中的臭氧层大多分布在离地 $20\sim50km$ 的高空。在大气 50km 以上的中层和热层中,短波紫外线(240nm 左右)辐射非常强烈,氧分子被离解成氧原子,从而使氧分子以原子状态存在,大约占 99% 的氧。在低于 50km 的大气中,大量的能够分解 O_3 和 O_2 的短波紫外线被上层的 O_2 和 O_3 吸收,氧分子的数量远大于氧原子的数量,因此,氧分子与另一个氧原子结合产生 O_3。根据光化学平衡理论,O_3 主要集中在 $15\sim45km$ 的平流层中,因此该层也称臭氧层。高空臭氧层是保护层,但近地低空中的臭氧却是一种污染物,可能引起光化学烟雾等环境污染。

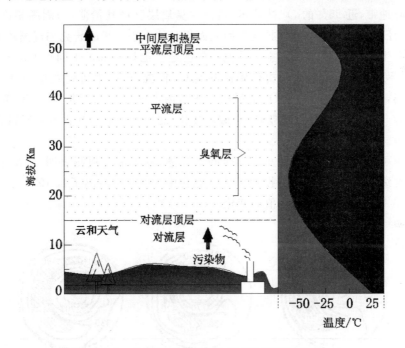

图 2-8 地球表面大气层的组成及其温度变化

2.大气臭氧层衰减的机制

在平流层中,一部分 O_2 分子可以吸收小于 $240\mu m$ 波长的太阳光中的紫外线,并分解形成 O 原子。这些 O 原子与 O_2 分子相结合生成 O_3,生成的 O_3 可以吸收太阳光而被分解掉,也可与 O 原子相结合,再变成 O_2 分子。用化学反应方程式表示如下:

$$O_2 + h\nu \longrightarrow 2O$$
$$O_2 + O + M \longrightarrow O_3 + M$$
$$O_3 + h\nu \longrightarrow O_2 + O$$
$$O_3 + O \longrightarrow 2O_2$$

M 为反应第三体,它们是 N_2 和 O_2 分子,其作用是与生成的 O_3 相碰撞,接受过剩的能量以使

O_3 稳定。通过如下链式反应消除 O_3。

$$X+O_3 \longrightarrow XO+O_2$$
$$XO+O \longrightarrow X+O_2$$

式中,X=—H,—OH,—NO,—Cl。

如果考虑了上述大气中微量成分消除 O_3 的反应,再考虑大气运动效果,则大体上可以再现实际的 O_3 高度分布。在平流层中,O_3 的生成和消亡处于动态平衡。

3.南极臭氧空洞及其形成机制

20 世纪中期在全球范围开展了对大气中 O_3 的较系统的观测研究,观测结果表明,较长时间以来,全球大气中的 O_3 含量没有明显变化。

1985 年英国的南极探险家 Farman 提出了南极"臭氧空洞"的说法。他在南极哈雷湾(Halley bay)观测到:每到春天南极上空平流层的 O_3 都会发生急剧的大规模耗损,极地上空臭氧层的中心地带,近 95% 的 O_3 被破坏,高空的臭氧层已极其稀薄,与周围相比像是形成了一个"洞",直径上千米。"臭氧空洞"就是因此而得名的。进一步的研究和观测还发现,臭氧层的损耗不只发生在南极,在北极上空和其他中纬度地区也都出现了不同程度的臭氧层损耗现象。实际上,尽管没有在北极发现类似南极洞的 O_3 损失,但科学研究发现,北极地区在 1 月至 2 月的时间,$16\sim20km$ 高度的 O_3 损耗约为正常浓度的 10%,北纬 $60°\sim70°$ 范围的臭氧层浓度的破坏为 $5\%\sim8\%$。但与南极的 O_3 破坏相比,北极的臭氧损耗程度要轻得多,而且持续时间相对较短。

臭氧空洞可以用其面积、深度及延续时间来描述,近年来的观测表明,全球平流层 O_3 减少的趋势在继续,南极臭氧空洞的损耗仍处于恶化中。图 2-9 给出了自 1979 年到 1985 年间南极地区每年 10 月份总臭氧月均值的变化。

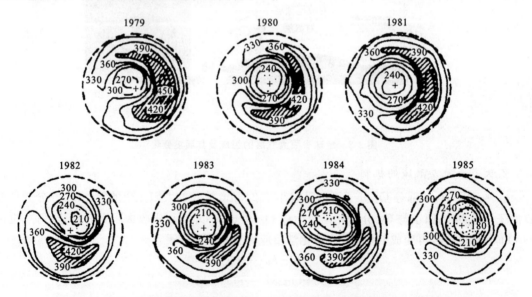

图 2-9　1979—1985 年南极地区每年 10 月份总臭氧的月均值变化(以投影图表示)

关于南极臭氧空洞形成机制,相关的研究人员提出了不同的说法,主要有以下几种。

（1）氯溴协同机制

$$Cl \cdot + O_3 \longrightarrow ClO \cdot + O_2$$
$$Br \cdot + O_3 \longrightarrow BrO \cdot + O_2$$
$$BrO \cdot + ClO \cdot \longrightarrow Cl \cdot + Br \cdot + O_2$$

总反应
$$2O_3 \longrightarrow 3O_2$$

（2）$HO_x \cdot$ 自由基链反应机制

$$HO \cdot + O_3 \longrightarrow HO_2 \cdot + O_2$$
$$Cl \cdot + O_3 \longrightarrow ClO \cdot + O_2$$
$$ClO \cdot + HO_2 \cdot \longrightarrow HOCl + O_2$$
$$HOCl + h\nu \longrightarrow HO \cdot + Cl \cdot$$

总反应
$$2O_3 \longrightarrow 3O_2$$

（3）$ClO \cdot$ 二聚体链反应机制

$$Cl \cdot + O_3 \longrightarrow ClO \cdot + O_2$$
$$ClO \cdot + ClO \cdot + M \longrightarrow (ClO)_2 + M$$
$$(ClO)_2 + h\nu \longrightarrow ClOO \cdot + Cl \cdot$$
$$ClOO \cdot + M \longrightarrow Cl \cdot + O_2 + M$$

总反应
$$2O_3 \longrightarrow 3O_2$$

（4）极地 O_3 损耗的全球大气动力学和气候学机制

携带北半球散发的 CFCs 的大气环流，随赤道附近的热空气上升，分流向两极，然后冷却下沉，从低空回流到赤道附近的回归线。在南极黑暗酷冷的冬季，下沉的空气在南极洲的山地受阻，就地旋转，吸入冷空气形成"极地风暴旋涡"。旋涡上升至臭氧层成为滞留的冰晶云，冰晶云吸收并积聚 CFCs 类物质。当南极的春季来临，冰晶融化，释放吸附的 CFCs 类物质。在紫外线的照射下，分解产生氯原子，与 O_3 反应，形成季节性的"臭氧空洞"。

4. 臭氧层破坏的危害

臭氧层被大量耗损后，吸收紫外线的能力大大减弱，导致到达地球的紫外线 UV-B 明显增加，给人类健康和生活环境带来多方面的危害。

（1）对人体健康的影响

阳光紫外线 UV-B 的增加对人类健康有着严重的危害，潜在的危险包括引发和加剧眼部疾病、皮肤癌和传染性疾病。

①提高白内障的发病率。根据美国环保局的预测，2075 年前出生的美国人中，可能有 55.5～280 万本不会患白内障的人将患此病。

②损伤皮肤，诱发皮肤癌。紫外线 UV-B 的增加能明显的诱发人类常患的皮肤病。其中，对太阳照射时间长的地区的白种人危害最大，在白种人所有的皮肤病中，50% 以上是由太阳紫外线引起的。全球每年死于皮肤癌的约有 10 万人，多数与紫外线有关。O_3 减少 1%，地面接受的紫外线就增加 3%，各种皮肤癌病例可能增加 4%～6%。

③破坏人体免疫系统。长期暴露于紫外辐射下，会导致细胞内的 DNA 改变，破坏人的免疫系统，降低人体对入侵生物体的抵抗力，从而不能抵抗肿瘤的发展。已经受到免疫抑制的人，如器官移植病人和艾滋病患者，可能更加缺乏抵抗能力。

（2）对陆地植物的危害

近十几年来，人们对 200 多个品种的植物进行了增加紫外线照射的实验，从中发现约 2/3 的植物对紫外线的增加表现出敏感性。其中大部分是农作物。

紫外线对植物的影响主要表现在使植物叶片变小，减少进行光合作用的有效面积，使作物产量减少。另外，多接受紫外辐射还可能影响水的利用效率，种子质量也会受到影响。各种植物对紫外线辐射的反应不同，初步研究表明，紫外辐射会使大豆对杂草、虫害和病害的敏感性增加，更易受害。

（3）对水生生物的危害

太阳紫外线 UV-B 辐射对鱼、虾、蟹、两栖类动物和其他动物的早期发育阶段都有危害作用，还会危及水中生物的食物链和自由氧的来源，影响生态平衡和水体的自净能力。

5. 拯救臭氧层的措施

针对臭氧层的破坏对人类和生物生存造成严重影响，已经引起了国际社会的极大关注，国际社会在联合国环境规划署的号召和组织下进行了多次有关保护臭氧层的国际公约谈判。

1985 年，在联合国环境规划署推动下，形成了《保护臭氧层维也纳公约》，公约呼吁各国采取切实的行动，加强合作，保护臭氧层。

1987 年，通过了《关于消耗臭氧层物质的蒙特利尔议定书》，该议定书确定了主要消耗臭氧层物质的淘汰时间表，使全球保护臭氧层迈出实质性的步伐。1990 年通过了议定书的《伦敦修正案》、1992 年通过了《哥本哈根修正案》、1997 年通过了《蒙特利尔修改案》，对议定书内容进行了实质性的补充。

由于 CFCs 类物质对臭氧层的破坏最大，因此，要在国际上达成协议，控制和尽快停止使用 CFCs 类物质。具体可以通过以下 4 种途径实施。

（1）提高利用率，减少损失

使 CFCs 利用率提高。美国通过重新设计使汽车空调 CFCs 的泄漏减少，使用往复式压缩机的冰箱，CFCs 的用量仅为使用旋转式压缩机的 1/3～1/2；在各环节中加强管理，也是控制排放、减少损失的一项重要措施。

（2）回收、再生和分解破坏

开发 CFCs 回收和再生技术，是控制 CFCs 排放量的最主要措施。用于制造柔性泡沫的 CFCs 在生产过程中易挥发而损失掉，通过炭过滤器可以回收 50%；制造固体泡沫的 CFCs，采用类似技术也可减少一半的排放量；CFCs 在汽车空调器系统内也可以再循环。美国环保局认为美国 CFCs 消费量的 2/3 均可回收。

在 CFCs 混有多种杂质或回收后的二次处理等不适于采用回收、再生技术的情况下，可采用分解破坏的方式。

（3）选择破坏性小的 CFCs 产品

CFC-11 和 CFC-12，对臭氧层的威胁最大，在一定范围内可以采用对臭氧层破坏较小或没威胁的 CFCs 产品替代 CFC-11 和 CFC-12。如原来用于空调冰箱的 CFC-12，现在可采用在大气中降解较快的 CFC-22 替代。

（4）开发 CFCs 产品的替代品

开发 CFCs 产品的替代品，是解决臭氧层破坏的最根本措施。美国一家公司研制了一种替代溶剂,称为生物活剂。这种产品可以生物降解,并且无毒和腐蚀性,目前美国电子工业计划使用的 CFC-113 总量中有 30%～50% 可能由这种产品代替。

通过以上国际协议的约束和措施的实施,目前向大气中排放的消耗臭氧层物质已逐年减少,从 1994 年起,对流层消耗臭氧物质浓度开始下降。但由于对臭氧层破坏力大的 CFCs 大都相当稳定,可以存在 50～100 年,所以臭氧层的恢复是一个漫长的过程。

2.3　环境空气质量标准

《环境空气质量标准》是以保障人体健康和一定的生态环境为目标而对各种污染物在大气环境中的容许含量所做的限制规定。它是进行大气环境质量管理及制订大气污染防治规划和大气污染物排放标准的依据,是环境管理部门的执法依据。我国国家环境保护总局根据《中华人民共和国环境保护法》和《中华人民共和国大气污染防治法》,为改善空气质量,防止生态破坏,创造清洁适宜的环境,保护人体健康,于 1996 年特颁布了中华人民共和国国家标准——《环境空气质量标准》(GB 3095—1996)。此标准代替了 1982 年颁布的《大气环境质量标准》。《环境空气质量标准》中规定了总悬浮颗粒物(TSP)、可吸入颗粒物(PM_{10})、SO_2、NO_x、NO_2、CO、O_3、Pb、苯并[a]芘(B[a]P)及氟化物(F)10 种污染物的浓度限值及监测采样和分析方法。表 2-4 为 10 种污染物的浓度限值。

表 2-4　10 种污染物的浓度限值

污染物名称	取值时间	浓度限值			浓度单位
		一级标准	二级标准	三级标准	
SO_2	年平均	0.02	0.06	0.10	mg/m³（标准状况）
	日平均	0.05	0.15	0.25	
	1h 平均	0.15	0.50	0.70	
TSP	年平均	0.08	0.20	0.30	
	日平均	0.12	0.30	0.50	
PM_{10}	年平均	0.04	0.10	0.15	
	日平均	0.05	0.15	0.25	
NO_x	年平均	0.05	0.05	0.10	
	日平均	0.10	0.10	0.15	
	1h 平均	0.15	0.15	0.30	
NO_2	年平均	0.04	0.04	0.08	
	日平均	0.08	0.08	0.12	
	1h 平均	0.12	0.12	0.24	
CO	日平均	4.00	4.00	6.00	
	1h 平均	10.00	10.00	20.00	
O_3	1h 平均	0.12	0.16	0.20	

续表

污染物名称	取值时间	浓度限值			浓度单位
		一级标准	二级标准	三级标准	
Pb	季平均 年平均		1.50 1.00		μg/m³ (标准状况)
苯并[a] 芘(B[a]P)	日平均		0.01		
氟化物(F)	日平均 1h平均		7[①] 20[①]		
	月平均 植物生长季平均	1.8[②] 1.2[②]		3.0[③] 2.0[③]	μg/(dm²·d)

①适用于城市地区。

②适用于牧业区和以牧业为主的半农半牧区、蚕桑区。

③适用于农业和林业区。

2.4 大气中污染物的迁移和转化

2.4.1 影响大气污染迁移的因素

进入大气中的污染物,受大气水平运动、湍流扩散运动及大气的各种不同尺度的扰动运动而被输送、混合和稀释,称为大气污染物的迁移扩散。污染物从污染源排放到大气中,只是一系列复杂过程的开始,污染物在大气中的迁移、扩散是这些复杂过程的重要方面,大气污染物在迁移、扩散过程中对人类自身以及生态环境都会产生影响和危害,因此,在研究大气污染物的转化之前,必须要先了解大气污染物的迁移规律及影响大气污染物迁移的主要因素。一个地区的大气污染程度除了与污染源排放污染物的数量、组成、排放方式及排放源的密集程度等因素(源参数)有关外,还与污染物的迁移扩散有关。影响污染物迁移扩散的因素主要有风向、风速、大气湍流、温度垂直分布和地理、地势等。

1. 风和湍流

(1)风

风是指空气的水平运动,风的特性可用风速和风向两个参数来描述。风向决定了污染物扩散的方向,风速的大小决定了污染物的扩散速率与扩散距离。风对污染物起着输送、稀释和扩散作用。一般来说,污染物在大气中的浓度与污染物的总排放量成正比,与平均风速成反比,若风速增加一倍,在污染源下风向相同位置的污染物浓度会降低一半。这是因为,风速增大,单位时间内通过排放源的空气量增多,加大了对污染物的稀释与扩散作用。

(2)湍流

大气除了整体水平运动以外,还会出现不同于主导风向的,无规则的上下左右的阵发性搅动,大气的这种无规则的阵发性搅动称为大气湍流。大气湍流与大气热力因子(如大气的垂直稳定度)、近地表的风速及下垫面的状况有关,不稳定的大气有强烈的上下对流运动,形成所谓的热力湍流;近地表,由于地表的粗糙不平,如树木、建筑物、起伏不平的地形等,使风向、风速不断发生变化而形成的湍流称为机械湍流。大气湍流是这两种湍流的综合结果。近地表的大气湍流比较强烈。当污染物进入大气时,高浓度部分由于湍流作用,不断被清洁空气掺入,同时又无规则地分散到各方向,使污染物不断被稀释,冲淡。实际情况并非如此。图 2-10 描述了烟云在不同尺度大气湍流中的扩散状态。

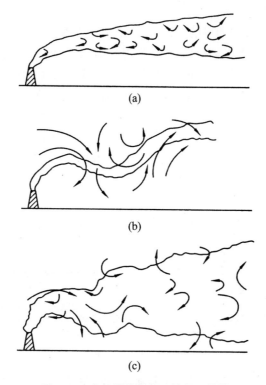

图 2-10　大气湍流作用下的烟云扩散

(a)小尺度湍流作用下的烟云扩散;(b)大尺度湍流作用下的烟云扩散;

(c)复合尺度湍流作用下的烟云扩散

当大气湍流作用的尺度小于烟流的尺度(烟流的直径)时,烟团向下风向移动,受到较小尺度的涡团搅动,烟流外侧不断与空气混合,缓慢向外扩散,如图 2-10(a)所示。

当大气湍流作用的尺度大于烟流的尺度时,烟流被大尺度的大气涡团挟带,烟流整体呈波浪形向下风向移动,但烟流本身的尺度变化不大,如图 2-10(b)所示。

在实际大气中常常存在不同尺度的大气湍流,称为复合尺度湍流。图 2-10(c)所示是复合尺度湍流作用下烟云扩散状况,扩散过程进行得较快。

2.天气形势和地形地貌的影响

天气形势是指大范围气压分布的状况。局部地区的气象条件总是受天气形势的影响,因而局部地区大气污染物的扩散条件与大气的天气形势是互相联系的。不利的天气形势和地形特征结合在一起常使大气污染程度加重。例如,由于大气压分布不均,在高压区里存在着下沉气流,由此使气温绝热上升,于是形成上热下冷的逆温现象,这种逆温称下沉逆温。它具有持续时间长、分布广等特点,使从污染源排放出来的污染物长时间地积累在逆温层中而不能扩散。世界上一些较大的大气污染事件大多是在这种天气形势下形成的。

因地形地貌不同,从污染源排出的污染物的危害程度也不同。如高层建筑等体形大的建筑物背风区风速下降,在局部地区产生涡流,这样就阻碍了污染物的迅速排走,而使其停滞在某一地区内,从而加重污染。地形地貌的差异,往往形成局部空气环流,对当地的大气污染起显著作用。典型的局部空气环流有海陆风、山谷风和城市热岛效应等。

(1)海陆风

海陆风是海风(或湖风)和陆风的总称,由海陆热力学差异引起的,在海洋或湖泊沿岸比较常见。在白天,由于地表受太阳辐射后,陆地升温比海面快,陆地上的大气气温高于海面上的大气气温,产生了海陆大气之间的温度差、气压差。使低空大气由海洋流向陆地,形成海风,而高空大气从陆地流向海洋,它们同陆地上的上升气流和海洋上的下降气流一起形成了海陆风局地环流,如图 2-11 所示。

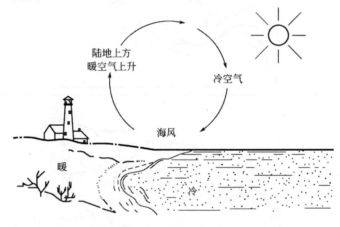

图 2-11　白天的海风

到了夜间,地表散热降温比海面快,在海陆之间产生了与白天相反的温度差、气压差。这使低空大气从陆地流向海洋,形成陆风,高空大气则从海洋流向陆地,它们与陆地下降气流和海面上升气流一起构成了海陆风局地环流,如图 2-12 所示。海陆风是以 24h 为周期的一种大气局地环流。

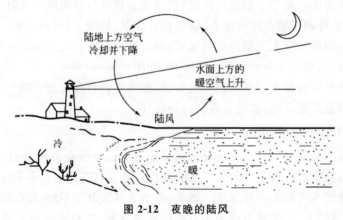

图 2-12　夜晚的陆风

由上可知,建在海边排出污染物的工厂,必须考虑海陆风的影响,因为有可能出现在夜间随陆风吹到海面上的污染物,在白天又随海风吹回来,或者进入海陆风局地环流中,使污染物不能充分地扩散稀释而造成严重的污染。

在江河湖泊的水陆交界地带也会产生水陆风局地环流,称为水陆风,但水陆风的活动范围和强度比海陆风要小。

(2)山谷风

山谷风是由于山谷与其附近空气之间的热力差异而引起的风向以 24h 为周期的风。山谷风是山区常见的现象,是山风和谷风的总称。在白天,太阳首先照射到山坡上,使山坡上大气比谷地上同高度的大气温度高,形成了由谷地吹向山坡的风,称为谷风。在高空,大气则由山坡流向山谷,它们同山坡上升气流和谷地下降气流一起形成了山谷风局地环流。在夜间,山坡和山顶比谷地冷却得快,使山坡和山顶的冷空气顺山坡下滑到谷底,形成山风。在高空,大气则从山谷流向山顶,它们同山坡下降气流和谷地上升气流一起构成了山谷风局地环流,如图2-13 所示。

图 2-13　山谷风局地环流

山风和谷风的方向是相反的,在不受大气影响的情况下,山风和谷风在一定时间内进行转换,这样就在山谷构成闭合的环流,污染物往返积累,往往会达到很高的浓度,造成严重的大气污染。

(3)城市热岛效应

城市热岛效应是一种城市气温比郊区高的现象。产生城乡温度差异的主要原因是:城市人口密集、工业集中;城市热源和地面覆盖物(如建筑、水泥路面等)热容量大,白天吸收太阳辐射热,夜间放热缓慢,使低层空气冷却变缓,与郊区形成显著的差异。这种导致城市比周围地区热的现象称为城市热岛效应。

由于城市温度经常比郊区高,气压比郊区低,所以在晴朗平稳的天气下可以形成一种从周围郊区吹向城市的特殊的局地风,称为城郊风。这种风在市区汇合就会产生上升气流,如图 2-14 所示。因此,若城市周围有较多产生污染物的工厂,就会使污染物在夜间向市中心输送,造成严重污染,尤其是夜间城市上空有逆温存在时。

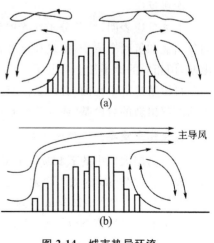

图 2-14　城市热导环流

(a)静风;(b)和风

2.4.2　大气中的光化学反应

污染物在大气中的化学转化,除常规热化学反应外,更多的是与光化学反应有关,即大气污染往往是由光化学反应而引发所致。

1. 光化学反应过程

分子、原子、自由基或离子吸收光子而发生的化学反应,称为光化学反应。化学物质吸收光量子后可发生光化学反应的初级过程和次级过程。物质发生光化学反应要在合适波长的光照射下,以保证有足够大的吸收系数,同时有足够大的辐射,才能发生光化学反应。

(1)初级过程

初级光化学过程包括光解离过程、分子内重排等。分子吸收光后可解离产生原子、自由基等,它们可通过次级过程进行热反应。化学物质吸收光量子形成激发态,其基本步骤为

$$A + h\nu \longrightarrow A^*$$

式中,A^* 为物质 A 的激发态;$h\nu$ 为光量子。

随后,激发态 A^* 可能发生如下几种变化。

①辐射跃迁　　　　　　　　　$A^* \longrightarrow A + h\nu$

②无辐射跃迁　　　　　　　　$A^* + M \longrightarrow A + M$

③离解　　　　　　　　　　　$A^* \longrightarrow B_1 + B_2 + \cdots$

④碰撞失活　　　　　　　　　$A^* + C \longrightarrow D_1 + D_2 + \cdots$

反应①和反应②为光物理过程。反应③和反应④为光化学过程。

(2)次级过程

次级过程是指在初级过程中反应物、生成物之间进一步发生的反应。如大气中氯化氢的光化学反应过程。

初级过程　　　　　　　$HCl + h\nu \longrightarrow H \cdot + Cl \cdot$

次级反应　　　　　　　$H \cdot + HCl \longrightarrow H_2 + Cl \cdot$

次级反应　　　　　　　$Cl \cdot + Cl \cdot \xrightarrow{M} Cl_2$

上述反应表明,HCl 分子在光的作用下,发生化学键的裂解。裂解时,成键的一对电子平均分给氯和氢两个原子,使氯和氢各带有一个成单电子,这种带有一个成单电子的原子称为自由基,用相应的原子加上单电子"·"表示。自由基也可以是带成单电子的原子团。

自由基是电中性的,自由基因有成单电子而非常活泼,它能迅速夺取其他分子中的成键电子而游离出新的自由基,或与其他自由基结合而形成较稳定的分子。

2. 大气中重要的光化学反应

由于高层大气中的氧和臭氧有效地吸收了绝大部分 $\lambda < 290nm$ 的紫外辐射,因此,实际上已经没有 $\lambda < 290nm$ 的太阳辐射到达对流层。从大气环境化学的观点出发,研究对象应是可以吸收波长 λ 为 $300 \sim 700nm$ 辐射光的物质。迄今为止,已经知道的较重要的吸收光辐射后可以光解的污染物有 NO_2、O_3、$HONO$、H_2O_2、$RONO_2$、$RONO$、$RCHO$、$RCOR'$ 等。

(1)氧分子的光解离

氧分子的键能为 493.8kJ/mol。氧分子一般可以在波长为 240nm 以下的紫外光照射下

发生光解离：

$$O_2 + h\nu \longrightarrow O \cdot + O \cdot$$

（2）臭氧的光离解

臭氧的键能为 101.2kJ/mol。在 <1000km 的大气中，由于气体分子密度比高空大的多，三个粒子的碰撞几率较大，O_2 光解产生的 $O \cdot$ 可与 O_2 发生反应：

$$O_2 + O \cdot + M \longrightarrow O_3 + M$$

反应中，M 是第三种物质。这个反应是平流层中 O_3 的主要来源，也是消防 $O \cdot$ 的主要过程。它不仅吸收了来自太阳的紫外线、保护了地面生物，同时也是上层大气能量的一个储存仓库。

O_3 的离解能比较低，吸收 240nm 以下的紫外光后会发生离解反应：

$$O_3 + h\nu \longrightarrow O_2 + O \cdot$$

当波长大于 290nm 时，O_3 对光的吸收就相当弱，O_3 可以吸收来自太阳的较短波长的紫外光，较长波长的紫外光则有可能透过臭氧层进入大气的对流层乃至到达地面。

（3）二氧化氮的光离解

NO_2 的键能为 300.5kJ/mol。在大气中 NO_2 可以参加许多光化学反应，是城市大气中重要的吸光物质。在低层大气中可以吸收太阳的紫外光和部分可见光。NO_2 分子吸收小于 420nm 波长以下的光可以发生光解离，其初级过程为：

$$NO_2 + h\nu \longrightarrow O \cdot + NO$$

次级过程为：

$$O \cdot + O_2 + M \longrightarrow O_3 + M$$

（4）亚硝酸和硝酸的光离解

亚硝酸 HO—NO 间的键能为 200.1kJ/mol，H—ONO 间的键能为 324.0kJ/mol。亚硝酸对 200～400nm 波长的光有吸收，吸收后可以发生光解离，其初级过程为：

$$HNO_2 + h\nu \longrightarrow HO \cdot + NO$$

或

$$HNO_2 + h\nu \longrightarrow H \cdot + NO_2$$

次级过程为：

$$HO \cdot + NO \longrightarrow HNO_2$$

$$HNO_2 + HO \cdot \longrightarrow H_2O + NO_2$$

$$NO_2 + HO \cdot \longrightarrow HNO_3$$

由于亚硝酸可以吸收波长 290nm 以上的光而离解，因而，亚硝酸的光离解可能是大气中 $HO \cdot$ 自由基的重要来源之一。

硝酸 HO—NO_2 间的键能为 199.4kJ/mol，硝酸吸收 120～335nm 光后发生光解离的过程为：

$$HNO_3 + h\nu \longrightarrow HO \cdot + NO_2$$

（5）二氧化硫对光的吸收

SO_2 的键能为 545.1kJ/mol，由于其键能较大，240～400nm 波长的光不能使其离解，只能形成激发态：

$$SO_2 + h\nu \longrightarrow SO_2^*$$

SO_2^* 矿可以在大气中参与许多光化学反应。

（6）甲醛的光离解

甲醛 H—CHO 间的键能为 356.5kJ/mol。甲醛对 240～360nm 波长的光有吸收,吸收后可以发生光解离,其初级过程为：

$$HCHO + h\nu \longrightarrow H\cdot + HCO\cdot$$

或

$$HCHO + h\nu \longrightarrow H_2 + CO$$

次级过程为：

$$H\cdot + HCO\cdot \longrightarrow H_2 + CO$$

$$2H\cdot + M \longrightarrow H_2 + M$$

$$2HCO\cdot \longrightarrow 2COH_2$$

在对流层中,由于有 O_2 的存在,可以发生下述反应：

$$H\cdot + O_2 \longrightarrow HO_2\cdot$$

$$HCO\cdot + O_2 \longrightarrow HO_2\cdot + CO$$

因此,在空气中甲醛的光离解可以产生 $HO_2\cdot$（氢过氧自由基）。

（7）过氧化物的光解离

过氧化物在 300～700nm 波长范围内有微弱吸收,光化学反应为：

$$ROOR' + h\nu \longrightarrow RO\cdot + R'O\cdot$$

（8）卤代烃的光离解

在卤代烃中,以卤代甲烷的光离解对大气污染的化学作用最大。卤代甲烷在近外光照射下,其光离解的初级过程为：

$$CH_3X + h\nu \longrightarrow \cdot CH_3 + X\cdot$$

式中,X 表示 F、Cl、Br、I。如果卤代甲烷中含有一种以上的卤素,则断裂的是最弱的化学键,其键能大小为：

$$F—CH_3 > H—CH_3 > Cl—CH_3 > Br—CH_3 > I—CH_3$$

高能量的短波长紫外光照射,可能发生两个键断裂,断裂的也应是两个最弱的键。但是,即使吸收波长很短的光,三个键的断裂也是不常见的。

$CFCl_3$（氟里昂-11）、CF_2Cl_2（氟里昂-12）的光离解化学反应为：

$$CFCl_3 + h\nu \longrightarrow \cdot CFCl_2 + Cl\cdot$$

$$CFCl_3 + h\nu \longrightarrow \cdot CFCl + 2Cl\cdot$$

$$CF_2Cl_2 + h\nu \longrightarrow \cdot CF_2Cl + Cl\cdot$$

$$CF_2Cl_2 + h\nu \longrightarrow \cdot CF_2 + 2Cl\cdot$$

2.4.3　大气中重要自由基的来源

所谓自由基,是一种带有不成对电子的原子和原子团,由于其最外电子层有一个不成对的电子,因而有很高的活性,具有强氧化作用。大气中存在的重要自由基有 $HO\cdot$（氢氧自由基或羟基自由基）、$H_2O\cdot$（氢过氧自由基）、$R\cdot$（烷基）、$RO\cdot$（烷氧基）和 $RO_2\cdot$（过氧烷基）等。其中以 $HO\cdot$ 和 $H_2O\cdot$ 尤为重要。

1.大气中 HO· 和 H₂O· 自由基的来源

清洁大气中 O_3 的光离解是大气中 HO· 自由基的重要来源。

$$O_3 + h\nu \longrightarrow O_2 + O·$$
$$O· + H_2O \longrightarrow 2HO·$$

当大气受到污染时,如有 HNO_2 和 H_2O_2 存在,它们的光离解也可产生 HO· 自由基。

$$HNO_2 + h\nu \longrightarrow HO· + NO$$
$$H_2O_2 + h\nu \longrightarrow 2HO·$$

其中,HNO_2 的光离解是大气中 HO· 自由基的重要来源。

醛类的光解是大气中 H₂O· 自由基的主要来源,一般以甲醛为主

$$HCHO + h\nu \longrightarrow H· + ·CHO$$
$$H· + O_2 + M \longrightarrow HO_2· + M$$
$$·CHO + O_2 \longrightarrow HO_2· + CO$$

亚硝酸酯和 H_2O_2 的光解也是 H₂O· 自由基的来源之一。

2.R·、RO· 和 RO₂· 等自由基的来源

甲基是大气中存量最多的烷基,主要来源于乙醛和丙酮的光解。

$$CH_3CHO + h\nu \longrightarrow ·CH_3 + ·CHO$$

$$CH_3COCH_3 + h\nu \longrightarrow ·CH_3 + CH_3\overset{\displaystyle O}{\overset{\displaystyle \|}{-C·}}$$

乙醛和丙酮的光离解过程中除生成 ·CH₃ 自由基外,还分别生成了 ·CHO 和 CH₃CO· 两个羰基自由基。

大气中甲氧基主要来源于甲基亚硝酸酯和甲基硝酸酯的光解,而过氧烷基都是由烷基与空气中的 O_2 结合而形成的。

$$CH_3ONO + h\nu \longrightarrow CH_3O· + NO$$
$$CH_3ONO_2 + h\nu \longrightarrow CH_3O· + O_2$$
$$R· + O_2 \longrightarrow RO_2·$$

2.4.4　大气污染物的转化

1.氮氧化合物的转化

大气中氮氧化合物主要有 N_2O、NO 和 NO_2 等,通常大气污染化学中所说的氮氧化物主要是指 NO 和 NO_2,可用 NO_x 表示。

N_2O 是无色气体,是清洁空气的组分,是低层大气中含量最高的含氮化合物,主要是由环境中的含氮化合物在微生物作用下分解而产生的。N_2O 在对流层中十分稳定,几乎不参与任何化学反应。进入平流层后,由于吸收来自太阳的紫外光而光解产生 NO,对臭氧层起破坏作用。土壤中的含氮化肥经微生物分解可产生 N_2O,这是人为产生 N_2O 的原因之一。

$$NO_3^- \xrightarrow{\text{细菌}} N_2O\uparrow$$

$$(NH_4)_2SO_4 \xrightarrow{\text{细菌与 } O_2} 2HNO_3 + H_2SO_4 + H_2O$$
$$\downarrow \text{反硝化} \rightarrow N_2O\uparrow$$

NO_x 的天然来源主要是生物有机体腐败过程中微生物将有机氮转化为 NO，NO 继续被氧化成 NO_2，其人为来源主要是矿物燃料的燃烧。燃烧过程中，空气中的氮和氧在高温条件下化合生成 NO_x。

$$O_2 \longrightarrow O\cdot + O\cdot$$
$$O\cdot + N_2 \longrightarrow NO + N\cdot$$
$$N\cdot + O_2 \longrightarrow NO + O\cdot$$
$$2NO + O_2 \longrightarrow 2NO_2$$

上述反应中，前 3 个反应进行得很快，第 4 个反应进行得很慢，因而燃烧过程中产生的 NO_2 含量较少。

在阳光照射下，NO 和 NO_2 发生下列光化学反应：

$$NO_2 + h\nu \longrightarrow NO + O\cdot$$
$$O\cdot + O_2 + M \longrightarrow O_3 + M$$
$$O_3 + NO \longrightarrow NO_2 + O_2$$

由上述反应可见，NO_2 经光离解而产生活泼的氧原子，它与空气中的 O_2 结合生成 O_3。O_3 又把 NO 氧化成 NO_2，因而产生了 NO、NO_2 与 O_3 之间的光化学反应循环。

2. 碳氢化合物的转化

(1)烷烃的反应

烷烃在大气中的光化学反应主要是与 $HO\cdot$ 自由基和 $O\cdot$ 自由基发生氢的摘除反应，生成的烷基自由基与 O_2 结合生成过氧烷基自由基 $RO_2\cdot$，$RO_2\cdot$ 可将 NO 氧化为 NO_2，同时生成烷氧自由基 $RO\cdot$，$RO\cdot$ 再与 O_2 发生氢摘除反应，生成 HO_2 自由基和相应的醛或酮。

$$RH + HO\cdot \longrightarrow R\cdot + H_2O$$
$$RH + O\cdot \longrightarrow R\cdot + HO\cdot$$
$$R\cdot + O_2 \longrightarrow RO_2\cdot$$
$$RO_2\cdot + NO \longrightarrow RO\cdot + NO_2$$
$$RO\cdot + O_2 \longrightarrow R'CHO + HO_2\cdot$$

大气平流层中的 $O\cdot$ 自由基主要来自 O_3 的光解反应，通过上述反应，烷烃(特别是 CH_4)不断消耗 $O\cdot$，可导致臭氧层的损耗。烷烃与自由基 $HO\cdot$ 和 $O\cdot$ 反应都有烷基自由基生成，但另一个产物不同，前者生成稳定的 H_2O，后者是生成活泼的自由基 $HO\cdot$，一般烷烃与 $HO\cdot$ 反应的速率常数比烷烃与 $O\cdot$ 反应的速率常数要大得多。

如果大气中 NO 的浓度很低，自由基之间可发生如下反应：

$$RO_2\cdot + HO_2\cdot \longrightarrow ROOH + O_2$$
$$ROOH + h\nu \longrightarrow RO\cdot + HO\cdot$$

(2)烯烃的反应

在一般大气条件下，烯烃主要发生加成反应。

①烯烃与 HO· 发生的加成反应。HO· 加成到烯烃上形成带有羟基的烃基自由基,然后与 O_2 结合生成过氧自由基,该过氧自由基可将 NO 氧化为 NO_2,自身变成带有羟基的烷基自由基,再与 O_2 发生氢摘除反应生成 HO_2· 和相应的醛。

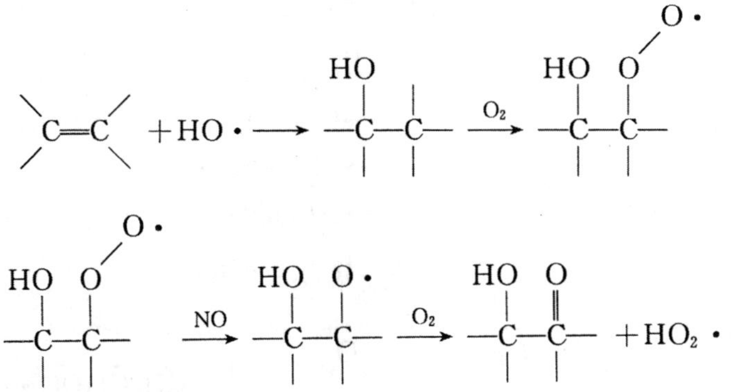

丙烯与 HO· 反应有两种方式:

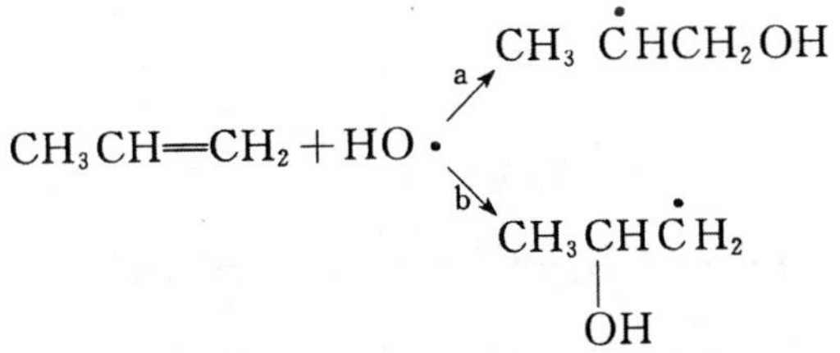

②烯烃与 O_3 的加成反应。虽然烯烃与 O_3 的反应的速率常数远比与 HO· 反应的速率常数要小,但是大气中 O_3 的浓度远远高于自由基 HO·,因此烯烃与 O_3 的反应也是大气中的重要反应。它的反应机理是首先将 O_3 加成到烯烃的双键上,形成一个分子臭氧化物,然后迅速分解为一个羰基化合物和一个二元自由基:

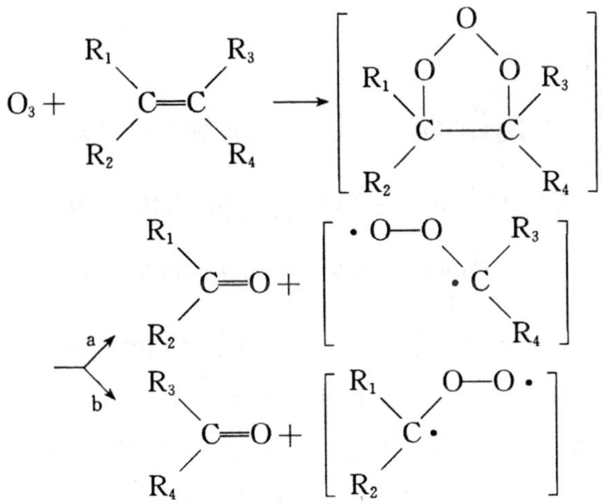

二元自由基能量很高,很不稳定,可进一步分解生成两个自由基及一些稳定产物。如乙烯、丙烯与 O_3 的加成反应:

$$O_3 + CH_2=CH_2 \longrightarrow \left[\begin{matrix} & O & \\ O & & O \\ H_2C & \underline{\quad} & CH_2 \end{matrix} \right] \longrightarrow HCOH + H_2\dot{C}OO \cdot$$

$$H_2\dot{C}OO \cdot \begin{cases} \longrightarrow CO + H_2O \\ \longrightarrow CO_2 + H_2 \\ \longrightarrow CO_2 + 2H \cdot \\ \longrightarrow HCOOH \\ \xrightarrow[2O_2]{M} CO_2 + 2HO_2 \cdot \end{cases}$$

$$O_3 + CH_3CH=CH_2 \longrightarrow \left[\begin{matrix} & & O & \\ CH_3 & O & & O \\ & \underset{H}{C} & \underline{\quad} & CH_2 \end{matrix} \right] \begin{matrix} \nearrow CH_3\dot{C}HOO \cdot + HCHO \\ \searrow CH_3CHO + H_2\dot{C}OO \cdot \end{matrix}$$

$$CH_3\dot{C}HOO \cdot \begin{cases} \longrightarrow CH_4 + CO_2 \\ \longrightarrow \cdot CH_3 + CO + HO \cdot \xrightarrow{O_2} CH_3O_2 \cdot + CO + HO \cdot \\ \longrightarrow \cdot CH_3 + CO_2 + H \cdot \xrightarrow{2O_2} CH_3O_2 \cdot + CO_2 + HO_2 \cdot \\ \longrightarrow H \cdot + CO + CH_3O \cdot \xrightarrow{O_2} HO_2 \cdot + CO + CH_3O \cdot \\ \longrightarrow HCO \cdot + CH_3O \cdot \xrightarrow{O_2} H\overset{O}{\overset{\|}{C}}OO \cdot + CH_3O \cdot \end{cases}$$

另外,这些自由基有很强的氧化性,可将 NO 氧化为 NO_2,NO_2 可进一步被氧化为 NO_3,SO_2 可被氧化为 SO_3。

例如,

$$H_2\dot{C}OO \cdot + NO \longrightarrow H\dot{C}HO + NO_2$$

$$CH_3\dot{C}HOO \cdot + NO \longrightarrow CH_3CHO + NO_2$$

$$H_2\dot{C}OO \cdot + SO_2 \longrightarrow HCHO + SO_3$$

$$CH_3\dot{C}HOO \cdot + SO_2 \longrightarrow CH_3CHO + SO_3$$

这些二元自由基氧化 NO、SO_2 后,自身变成相应的醛或酮。

③烯烃与 NO_3 的反应。烯烃也能与 NO_3 发生反应,而且在浓度相近的情况下,烯与 NO_3 反应的速率要比其与 O_3 反应的速率大得多,下面以 2-丁烯为例阐述烯烃与 NO_3 反应的机理。

$$CH_3CH=CHCH_3 + NO_3 \longrightarrow CH_3CH \underset{\underset{ONO_2}{|}}{\quad} \dot{C}HCH_3$$

$$CH_3CH-\overset{\cdot}{C}HCH_3 + O_2 \longrightarrow CH_3CH-CHCH_3$$
$$\underset{ONO_2}{|} \qquad\qquad \underset{ONO_2}{|}\ \underset{OO\cdot}{|}$$

$$CH_3CH-CHCH_3 + NO \longrightarrow CH_3CH-CHCH_3 + NO_2$$
$$\underset{ONO_2}{|}\ \underset{OO\cdot}{|} \qquad\qquad \underset{ONO_2}{|}\ \underset{O\cdot}{|}$$

$$CH_3CH-CHCH_3 + NO_2 \longrightarrow CH_3CH-CHCH_3$$
$$\underset{ONO_2}{|}\ \underset{O\cdot}{|} \qquad\qquad \underset{ONO_2}{|}\ \underset{ONO_2}{|}$$

(2,3-丁二醇二硝酸酯)

④烯烃与 O· 的反应。烯烃与 O· 的反应也是先将 O· 加到双键的一端形成二元自由基,二元自由基不稳定,很快形成环氧烃或醛、酮。

例如,

$$CH_3CH{=}CHCH_3 + O\cdot \longrightarrow \left[\begin{array}{c} CH_3CH-\overset{\cdot}{C}HCH_3 \\ \underset{O\cdot}{|} \end{array} \right]$$

$$\nearrow\ CH_3CH-CHCH_3$$
$$\underset{\quad O\quad}{\diagdown}$$

$$\searrow\ CH_3C-CH_2CH_3$$
$$\underset{\ \ O}{\parallel}$$

大多数情况下,大气中的短链烯烃的主要去除过程是与 HO· 反应,而较长的烯烃在 NO_3 浓度较低时主要是通过与 O_3 反应去除,当 NO_3 浓度较高时,主要是与 NO_3 反应去除。

(3)环烷烃的反应

大气中环烷烃主要来自于燃料燃烧过程的排放,城市大气中的环烷烃浓度明显高于农村地区。

环烷烃在大气中的反应主要是氢原子摘除反应。例如环己烷的反应为:

$$\text{⬡} + HO\cdot \longrightarrow \text{⬡}^{\cdot} + H_2O$$

$$\text{⬡}^{\cdot} + O_2 \longrightarrow \text{⬡}{-}OO\cdot$$

$$\text{⬡}{-}OO\cdot + NO \longrightarrow \text{⬡}{-}O\cdot + NO_2$$

环烯烃与直链烯烃一样,也可以与 HO·、NO_3、O_3 等发生加成反应。例如,O_3 能与环己烯迅速反应,首先是 O_3 加成到双键上形成臭氧分子化物,然后开环形成带有双官能团的二元自由基,该二元自由基很快进一步分解,生成 CO、CO_2 和其他化合物或自由基。

（4）芳香烃的反应

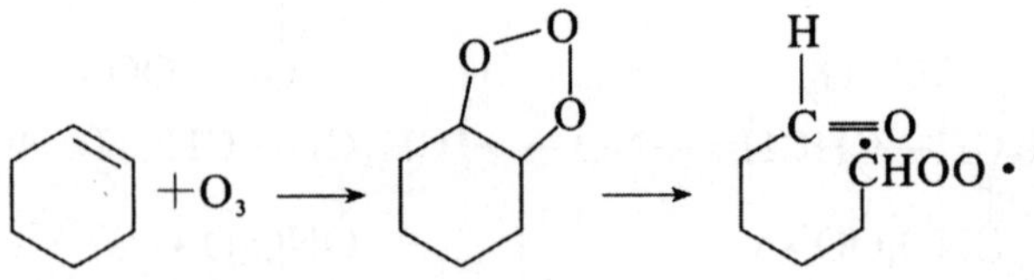

生成的自由基可与 NO_2 反应生成硝基甲苯：

①单环芳烃的反应。城市大气中的芳香烃主要来自矿物燃料的燃烧、汽车尾气以及一些工业生产。大气中的单环芳烃主要有苯、甲苯、乙苯、二甲苯等，其中以甲苯的浓度最高。能与芳烃反应的主要是 $HO\cdot$ 自由基，发生的反应主要是加成反应和氢摘除反应，其中加成反应约占90%，氢摘除反应约占10%。

加成反应：如甲苯与 $HO\cdot$ 自由基的加成反应，$HO\cdot$ 进攻甲基的邻位，形成带羟基的自由基。

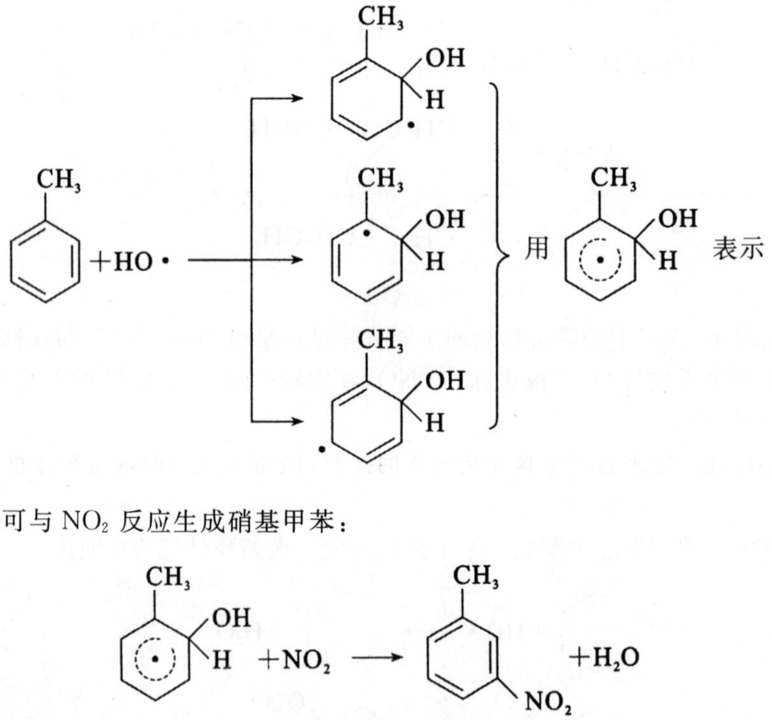

生成的自由基可与 NO_2 反应生成硝基甲苯：

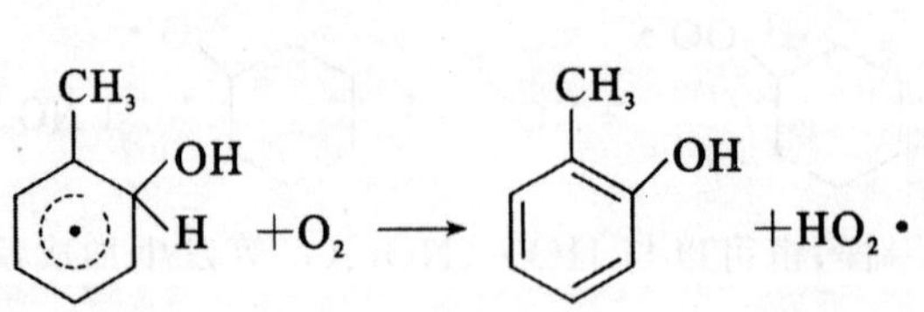

甲苯与 $HO\cdot$ 反应生成的自由基与 O_2 的反应有两种方式，一种是发生氢摘除反应生成 $HO_2\cdot$ 和邻甲苯酚：

另一反应是生成过氧自由基：

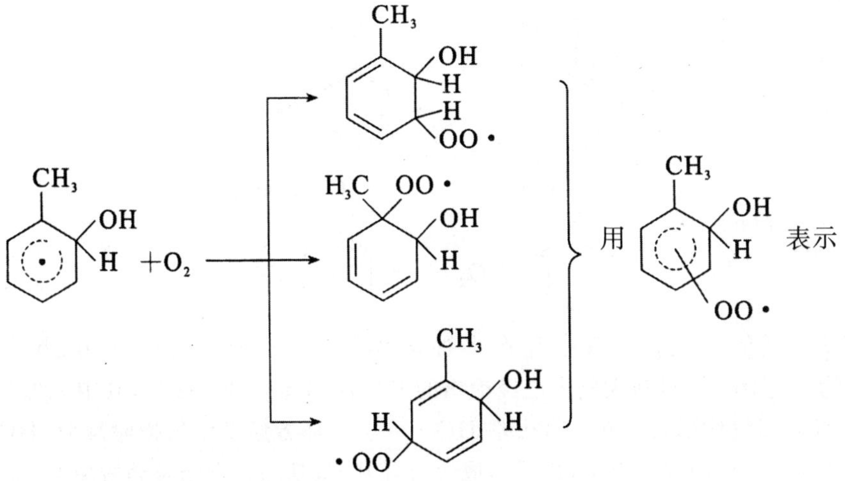

过氧自由基也可将 NO 氧化为 NO₂：

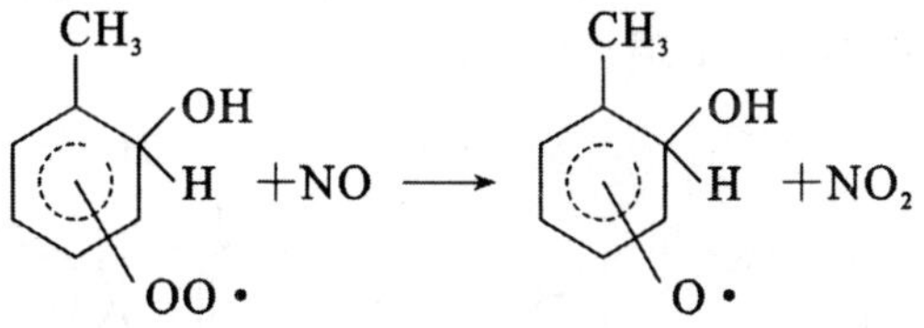

该反应生成的自由基与 O₂ 发生开环反应：

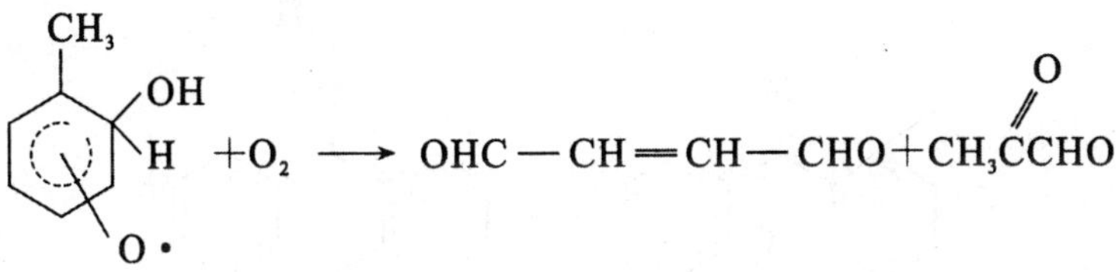

氢摘除反应：

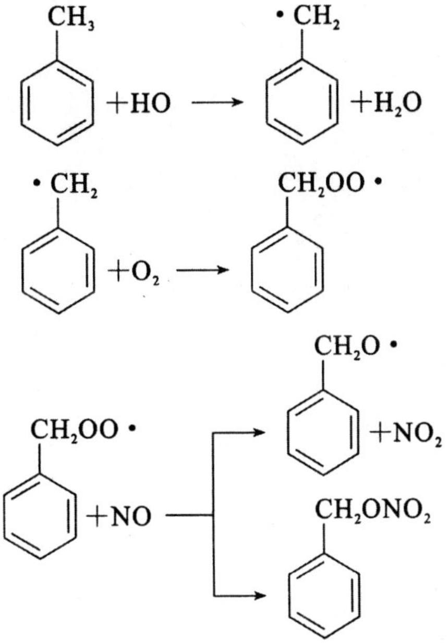

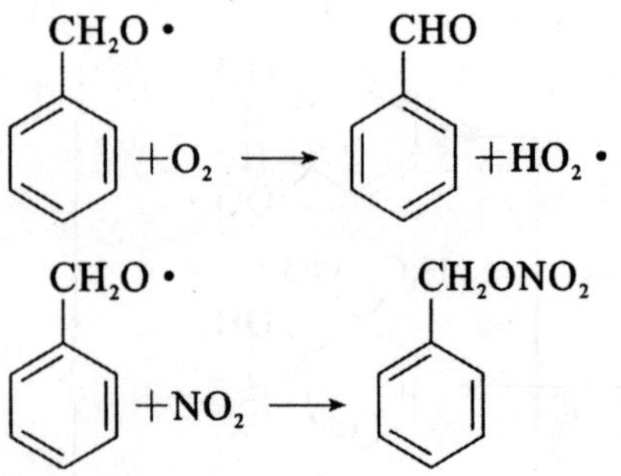

②多环芳烃的反应。大气中存在多种多环芳烃（polycyclic aromatic hydrocarbons, PAHs）类物质，据统计，目前大气中已经检出的 PAHs 物质有 200 多种，其中大部分存在于气溶胶中，少部分以气体形式存在。自由基 HO· 可与多环芳烃发生氢摘除反应，HO· 和 NO$_3$ 可以加成到多环芳烃的双键上去，最后形成含有羟基、羰基的化合物及硝酸酯类。

大气湿气凝胶中的多环芳烃在光照条件下可与氧气发生光化学反应，生成环内氧桥化合物，然后进一步氧化可转化为相应的醌。例如，蒽的反应：

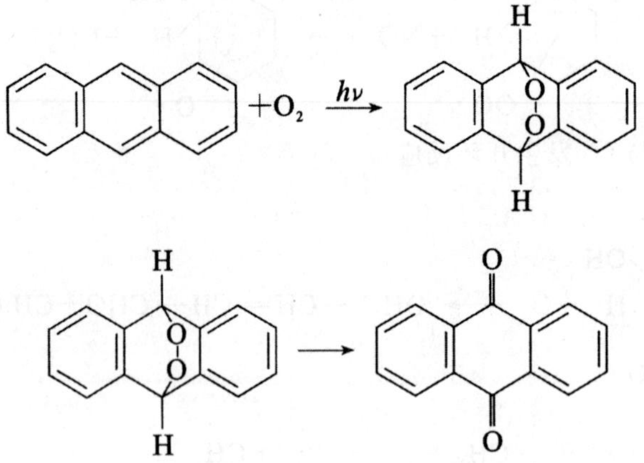

第3章　水环境化学

3.1　水环境化学基础

3.1.1　全球的水循环

天然水是江河湖海、沼泽、冰雪等地表水和地下水的综合。在太阳能和地球表面热能的作用下,地面上的水不断被蒸发成为水蒸气,进入大气,水蒸气遇冷凝聚成水,在重力的作用下以降水的形式落到地面。这个周而复始的过程,称为水循环,如图 3-1 所示。

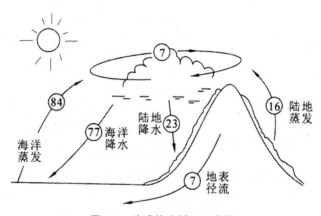

图 3-1　地球的水循环示意图

水循环分为大循环和小循环。从海洋蒸发出来的水蒸气,被气流带到陆地上空,凝结为雨、雪、雹等落到地面,一部分被蒸发返回大气,其余部分成为表面径流或地下径流等,最终回归海洋。这种海陆之间水的往复运动过程,称为水的大循环或称外循环。仅在局部地区(陆地或海洋)进行的水循环称为水的小循环或称内循环。环境中水的循环实际上是大、小交织在一起,并在全球范围内和地球上各个地区内不停地进行着。通过降水和蒸发这两种形式,地球上的水分达到平衡。

不同的表面和地区的降水量和蒸发量是不同的。就海洋和陆地来说,海洋的蒸发量占总蒸发量的 84%,陆地只占 16%;海洋中的降水占总降水的 77%,陆地占 23%;可见,海洋的降水比蒸发少 7%,而陆地则多 7%。两者水量差异通过江河源源不断输送水到海洋,以弥补海洋每年因蒸发量大于降水量而产生的亏损,达到全球性水循环的平衡(图 3-1)。另外,因为每年降到地面的雨雪大约有 35% 又以地表径流的形式流入海洋,同时可将溶解和携带的大量营养物质从一个生态系统搬迁到另一个生态系统,这对补充某些生态系统营养物质的不足起着重要作用。由于水总是从高处流向低处,因而使低地比高地较肥沃。

形成天然水循环的内因是水在通常环境条件下,易于实现三态互变的特性;外因是太阳辐射和重力作用,为水循环提供了水的物理状态变化和运动的能量。植物在水循环中起着重要的作用,它从环境中摄取的物质主要的是水,在生命活动中水用于原生质的合成,通过植物的蒸腾作用又将大部分水返回环境。例如,每公顷生长期的水稻,每天约吸收 70t 水,其中 5% 用于维持原生质的功能和参与光合作用,其余大部分从气孔排出。

水在循环过程中,沿途挟带的各种有害物,可由于水的稀释扩散,降低浓度而无害化,这是水的自净作用。但也可能由于水的流动交换而迁移,造成其他地区或更大范围的污染。

3.1.2 水的特性

H_2O 分子结构中,是以 O 核为顶的折线形。在水蒸气分子中测定 O—H 距离为 0.9568 埃,H—H 距离为 1.54 埃,H—O—H 的键角为 $105°3'$。水分子的偶极距很大,是强极性分子。分子间除 van der Waals 力外,还存在特殊的作用力——氢键。氢键比化学键的键能小得多,但比 van der Waals 力大。氢键使水分子发生缔合,缔合的水减弱分子的极性,传递离子的能力也降低。由于氢键的存在,水表现出一系列十分特殊的性质,如表 3-1 所示。

表 3-1　水的物理化学特性对环境的效应

性质	同其他物质比较	物理、化学和生物的各种环境效应
溶解潜热	液体中最大(氨除外)	由于吸收或放出潜热,故在凝固点有恒温作用,可以调节气候
蒸发潜热	所有物质中最高	对环境中热量的传递和输送起着非常重要的作用
热容	所有液体和固体中最高(氨除外)	能防止大气温度变化过大;对水体运动的热能传输能力大;能使体温保持均一
热膨胀	密度最高时的温度随碱度增加下降,在 4℃ 时体积最小,密度最大	淡水和稀海水最高密度时对应的温度在凝固点以上,在控制湖泊中温度分布和垂直循环中起着重要作用
表面张力	所有液体中最高(汞除外)	控制某些表面现象和液滴的形成及行为;毛细现象和润湿能力强,对生物细胞的渗透和活性等均有重要作用
溶解能力	比其他液体能溶解更多的物质,并有较大的溶解度	在生物细胞活动过程中传递营养物和排泄废物,并给生物反应和化学反应提供反应介质
电离度	很小	是真正的中性物质,并能同时提供微量的 H^+ 和 OH^-,有利于维持生物体液的酸碱平衡
介电常数	所有液体中最高	对离子化合物的溶解有重大作用,并能使其发生最大的电离,便于生化反应和溶解吸收营养物质
密度	在液态时最大	使冰可以浮起;控制垂直循环;防止水体分层,保护冰下生物继续生存
透明度	相对的大	对红外和紫外的辐射能吸收大,对可见光的选择吸收比较小,既是无色的又透明度大,这种特征性的吸收,能保护浮游生物等不受紫外线的伤害
热传导	所有液体中最高(汞除外)	在活细胞体里中等尺度范围内有重要作用,其分子热传导过程远不如涡动传导过程剧烈

性质	同其他物质比较	物理、化学和生物的各种环境效应
氢键	十分容易形成氢键,只有少数液体具有这种性质	不仅对物质在水体中的迁移反应影响很大,而且在生物体内许多生命物质的活性都有赖于氢键的存在
偶极矩	液体中最大	容易形成水化物,有利于生物体内元素的传递和交换
存在状态	在室温±20℃左右就能顺利进行固、液、气三态转化	便于水在环境中和生物体内的循环和调节温度,有利于促进细胞的新陈代谢和废物的排泄

3.1.3　天然水的组成

天然水循环过程中,把接触到的大气、土壤、岩石等多种物质挟持或溶入,使其自身成为极其复杂的体系。根据天然水中存在各组成的形态将它们分为三大类物质:溶解物质、胶体物质和悬浮物质。图 3-2 列出了天然水的主要成分及其对水质的影响。

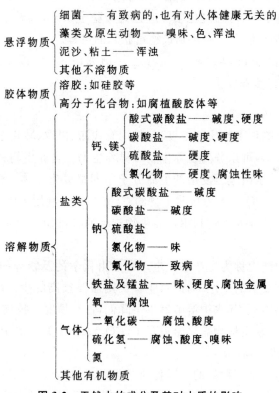

图 3-2　天然水的成分及其对水质的影响

1.天然水中的主要离子组成

天然水中溶解的离子,主要是水流经岩层时所溶解的矿物质,随着天然水在地面或地下所流经的岩层不同,水的酸碱性有所不同,所溶解的离子也有所不同。天然水中含有丰富的离子成分,其中 K^+、Na^+、Ca^{2+}、Mg^{2+}、HCO_3^-、NO_3^-、Cl^- 和 SO_4^{2-},为天然水中常见的八大离子,占天然水中离子总量的 $95\%\sim99\%$。水中这些主要离子的分类,常用来作为表征水体主要化学特征性的指标,如表 3-2 所示。

表 3-2　水中的主要离子组成

硬度	酸	碱金属	离子类型
Ca^{2+}、Mg^{2+}	H^+	K^+、Na^+、	阳离子
HCO_3^-、CO_3^{2-}、OH^-		NO_3^-、Cl^-、SO_4^{2-}	阴离子
碱度		酸根	

天然水中常见主要离子总量可以粗略地作为水的总含盐量(TDS):

$$TDS = [K^+ + Na^+ + Ca^{2+} + Mg^{2+}] + [HCO_3^- + Cl^- + SO_4^{2-}]$$

2. 天然水中的金属离子

水中的金属离子例如 Ca^{2+},不可能在水中以分离的实体孤立存在。在水溶液中金属离子的表示式常写成 Me^{n+},表示简单的水合金属阳离子 $Me(H_2O)_x^{n+}$,它可与电子供给体配合成键而获得稳定的最外电子层,可通过化学反应达到最稳定状态,酸碱中和、沉淀-溶解、配合-离解及氧化-还原等反应是它们在水中达到最稳定状态的过程。

水中可溶性金属离子可以多种形式存在。例如,Fe^{3+} 可以 $Fe(OH)^{2+}$、$Fe(OH)_2^+$、$Fe_2(OH)_2^{4+}$ 和 Fe^{3+} 等形式存在。

3. 水生生物

水生生物可直接影响许多物质的浓度,其作用有代谢、摄取、转化、存储和释放等。在水生生态系统中生存的生物体,可以分为自养生物和异养生物。自养生物利用太阳能或化学能,把简单、无生命的无机物元素引进至复杂的生命分子中即组成生命体。藻类是典型的自养水生生物,通常 CO_2、NO_3^- 和 PO_4^{3-} 多为自养生物的 C、N、P 源。利用太阳能从无机矿物合成有机物的生物体称为生产者。异养生物利用自养生物产生的有机物作为能源及合成它自生生命的原始物质。

水体产生生物体的能力称为生产率。生产率是由化学的及物理的因素相结合而决定的。通常饮用水及游泳池需要低的生产率,而对于鱼类则需要较高的生产率。在高生产率的水中藻类生产旺盛,死藻的分解引起水中溶解氧水平降低,这种情况常被称为富营养化。水中营养物通常决定水的生产率,水生植物需供给适量 C(CO_2)、N(NO_3^-)、P(PO_4^{3-})及痕量元素,在许多情况下,P 是限制的营养物。

决定水体中生物的范围及种类的关键物质是氧,氧的缺乏可使许多水生生物死亡,氧的存在能够杀死许多厌氧细菌。在测定河流及湖泊的生物特征时,首先要测定水中溶解氧的浓度。

生化需氧量 BOD 是另一个水质的重要参数,它是指在一定体积的水中有机物降解所要耗用的氧的量。一个 BOD 高的水体,不可能很快地补充氧气,显然对水生生物是不利的。

CO_2 是由水及沉积物中的呼吸过程产生的,也能从大气进入水体。藻类生命体的光合作用需 CO_2,由水中有机物降解产生的高水平的 CO_2,可能引起过量藻类的生长以及水体的超生长率,在有些情况下 CO_2 是一个限制因素。

3.2　水中的化学平衡

3.2.1　碳酸平衡

CO_2 在水中形成酸,可同岩石中的碱性物质发生反应,并可通过沉淀反应变为沉积物而从水中除去。在水和生物之间的生物化学交换中,CO_2 占有独特地位,在水体中存在着 CO_2、H_2CO_3、HCO_3^- 和 CO_3^{2-} 等四种化合态,常把 CO_2 和 H_2CO_3 合并为 $H_2CO_3^*$。实际上 H_2CO_3 含量很低,主要是溶解性气体 CO_2。因此水中 $H_2CO_3^* - HCO_3^- - CO_3^{2-}$ 体系可用下面的反应和平衡常数表示:

$$CO_2 + H_2O \Longrightarrow H_2CO_3^* \qquad pK_0 = 1.46$$
$$H_2CO_3^* \Longrightarrow HCO_3^- + H^+ \qquad pK_1 = 6.35$$
$$HCO_3^- \Longrightarrow CO_3^{2-} + H^+ \qquad pK_2 = 10.33$$

根据 K_1 及 K_2 值,就可以制作以 pH 值为主要变量 $H_2CO_3^* - HCO_3^- - CO_3^{2-}$ 体系的形态分布图(图3-3)。根据分别代表上述三种化合态在总量中所占比例,可以给出下面三个表示式:

$$\alpha_0 = \frac{[H_2CO_3^*]}{[H_2CO_3^*] + [HCO_3^-][CO_3^{2-}]} \tag{3-1}$$

$$\alpha_1 = \frac{[HCO_3^-]}{[H_2CO_3^*] + [HCO_3^-][CO_3^{2-}]} \tag{3-2}$$

$$\alpha_2 = \frac{[CO_3^{2-}]}{[H_2CO_3^*] + [HCO_3^-][CO_3^{2-}]} \tag{3-3}$$

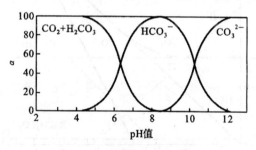

图 3-3　碳酸化合态分布图

若用 c_T 表示各种碳酸化合态的总量,则有 $[H_2CO_3^*] = c_T\alpha_0$、$[HCO_3^-] = c_T\alpha_1$ 和 $[CO_3^{2-}] = c_T\alpha_2$。若把 K_1、K_2 的表示式代入式(3-1)~式(3-3),就可得到作为酸离解常数和氢离子浓度的函数的形态分数(碳酸根形态分数图):

$$\alpha_0 = \left(1 + \frac{K_1}{[H^+]} + \frac{K_1 K_2}{[H^+]^2}\right)^{-1} \tag{3-4}$$

$$\alpha_1 = \left(1 + \frac{[H^+]}{K_1} + \frac{K_1 K_2}{[H^+]}\right)^{-1} \tag{3-5}$$

$$\alpha_2 = \left(1 + \frac{[H^+]^2}{K_1 K_2} + \frac{[H^+]}{K_2}\right)^{-1} \tag{3-6}$$

以上的讨论没有考虑溶解性 CO_2 与大气交换过程,因而属于封闭的水溶液体系的情况。实际上,根据气体交换动力学,CO_2 在气液界面的平衡时间需数日。因此,若所考虑的溶液反应在数小时之内完成,就可应用封闭体系固定碳酸化合态总量的模式加以计算。反之,如果所研究的过程是长时期的,例如一年期间的水质组成,则认为 CO_2 与水是处于平衡状态,可以更近似于真实情况。

当考虑 CO_2 在气相和液相之间平衡态时,各种碳酸盐化合态的平衡浓度可表示为 p_{CO_2} 和 pH 值的函数。此时,可应用亨利定律:

$$[CO_2] = K_H p_{CO_2} \tag{3-7}$$

溶液中,碳酸化合态相应为

$$c_T = \frac{[CO_2]}{\alpha_0} = \frac{1}{\alpha_0} K_H p_{CO_2}$$

$$[HCO_3^-] = \frac{\alpha_1}{\alpha_0} K_H p_{CO_2} = \frac{[H^+]}{K_1} K_H p_{CO_2} \tag{3-8}$$

$$[CO_3^{2-}] = \frac{\alpha_2}{\alpha_0} K_H p_{CO_2} = \frac{K_1 K_2}{[H^+]} K_H p_{CO_2} \tag{3-9}$$

由这些方程式可知,在 lgc-pH 图(图 3-4)中,$H_2CO_3^*$、HCO_3^- 和 CO_3^{2-} 三条线的斜率分别为 0、$+1$ 和 $+2$。此时,c_T 为三者之和,它是以三条直线为渐近的一条曲线。

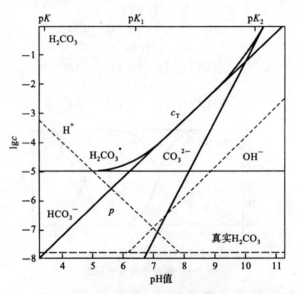

图 3-4　开放体系的碳酸平衡

(引自 Stumm 和 Morgan,1981)

由图 3-4 可以看出,c_T 是随 pH 值的改变而变化。当 pH<6 时,溶液中主要是 $H_2CO_3^*$ 组分;当 pH 值为 6~10 时,溶液中主要是 HCO_3^- 组分;当 pH>10.3 时,溶液中主要是 CO_3^{2-} 组分。

比较封闭体系和开放体系就可以发现,在封闭体系中,$[H_2CO_3^*]$、$[HCO_3^-]$ 和 $[CO_3^{2-}]$ 等随 pH 值的变化而改变,但总的碳酸量 c_T 始终保持不变。而对于开放体系来说,$[HCO_3^-]$、$[CO_3^{2-}]$ 和 c_T 均随 pH 值的变化而改变,但 $[H_2CO_3^*]$ 总保持与大气相平衡的固定数值。因此,在天然条件下,开放体系是实际存在的,而封闭体系是计算短时间溶液组成的一种方法,即把其看作是开放体系趋向平衡过程中的一微小阶段,在实用上认为是相对稳定的而加以计算。

3.2.2　酸碱平衡

按照酸碱质子理论,酸是能给出质子的物质,碱是能接受质子的物质,对于如下的酸碱反应:

$$HA+B^-\Longleftrightarrow HB+A^- \tag{3-10}$$

在可逆反应过程中,正反应过程 HA 给出质子,逆反应过程 HB 给出质子;系统中 HA、HB 均为酸,A^-、B^- 均为碱。$HA-A^-$、$HB-B^-$ 均称为共轭酸碱对。

共轭酸碱 $HA-A^-$ 的酸平衡常数 K_a,可表示为:

$$HA\xrightarrow{K_a}H^++A^-$$

$$K_a=\frac{[H^+][A^-]}{[HA]} \tag{3-11}$$

共轭酸碱的碱平衡常数 K_b 可表示为:

$$A^-+H_2O\xrightarrow{K_b}OH^-+HA$$

$$K_b=\frac{[HA][OH^-]}{[A^-]} \tag{3-12}$$

很明显,共轭酸碱的酸平衡常数 K_a 和碱平衡常数 K_b 之间存在如下关系:

$$K_aK_b=[H^+][OH^-]=K_w \tag{3-13}$$

K_w 称为水的离子积,25℃时水的离子积 K_w 等于 10^{-14}。

3.2.3　水的酸度和碱度

1. 酸度

水的酸度是指水中所含能提供 H^+ 离子与强碱如(NaOH、KOH)等发生中和反应的物质总量。这些物质能够放出 H^+,或者经过水解能产生 H^+。水中形成酸度的物质有三部分:

①水中存在的强酸能全部离解出 H^+,如硫酸(H_2SO_4)、盐酸(HCl)、硝酸(HNO_3)等。

②水中存在的弱酸物质,如游离的二氧化碳(CO_2)、碳酸、硫化氢和各种有机酸等。

③水中存在的强酸弱碱组成的盐类,如铝、铁、铵等离子与强酸所组成的盐类等。天然水中,酸度的组成主要是弱酸,也就是碳酸。天然水中在一般的情况下不含强酸酸度。

2. 碱度

水的碱度是指水中能够接受 H^+ 离子与强酸进行中和反应的物质总量。

水中形成碱度的物质有三部分:

强碱:可在溶液中全部电离形成 OH^-。

弱碱:可在溶液中部分电离形成 OH^-。

强碱弱酸盐:在水解过程中生成 OH^- 或直接接受质子 H^+,在中和过程中不断产生 OH^-,直至中和完成。

水中产生碱度的物质主要由碳酸盐产生的碳酸盐碱度和碳酸氢盐产生的碳酸氢盐碱度,

以及由氢氧化物存在而产生的氢氧化物碱度。

碳酸盐、碳酸氢盐、氢氧化物可以在水中单独存在之外,还有两种碱度的组合,所以,水中的碱度有 5 种形式存在,即:

①碳酸氢盐碱度 HCO_3^-。

②碳酸盐碱度 CO_3^{2-}。

③氢氧化物碱度 OH^-。

④碳酸氢盐和碳酸盐碱度 HCO_3^-、CO_3^{2-}。

⑤碳酸盐和氢氧化物碱度 CO_3^{2-}、OH^-。

按滴定终点的指示剂不同,酸度包括总酸度、CO_2 酸度、无机酸度,碱度包括总碱度、酚酞碱度和苛性碱度。

3.3　水质模型

水质模型是研究水环境的重要工具。这是因为污染物进入环境后,由于物理、化学和生物作用的综合效应,其行为的变化是十分复杂的,很难直观地了解它们的变化和归趋。若借助水质模型,可较好地描述污染物在水中的复杂规律及其影响因素之间的相互关系。

水质模型的基本原理是质量守恒原理。污染物在水环境中的物理、化学、生物过程的各种模型大体经历了三个发展阶段:简单的氧平衡模型阶段、形态模型阶段、多介质环境结合生态模型阶段。下面介绍一些常见的水质模型。

3.3.1　氧平衡模型

1. Streeter-Phelps 模型(S-P 模型)

该模型描述污染物进入河流水体后,耗氧过程和复氧过程这两者达到的平衡状态。S-P 模型描述了一维稳定河流中的 BOD-DO 的变化规律。

该模型假设:

①只考虑耗氧微生物参加的 BOD 消耗反应,并认为该反应为一级反应,即 $S=-k_1L$。

②河流中的氧耗只是由 BOD 衰减而引起的,BOD 的衰减速率与河水中溶解氧(DO)的减少速率相同,复氧速率与河水中的氧亏量 D 成正比。

③在初始时间 $t=0$ 时,溶解在水中的氧是饱和的。

④河流断面上每一点的流速都相等,即反应速率是恒定的。

根据假设则有:

$$u\frac{dL}{dt}=-k_1L \tag{3-14}$$

$$u\frac{dD}{dt}=k_1L-k_2D \tag{3-15}$$

式中,L 为河水中的 BOD 值,即有机物浓度,mg/L;D 为河水中的氧亏量值,mg/L;k_1 为河水中的 BOD 衰减(耗氧)速率常数,d^{-1};k_2 为河水中的复氧速率常数,k_2;t 为河水流动时间,d。

其解析解为:

$$L = L_0 \exp\left(-\frac{k_1 x}{u}\right) \tag{3-16}$$

$$D = D_0 \exp\left(-\frac{k_2 x}{u}\right) - \frac{k_1 L_0}{k_1 - k_2}\left[\exp\left(-\frac{k_1 x}{u}\right) - \exp\left(\frac{k_2 x}{u}\right)\right] \tag{3-17}$$

式中，L_0 为河流起始点的 BOD 值，mg/L；D_0 为河流起始点的氧亏值，mg/L。

式(3-17)中表示河流的氧亏变化规律。如果以河流的溶解氧来表示，则：

$$c = c_S - (c_S - c_0)\exp\left(-\frac{k_2 x}{u}\right) - \frac{k_1 L_0}{k_1 - k_2}\left[\exp\left(-\frac{k_1 x}{u}\right) - \exp\left(\frac{k_2 x}{u}\right)\right] \tag{3-18}$$

即为 S-P 氧垂公式（河流中溶解氧的变化规律），根据式(3-18)绘制的溶解氧沿河变化曲线（又称为氧垂曲线）如图 3-5 所示，图中假设在排放点断面处污水即与河水完全混合。

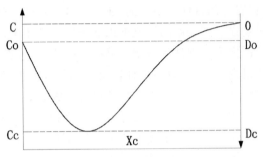

图 3-5 溶解氧沿河变化曲线

当溶解氧为 c_0 时，氧亏值 D_0 随着 x 的推移，污染物分解，耗氧量逐渐增大，溶解氧来不及补充，致使水中溶解氧减少，氧亏值逐渐增大，当溶解氧达到 c_c，称为极限溶解氧值，出现 c_c 的距离称为极限距离 x_c，此时，污染物进行厌氧分解，水中的溶解氧不消耗（变化率为 O）。随 x 推移，有机物浓度减少到一定程度，补充氧又能维持其耗氧分解，水中的溶解氧逐渐上升，直至达到 c_0 时（$D_0 = 0$ 时），水体就恢复到原始状态。用 S-P 方程，即得溶解氧沿河变化图。

2. 奥康纳模型

一个污染较重的河段，一般是先发生有机物的碳化过程，然后再进行含氮化合物的硝化过程。但是对于一个受污染较轻的河流，则两个过程可能同时发生，奥康纳在托马斯模型基础上考虑了硝化过程对溶解氧过程的影响。

3.3.2 湖泊营养化预测模型

由于工业废水、农业污水流入湖泊，使湖泊污染日益严重，已使一些著名的湖泊产生营养化。因此湖泊水质污染预测模型对于预测湖泊水质发展趋势及提出相应的防治对策有重要的意义。

当入湖污染物为氮、磷等营养物时，根据质量守恒定律，湖水中污染物浓度的变化不仅与进入湖泊的数量有关，而且还受其沉降速率的影响：

$$V\left(\frac{\mathrm{d}c}{\mathrm{d}t}\right) = I_p - q_c - \lambda_p V c$$

简化后得：

$$\frac{dc}{dt} = \frac{I_p}{V} - (P_w + \lambda_p)c \tag{3-19}$$

式中，c 为湖水年平均总磷浓度，mg/L；I_p 为输入湖泊磷的总量，g/d；P_w 为水力冲刷系数；q_c 为出湖河道流量，m^3/d；V 湖泊容积，m^3；λ_p 磷的沉降速率常数，d^{-1}；t 为河水入湖时间，d。

该方程解为：

$$c = \frac{I_p}{V(P_w + \lambda_p)} - \left[1 - \frac{V(P_w + \lambda_p)c_0}{I_p}\right] e^{-(P_w + \lambda_p)t} \tag{3-20}$$

式中，c_0 为入湖河水的磷浓度，mg/L。

3.3.3 有毒有机污染物的归趋模型

对于一种有机物，仅仅看它的毒性是不够的，还必须考察它进入环境分解为无害物的速度快慢如何。许多有毒有机物在受到控制的情况下未必绝对不能使用。只有那些持久性的优先污染物才在禁用或严格控制之列。其他污染物如果控制处置得当，不但不是污染物，而且还是工农业生产的资源。因此研究水、土环境中各种有机毒物的预测模型十分重要。它可以预测污染物在环境中浓度的时空分布及通过各种迁移转化过程后的归趋。

要建立有毒有机污染物的归趋模型必须充分研究化合物的各种迁移转化过程的机理，特别是动力学的研究。图 3-6 显示了有机毒物在水环境中的迁移转化过程，把图中的迁移、转化过程归纳为如下几个重要要过程。

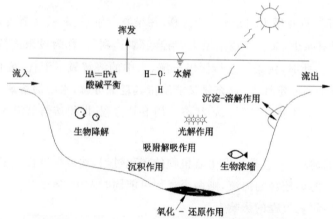

图 3-6 有机污染物在水环境中的迁移转化过程

(1)负载过程

污水排放速率、大气沉降以及地表径流引入有机毒物至天然水体均将直接影响污染物在水中的浓度。

(2)形态过程

①酸碱平衡。天然水中 pH 决定着有机酸或碱以中性态或离子态存在的分数，因而影响挥发及其他作用。

②吸着作用。疏水有机化合物吸着至悬浮物上，由于悬浮物质的迁移而影响它们以后的归趋。

(3)迁移过程

①沉淀-溶解作用。污染物的溶解度范围可限制污染物在迁移、转化过程中的可利用性或

实质上改变其迁移速率。

②对流作用。水力流动可迁移溶解的或者被悬浮物吸附的污染物进入或排出特定的水生生态系统。

③挥发作用。有机污染物可能从水体进入大气,因而减少其在水中的浓度。

④沉积作用。污染物被吸附沉积于水体底部或从底部沉积物中解吸,均可改变污染物的浓度。

(4)转化过程

①生物降解作用。微生物代谢污染物并在代谢过程中改变它们的毒性。

②光解作用。污染物对光的吸收有可能导致影响它们毒性的化学反应的发生。

③水解作用。一个化合物与水作用通常产生较小的、简单的有机物。

④氧化-还原作用。涉及减少或增加电子在内的有机污染物以及金属的反应都强烈地影响环境参数。对于有机污染物中几乎所有重要的氧化-还原反应都是由微生物催化的。

(5)生物累积过程

①生物浓缩作用。通过可能的手段如通过鱼鳃的吸附作用,将有机污染物摄取至生物体。

②生物放大作用。高营养级生物以消耗摄取有机毒物进入生物体的低营养级生物为食物,使生物体中有机毒物的浓度随营养级的提高而逐步增大。

3.4　水污染化学

水体污染是指排入水体的污染物超过了该物质在水体的本底值含量和水体对污染物的自净能力,使水和水体底泥的物理、化学或放射性等方面的特性发生变化,降低了水体的使用价值和使用性能的现象。水体污染会使水质恶化,水体生态系统遭到破坏,造成对环境及人类的危害和影响。

3.4.1　水体污染源

造成水体污染的因素是多方面的。水体污染源是指造成水体污染的污染物发生源。按污染物的来源分类可以分作天然污染源和人为污染源。

1. 天然污染源

水体天然污染源是指自然界中天然的物理、化学和生物学过程中产生的有毒物质对环境造成的污染和危害。例如,岩石和矿物的风化和水解、火山喷发、水流冲蚀地表、大气沉降物、有机物自然降解以及水体由于自然灾害等原因接受的放射性物质、硫化物和氟化物等。可以说,人为活动的结果也加速了天然源的污染进程。

2. 人为污染源

水体人为污染源是指人类社会活动引起的环境污染,包括由工农业生产等经济活动产生的废水污染源以及生活污水污染源等。可以把由人类活动产生的污染源划分为工业污染源、农业污染源和生活污染源三大部分。

（1）工业污染源

工业污染源是造成水体污染的主要来源和环境保护的主要防治对象。各种工业企业在生产过程中排出的生产废液、废水和污水等统称为工业废水，其特点是数量大、组成复杂多变，所含有的污染物包括生产废料、残渣以及部分原料、产品、半成品、副产品等。由于行业众多，各类废水组成复杂、差异很大，对工业废水污染源很难做出明确的分类。

（2）农业污染源

农业污染源是指由农业生产而形成的水污染源，如降水形成的径流和渗流把土壤中的氮、磷和农药带入水体；由牧场、养殖场、农副产品加工厂排出的含有机物的废水等。农业废水污染源的特点是面广、分散、不便治理。

（3）生活污染源

生活污水是人们日常生活中产生的各种污水的混合液，其中包括厨房、浴室等排出的炊事、洗涤污水和厕所排出的粪便污水等。生活污水中杂质组分主要是有机物，包括蛋白质、糖、油脂、尿素、酚、表面活性剂等，且多数呈颗粒物状态存在。

城市污水是指排入城市污水管网的各种污水的总和，有生活污水，也有一定量的各种工业废水，还有地面降水并夹杂各种垃圾、废物、污泥等，是一种成分极为复杂的混合液体。一般城市污水中含杂量约 0.05%。城市污水的受污染程度通常用固体含量和生物需氧量 BOD 参数表征。

3.4.2　水体污染物

造成水体水质、水中生物群落以及水体底泥质量恶化的各种有害物质（或能量）都可叫作水体污染物。水体污染物按污染物的性质和形态，可以将水体污染物分为物理污染物、化学污染物、生物污染物和放射性物质四大类。物理污染物包括悬浮物、热污染，放射性物质一般也划归物理污染物一类。化学污染源包括有机污染物和无机污染物。生物污染物包括细菌、病毒和寄生虫等。水体污染物从化学角度又可分为无机有害物、无机有毒物、有机有害物、有机有毒物四类。其中一些常见的水体污染物包括悬浮固体、重金属、酸（碱）性废水、有机物、盐性废水、含氮（磷）化合物、放射性物质、石油类物质等。

1. 悬浮固体

悬浮固体影响水的纯净度，增大水体的浊度，降低水体的透光性。水体中的悬浮固体吸附有害物质和细菌，使细菌滋长，恶化水质，破坏水体。悬浮小颗粒物会堵塞鱼类的腮，使之呼吸困难，导致死亡；悬浮颗粒物含量高时，水体的透光性下降，水中植物光合作用受到影响，难以生长甚至死亡；悬浮固体物会降低水质，增加净化水的难度和成本。

2. 重金属污染物

重金属污染物包括汞、铅、镉、铬、镍、铜、金、砷等。重金属主要来自采矿、冶炼、电镀、化工等工业废水，通过各种途径进入水体造成污染。污染的特点是因其某些化合物的生产与应用的广泛，在局部地区可能出现高浓度的污染。重金属污染物对人、畜有直接的生理毒性；重金属污染物一般又具有潜在危害性，可被水中食物链富集，浓度逐级加大。而人正处于食物链的终端，通过食物或饮水，将有毒物摄入人体。若这些有毒物不易排泄，将会在人体内积蓄，引起慢性中毒。重金属污染物的毒害不仅与其摄入机体内的数量有关,而且与其存在形态有密切关系,不同形态的同种重金属化合物其毒性可以有很大差异。如烷基汞的毒性明显大于二价汞离子的无机盐;砷的化合物中三氧化二砷(As_2O_3,砒霜)毒性最大;六价铬的毒害远大于三价铬。

3. 酸(碱、盐)性废水

由此引起水体中酸、碱、盐浓度超过正常量使水质变坏的现象称水体的酸碱盐污染。酸或碱性物质进入水体使水的 pH 值发生变化,酸、碱在水体中可彼此中和,也可分别和地表物质发生反应生成无机盐类。酸性废水降低水体的 pH 值,可能杀死幼鱼和其他水生动物种群,并使成年鱼类无法繁殖,影响其他物种的生存;酸化的水体使金属和其他有毒物质更易溶解于水中,进一步损害水体的生态系统。各种溶于水的无机盐类会造成水体的含盐量增加,硬度增大,同样会影响某些生物的生长,甚至造成农田盐渍化。无机盐的存在还能增加水的渗透压,对淡水生物的生长有不良影响。此外,含盐量的增加还影响工业用水和生活用水的水质,增加处理费用。

4. 有机物

有机物按其化学结构和发生危害不同可分为耗氧有机物、有毒有机污染物。

(1)耗氧有机物

耗氧有机物主要来自于城市生活污水及食品、造纸、印染等工业废水中含有的大量烃类化合物、蛋白质、脂肪、纤维素等有机物质,本身无毒性,但在分解时需消耗水中的溶解氧,故称为耗氧(或需氧)有机物。耗氧有机物因分解时大量消耗水中的溶解氧,导致水中缺氧,甚至使水体的溶解氧耗尽,水质恶化,需氧微生物死亡,严重的后果是水体发黑,变臭,毒素积累,危及鱼类的生产和人畜安全。

(2)有毒有机污染物

有毒有机污染物主要包括有多氯联苯、多环芳烃、机氯农药、高分子聚合物(塑料、人造纤维、合成橡胶)、染料等类有机化合物。它们的共同特点是大多数为难降解有机物,或持久性有机物,是对水生动物和人有毒性的物质(致癌、干扰内分泌系统、扰乱生殖行为、影响免疫系统等)。它们进入水体会危害水中生物,尤其是引起生物的繁殖行为发生明显变化,进而影响到整个水体的生态系统;它们在水中的含量虽不高,但因在水体中残留时间长,有蓄积性,可造成人体慢性中毒、致癌、致畸、致突变等生理危害。

5. 植物营养素

植物营养素主要指含磷、含氮化合物,过多的植物营养素进入水体后,也会恶化水质、影响渔业生产和危害人体健康。含氮的有机物中最普遍的是蛋白质,含磷的有机物主要有洗涤剂等。水体植物营养元素的积累易形成水体的富营养化,使水生生态系统遭到破坏。

6. 热污染

工业生产的水体排放高温废水可造成热污染。热污染主要危害是使水温的升高,使水中溶解氧减少,水体处于缺氧状态,水生生物生长受到影响;同时在较高水温条件下,水生生物代谢率增高,需要更多的氧,水生生物在热效力作用下发育受阻或死亡,影响环境和生态平衡。

7. 石油类物质

石油对水体污染的主要污染物是各种烃类化合物——烷烃、环烷烃、芳香烃等。在石油的开采、炼制、贮运、使用过程中,原油和其他石油制品进入环境而造成污染,其中包括通过河流排入海洋的废油、船舶排放和事故溢油、海底油田泄漏和井喷事故等。

石油类物质对水质影响较大。石油中的各种成分都有一定的毒性,石油又比水轻且不溶于水,覆盖在水面上形成薄膜层,既阻碍了大气中氧在水中的溶解,又因油膜的生物分解和自身的氧化作用,会消耗水中大量的溶解氧,致使水体缺氧。它又具有破坏生物的正常生活环境,造成生物机能障碍的物理作用。石油覆盖或堵塞生物的表面和微细结构,抑制了生物的正常运动,且阻碍小动物正常摄取食物、呼吸等活动。

3.4.3 水体的自净能力

1. 水体的自净作用

未经妥善处理的污水(包括生活污水、工业废水和农业污水等)任意排入天然水体中,会使水体的物质组成发生变化,破坏了原有的物质平衡,造成水质恶化。与此同时,污染物也参与水体中的物质转化和循环过程。经过一系列的物理、化学和生物学变化,污染物被分离或分解,水体基本上或完全地恢复到原来的状态,这个自然净化过程称为水体自净作用。

水体的自净过程十分复杂,受很多因素影响。从机理上看,水体自净主要由下列几种过程组成。

(1)物理自净

物理作用包括可沉性固体逐渐下沉,物理自净指污染物进入水体后,只改变其物理性状、空间位置,而不改变其化学性质、不参与生物作用。如污染物在水体中所发生的混合、稀释、扩散、挥发、沉淀等过程。通过上述过程,可使水中污染物的浓度降低,使水体得到一定的净化。物理自净能力的强弱取决于水体的物理条件如温度、流速、流量等,以及污染物自身的物理性质如密度、形态、粒度等。

(2)化学自净

化学自净是指污染物在水体中以简单或复杂的离子或分子状态迁移,并发生了化学形态、价态上的转化,使水质也发生了化学性质的变化,但未参与生物作用。如氧化还原、酸碱反应、分解、化合、吸附等过程。这些过程能改变污染物在水体中的迁移能力和毒性大小,也能改变水环境化学反应条件。影响化学自净的环境条件有酸碱度、氧化-还原电势、温度、化学组分等,污染物自身的形态和化学性质对化学自净也有很大影响。

(3)生物自净

生物自净主要是由于各种生物对污染物吸收、降解作用而发生消失或浓度降低的过程。如污染物的生物分解、生物转化和生物富集等作用。水体生物自净也被称为狭义的自净作用。主要指悬浮和溶解于水体中的有机污染物在微生物作用下,发生氧化分解的过程。在水体自净中,生物自净占主要地位。生物自净与生物的种类、环境的水热条件和供氧状况等因素有关。

在实际地面水体中,以上几个过程常相互交织在一起综合进行。

2. 污水在水体中的稀释和扩散

从水体污染控制的角度看,水体对污水的稀释、扩散以及生物化学降解作用是水体自净的主要问题。

稀释实际上只是将污水中的污染物扩散到水体中去,从而降低污染物的相对浓度。单纯的稀释过程并不能除去污染物。污染物进入河流水体后产生两种运动形式:推流和扩散。

推流(或称平流)是指在河流流速的推动下,污染物沿着水流前进方向的运动。河流流速越大,单位时间内通过单位面积输送的污染物数量(污染物推流量)越多。

扩散是指当污染物进入水体后,使水体产生了浓度的差异,污染物由高浓度处向低浓度处迁移的运动。浓度差异越大,单位时间内通过单位面积扩散的污染物的量(污染物的扩散量)越多。推流和扩散是两种同时存在而又相互影响的运动形式,由此而产生污染物的浓度从排入口往下游逐渐降低的稀释现象。

3. 水体中氧的消耗和溶解

水体中氧的消耗和溶解指水体受到污染后,水体中的溶解氧逐渐被消耗,到临界点后又逐步回升的变化过程。

在有机物被微生物氧化分解过程中需要消耗一定数量的氧。这部分氧用于碳化作用和硝化作用之中。除此之外,污水中的还原性物质(如 SO_3^{2-} 等)、沉积在水底的淤泥分解时,以及一些水生植物在夜间呼吸时,都要从水中吸收氧气,从而降低水中溶解氧含量。由于这些原因,水体中的溶解氧经常在消耗着。

水体中溶解氧一般有三个来源:

①水体和污水中原来含有的氧。

②大气中的氧向含氧不足的水体扩散溶解,直到水体中的溶解氧达到过饱和。

③水生植物白天通过光合作用放出氧气,溶于水中,有时还会使水体中的氧达到过饱和。

因此,水体中的氧气在被消耗的同时,又逐渐得到补充和恢复。这就是水体中的耗氧和复氧过程。所以当河流接纳污水后,排污口下游各处溶解氧的变化是十分复杂的。在一般情况下,紧接着排污口的各点溶解氧逐渐减少,如图 3-7 所示。这是因为污水排入后,河水中有机物较多,它的耗氧速度超过了河流的复氧速度。随着河水中有机物的逐渐氧化分解,耗氧速度逐渐降低。在排污口下游某点处终于会出现耗氧速度与复氧速度相等的情况。这时,溶解氧又逐渐回升。再往下游,复氧速度大于耗氧速度。如果不另受新的污染,河水中的溶解氧会逐渐恢复到污水排入前的含量。若以流程(即各点离排入口的距离或污水从排入口流到该点的时间)为横坐标,以各点处的溶解氧量为纵坐标,就可以得到一条氧垂曲线(见图 3-7)。这种氧垂曲线的形状会因各种条件(如污水中有机物浓度、污水及河水的流量、河道弯曲

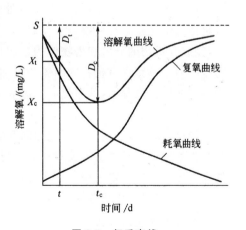

图 3-7　氧垂直线

X_t、X_c—分别是 t、t_c 时间的溶解氧值;
D_t、D_c—分别是 t、t_c 时间的氧亏值,
t_c 时的 D_c 值为最大氧亏值

状况、水流湍流情况等)的不同而有一定的差异,但总的趋势是相似的。

4. 水体中细菌的死亡

在研究水体的自净现象时,除稀释和溶解氧变化的规律外,细菌死亡的规律也是很重要的。当含有一般有机物的污水排入水体后,开始时水体中的细菌大量增加,以后就逐渐减少。促使细菌在水体中死亡的原因如下。

①由于水体中有机物因逐渐氧化分解而减少,这对于依靠有机物生存的细菌极为不利。

②被污染的水体中有大量吞噬细菌的生物,如纤毛类原生动物、浮游动物等。

③生物物理因素,如生物絮凝、生物沉淀等。

④其他因素,如 pH、水温、日光等对细菌生存的影响很大,pH 和水温若不合适,细菌会逐渐死亡。日光也具有杀菌能力。

3.4.4 水体污染的治理

1. 污水处理程度的分类

废水处理的方法很多。一般根据废水的性质、数量以及要求的排放标准,有针对性地选用处理方法或采用多种方法综合处理。按照水质状况及处理后出水的去向可以确定废水处理的程度,一般可以分为一级处理、二级处理和三级处理。

(1)一级处理

一级处理主要是除去粒径较大的固体悬浮物、胶体颗粒和悬浮油类,初步调节 pH,减轻废水的腐化程度。一级处理工艺过程一般由筛选、隔油、沉降和浮选等物理过程串联组成,处理的原理在于通过物理法实现固液分离,将污染物从污水中分离。废水经一级处理后,BOD_5 和 SS 的典型去除率分别为 25% 和 50%。

(2)二级处理

二级处理主要是对经过一级处理后的污水进行生化处理。废水经二级处理后,BOD 去除率可达 80%～90%,二级处理是废水处理的主体部分。污水生化处理以去除不可沉悬浮物和溶解性可生物降解有机物为主要目的,生物处理的原理是通过生物作用,尤其是微生物的作用,完成有机物的分解和生物体的合成,将有机污染物转变成无害的气体产物(CO_2)、液体产物(H_2O)以及富含有机物的固体产物(微生物群体或称生物污泥);多余的生物污泥在沉淀池中经沉淀使固液分离,从净化后的污水中除去。

(3)三级处理

经过二级处理后,三级处理为深度处理,它将经过二级处理的水进行脱氮、脱磷处理,用活性炭吸附法或反渗透法等去除水中的剩余污染物,并用臭氧或氯消毒杀灭细菌和病毒,然后将处理水送入水中。常采用的方法有化学沉淀、反渗透、电渗析、吸附、离子交换、生物脱氮、氧化塘法、改良接触氧化法等。

2. 污水处理的方法

依据处理方法的基本原理,废水处理技术主要分为物理法、物理化学法、化学法和生物降解法四大类(见表 3-3)。物理法主要应用于废水一级处理的工艺过程中,其核心技术是采用一般过滤、隔油、沉降或浮选等处理过程,除去废水中粒径较大的固体悬浮物、胶体颗粒和悬浮油类。物理化学法是利用各种物理化学手段将有机物分离或降解的方法,主要包括汽提法、吸附法、萃取法、膜分离法、超声波法、光降解法、水解法、氧化法等。生物降解法是利用微生物的代谢作用将有机物同化或分解的方法,主要分为好氧生物降解和厌氧生物降解。好氧生物降解就是微生物在氧的存在下,通过自身的代谢作用将有机物分解的过程,完全降解的产物为 CO_2 和 H_2O。厌氧生物降解就是微生物在缺氧的条件下将有机物分解的过程,其产物主要是甲烷。常用的处理废水的化学方法如表 3-4 所示。

表 3-3　污水处理方法分类

基本方法	基本原理	单元技术
物理法	物理或机械的分离过程	过滤、沉淀、离心分离、上浮等
物理化学法	物理化学的分离过程	汽提、吹脱、吸附、萃取、离子交换、电解电渗析、反渗透等
化学法	加入化学物质与污水中有害物质发生化学反应的转化过程	中和、氧化、还原、分解、混凝、化学沉淀等
生物法	微生物在污水中对有机物进行氧化,分解的新陈代谢过程	活性污泥,生物滤池,生物转盘,氧化塘,厌气消化等

表 3-4　常用处理废水的化学方法

方法	原理	设备及材料	处理对象
混凝	向胶状浑浊液中投加电解质,凝聚水中胶状物质,使之和水分开	混凝剂有硫酸铝、明矾、聚合氯化铝、$FeSO_4$、$FeCl_3$ 等	含油废水、染色废水、煤气站废水、洗毛废水等
电解	在废水中插入电极板,通电后,废水中带电离子变为中性原子	电源、电极板等	含铬、含氰(电镀)废水,毛纺废水等
氧化还原	投加氧化(或还原)剂,将废水中物质氧化(或还原)为无害物质	氧化剂有空气(O_2)、漂白粉、氯气、臭氧等	含酚、氰化物、硫铬、汞废水、印染、医院废水等
中和	酸碱中和,使 pH 值达到中性	石灰、石灰石、白云石等中和酸性废水,CO_2 中和碱性废水	硫酸厂废水、印染废水等
萃取	将不溶于水的溶剂投入废水中,使废水中的溶质溶于此溶剂中,然后利用溶剂与水的相对密度差,将溶剂分离出来	萃取剂有醋酸丁酯、苯等,设备有脉冲筛板塔,离心萃取机等	含酚废水等
吸附(包含离子交换)	将废水通过固体吸附剂,使废水中溶解的有机或无机物吸附在吸附剂上,通过的废水得到处理	吸附剂有活性炭、煤渣、土壤等,设备有吸附塔,再生装置等	染色、颜料废水,还可吸附酚、汞、铬、氰以及除色、臭、味等

3. 主要污水处理工艺

(1)A/O 工艺

A/O(Anoxic/Oxic)工艺,它的优越性是除了使有机污染物得到降解之外,还具有一定的脱氮除磷功能,是将厌氧水解技术用于活性污泥的前处理,所以 A/O 法是改进的活性污泥法。A/O 工艺将前段缺氧段和后段好氧段串联在一起,A 段 DO 不大于 0.2mg/L,O 段 DO=2~4mg/L。在缺氧段异养菌将污水中的淀粉、纤维、碳水化合物等悬浮污染物和可溶性有机物水解为有机酸,使大分子有机物分解为小分子有机物,不溶性的有机物转化成可溶性有机物,当这些经缺氧水解的产物进入好氧池进行好氧处理时,可提高污水的可生化性及氧的利用率;在缺氧段,异养菌将蛋白质、脂肪等污染物进行氨化(有机链上的 N 或氨基酸中的氨基)游离出氨(NH_3、NH_4^+),在充足供氧条件下,自养菌的硝化作用将 NH_4^+ 氧化为 NO_3^-,通过回流控制返回至 A 池,在缺氧条件下,异氧菌的反硝化作用将 NO_3^- 还原为分子态氮(N_2)完成 C、N、O 在生态中的循环,实现污水无害化处理。

(2)A²/O 工艺

A²/O 工艺,它是厌氧-缺氧-好氧生物脱氮除磷工艺的简称。该工艺处理比较适用于要求脱氮除磷的大中型城市污水处理厂。

(3)氧化沟

氧化沟因其构筑物呈封闭的环形沟渠而得名,是活性污泥法的一种变形,具有出水水质好、运行稳定、管理方便等技术特点。氧化沟的水力停留时间长,有机负荷低,其本质上属于延时曝气系统。氧化沟一般由沟体、曝气设备、进出水装置、导流和混合设备组成,沟体的平面形状一般呈环形,也可以是长方形、L 形、圆形或其他形状,沟端面形状多为矩形和梯形。从运行方式考虑,氧化沟技术发展主要有两方面:一方面是按时间顺序安排为主对污水进行处理;另一方面是按空间顺序安排为主对污水进行处理。属于前者的有交替和半交替工作式氧化沟;属于后者的有连续工作分建式和合建式氧化沟。目前应用较为广泛的氧化沟类型包括帕斯韦尔(Pasveer)氧化沟、卡鲁塞尔(Carrousel)氧化沟、奥尔伯(Orbal)氧化沟、T 型氧化沟(三沟式氧化沟)、DE 型氧化沟和一体化氧化沟。

3.5　水体中污染物的迁移和转化

水体中的重金属等污染物,一旦进入水环境,均不能被生物降解,主要通过沉淀—溶解、氧化还原、配合作用、胶体形成、吸附—解吸等一系列物理化学作用进行迁移转化,参与和干扰各种环境化学过程和物质循环过程,最终以一种或多种形态长期存留在环境中,造成永久性的潜在危害。

3.5.1　重金属在水体中的迁移转化

重金属是构成地壳的元素,在自然界的分布非常广泛,它广泛存在于各种矿物和岩石中,经过岩石风化、火山喷发、大气降尘、水流冲刷和生物摄取等过程,构成重金属元素在自然环境中的迁移循环。使重金属元素遍布于土壤、大气、水体和生物体中,与人工合成的化合物不同,它们在环境的各个部分都存在着一定的本底含量。

重金属可以通过多种途径(食物、饮水、呼吸、皮肤接触等)侵入人体,还可以通过遗传和母乳进入人体。重金属不仅不能被降解,反而能通过食物链在生物体或人体内富集。与生物体内的生物大分子如蛋白质、酶、核糖核酸等发生强烈相互作用,造成急性或慢性中毒,危害生命。下面主要介绍汞、镉、铅等元素的迁移转化。

1. 汞污染物在水体中的迁移转化

水体汞污染主要来自使用含汞废水。排入水体中的汞化合物,可以发生扩散、吸附、沉降、聚沉、水解、配合、螯合、氧化-还原等一系列的物理化学及生物化学变化。

(1)汞的吸附

水体中的底泥、悬浮物等具有巨大的比表面积和很高的表面能,对于汞和其他金属元素有强烈的吸附作用。研究表明,无论属于悬浮态,还是沉积态,腐殖质对汞的吸附能力最大,其吸附量不受氯离子浓度变化的影响。由于吸附作用,使汞在天然水体的水相中含量极低,从各污染源排放的汞污染物,主要富集在排放口附近的底泥和悬浮物中。被底泥吸附的汞,其解吸速率非常缓慢。但通过某些过程,如微生物甲基化或加入无机配合剂或有机配合剂,可能加速汞的解吸。向水体中加入 $NaCl$、$CaCl_2$、氮三乙酸(NTA)就可能起到解吸作用。

(2)汞的配合

排入水体的 Hg^{2+} 及有机汞离子可以与多种配位体发生配合反应,可以表示为:

$$Hg^{2+}+2X^-\Longrightarrow HgX_2$$
$$R—Hg^++X^-\Longrightarrow R—HgX$$

式中,X^- 为提供电子对的配体,如 Cl^-、OH^-、NH_3、S^{2-} 等。S^{2-} 和含有—SH 基的有机化合物对汞的亲和力最强,其配合物的稳定性最高。当 S^{2-} 大量存在时,则有:

$$Hg^{2+}+2S^{2-}\Longrightarrow HgS_2^{2-}$$

腐殖质与汞的配合能力也很强。腐殖质在水体中是主要的有机胶体,当水体中无 S^{2-} 和—SH 存在时,汞离子主要与腐殖质螯合。汞离子和甲基汞离子还能与各种有机配位体形成稳定的配合物。例如,与含硫配位体的半胱氨酸形成极强的配合物,与其他氨基酸及含—OH 或—COOH 基的配位体也都能形成相当稳定的配合物。此外,汞还能与微生物生长介质强烈结合,这表明汞可以进入细菌细胞并生成各种有机配合物。

(3)汞的水解

Hg^{2+} 和有机汞离子能发生水解反应,生成相应的羟基化合物:

$$Hg^{2+}+H_2O\Longrightarrow HgOH^++H^+$$
$$Hg^{2+}+2H_2O\Longrightarrow Hg(OH)_2+2H^+$$

当水体的 pH<2 时。不发生水解;pH 在 5~7,Hg^{2+} 几乎全部水解。在一般天然水体中,Hg^{2+} 可与 Cl^- 形成相当稳定的配合物。在[Cl^-]<10^{-5}mol/L 的水中,当 pH≥4 时,Hg^{2+} 以水解产物 $Hg(OH)_2$ 为其主要存在形态;在[Cl^-]≈0.01mol/L,的水中。则 $Hg(OH)_2$ 为主要形态时的 pH>6。

(4)汞的氧化还原

汞的价态有 3 种,但在水环境中主要为 Hg 单质和 Hg^{2+}。当水体 pH>5 及中等氧化条件下,大部分情况下以单质汞存在;在低氧化条件下,汞会被沉淀为 HgS。用金属汞或其他还原剂,可将 Hg^{2+} 还原为 Hg_2^{2+},其反应平衡常数较大,平衡偏向于生成 Hg_2^{2+} 一方;若要使反方向的歧化反应得以进行,则必须使 Hg^{2+} 变为难溶物或难离解的配合物[如 HgO、HgS、

Hg(CN)$_2$ 等],从而减低溶液中 Hg^{2+} 的浓度。

(5)汞的生物甲基化

在某些微生物的作用下,环境中的 Hg^{2+} 转化为含有甲基(—CH$_3$)的汞化合物的反应称为汞的生物甲基化。

甲基汞可以由 Hg^{2+} 通过各种生物的或非生物的过程产生,但过程的必要条件是需要存在 Hg^{2+} 和甲基供给体。在水体中存在着的腐殖质和许多生物过程产物就是潜在的甲基化试剂。生物甲基化过程可以分为酶催化过程和非酶催化过程。酶催化过程中,除需要甲基供给体外,还要具备一个活性代谢基体及酶系统。非酶催化过程则只需要水中存在有甲基供给体。生物甲基化可以在地面水、沉积物、土壤、鱼体肠管黏液等介质中,在好氧细菌或厌氧细菌参与下进行,其效率取决于基体的代谢状态及有效汞离子浓度。

(6)汞污染的危害

汞的毒性因其化学存在形态的不同而有很大差别。经口摄入体内的元素汞基本上是无毒的,但通过呼吸道摄入的气态汞是高毒的;一价汞的盐类溶解度很小,但人体组织和血红细胞能将一价汞氧化为具有高毒的二价汞;有机汞化合物则是高毒性的。

为防止汞中毒,我国规定环境中汞的最高允许浓度,生活饮用水中汞的最高允许浓度为 0.0001mg/L,地表水中汞的最高允许浓度为 0.001mg/L;工业废水排放时汞及其化合物最高允许排放浓度为 0.05mg/L。

2.镉污染物在水体中的迁移转化

水体的镉污染来自地表径流和工业废水,主要是由铅锌矿的选矿废水和有关工业(如电镀、碱性电池等)废水排入地面水或渗入地下水引起的。工业废水的排放使近海海水和浮游生物体内的镉含量高于远海,工业区地表水的镉含量高于非工业区。

(1)镉的吸附

镉的价态较少,除单质 Cd 外,一般为+2 价态。镉排入水体以后主要决定于水中胶体、悬浮物等颗粒物对镉的吸附和沉淀过程。河流底泥与悬浮物对镉有很强的吸附作用。它们主要由黏土矿物、腐殖质等组成。已有证明,底泥对 Cd^{2+} 的富集系数为 5000～50000,而腐殖质对 Cd^{2+} 的富集能力更强。这种吸附作用及其后可能发生的解吸作用,是控制水体中镉含量的主要因素。

(2)镉的化学行为

镉的标准电极电势较低,一般水体中不可能出现单质 Cd。镉的硫化物、氢氧化物、碳酸盐为难溶物。镉在环境中易形成各种配合物或螯合物,和 Hg^{2+} 相似,在水中 Cd^{2+} 与 OH$^-$、Cl$^-$、SO$_4^{2-}$ 等配合生成 CdOH$^+$、Cd(OH)$_2$、Cd(OH)$_3^-$、CdO$_2^-$、CdCl$^+$、CdCl$_2$、等。Cd^{2+} 可与各种无机配合体组成稳定的配合物;Cd^{2+} 也能与腐殖质等有机配体配合。当[Cl$^-$]<10^{-3} mol/L 时,开始形成 CdCl$^+$ 配离子;当[Cl$^-$]>10^{-3} mol/L 时,主要以 CdCl$_2$、CdCl$_3^-$ 及 CdCl$_4^{2-}$ 配合形态存在。在一般河水中[Cl$^-$]>10^{-3} mol/L。海水中[Cl$^-$]约为 0.5mol/L,这种配合作用均不能忽视。同时,镉与腐殖质的配合能力较大,更不能忽略这一作用。

当有 S^{2-} 存在时,Cd^{2+} 转化为难溶的 CdS 沉淀,特别是在厌氧的还原性较强的水体中,即使[S^{2-}]很低,也能在很宽的 pH 范围内形成 CdS 沉淀。它具有高度的稳定性,是海水和土壤中控制镉含量的重要因素。

（3）镉污染的危害

镉和汞一样，不是人体必需的元素。许多植物如水稻、小麦等对镉的富集能力很强，使镉及其化合物能通过食物链进入人体。另外，饮用镉含量高的水，也是导致镉中毒的一个重要途径。镉的生物半衰期长，从体内排出的速度十分缓慢，容易在肾脏、肝脏等部位蓄积，在脾、胰、甲状腺、睾丸、毛发也有一定的蓄积。镉还会损害肾小管，使人出现糖尿、蛋白尿和氨基酸尿等症状，肾功能不全又会影响维生素 D_3 的活性，使骨骼疏松、萎缩、变形等。慢性镉中毒主要影响肾脏，最典型的例子是日本的痛痛病事件。

镉一旦排入环境，它对环境的污染就很难消除。因此预防镉中毒的关键在于控制排放和消除污染源。我国规定，生活饮用水中含镉最高允许浓度为 0.005mg/L，地表水的最高允许浓度为 0.01mg/L，渔业用水为 0.005mg/L；工业废水中镉的最高允许排放浓度为 0.1mg/L。有研究表明，硒（Se）对镉的毒性有一定的拮抗作用。这可能与 Se 是氧族元素，镉与 Se 能较稳定地结合在一起，使镉失去活性有关。

3.5.2　有机污染物在水体中的迁移转化

有机污染物在水环境中的迁移转化主要取决于有机污染物本身的性质以及水体的环境条件。水环境中有机污染物种类繁多，一般分为两大类：持久性污染物和耗氧有机物。有机污染物一般通过吸附作用、挥发作用、水解作用、光解作用、生物富集和生物降解作用等过程进行迁移转化，研究这些过程，将有助于阐明污染物的归趋和可能产生的危害。

1. 分配作用

颗粒物（沉积物或土壤）从水中吸着有机物的量与颗粒物中有机质的含量密切相关，实验证明，在土壤-水体系中，分配系数与土壤中有机质的含量成正比，与水中这些溶质的溶解度成反比。由此可见，颗粒物中有机质对吸附憎水有机物起着主要作用。进一步研究表明，当有机物在水中含量增高接近其溶解度时，憎水有机物在土壤中的吸附等温线仍然是直线，如图 3-8 所示。

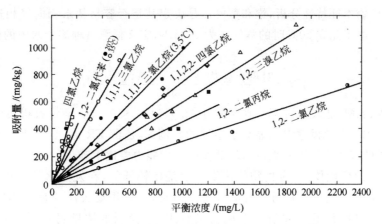

图 3-8　一些非离子性有机物在土壤-水体系中的吸附等温线

有机物在活性炭上的吸附则表现出高度的非线性，如图 3-9 所示，只有在低浓度时，吸附量才与溶液中平衡浓度呈线性关系。由此可见,憎水有机物在土壤中的吸附如同憎水有机物在水与有机溶剂之间的分配一样,仅仅是有机物移向土壤中的有机质内的一种分配过程,即非离子型有机物可通过溶解作用分配到土壤有机质中,并经过一定时间达到分配平衡,此时有机物在土壤有机质和水中含量的比值称为分配系数 K_p,而土壤中的有机质对于憎水有机物表现出相当的惰性。

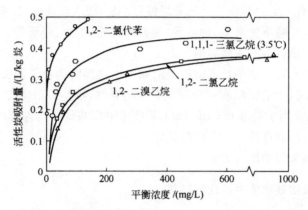

图 3-9　活性炭对一些非离子性有机化合物的吸附等温线

2. 挥发作用

挥发作用是有机物从液相的溶解态转入气相的游离态的物理迁移过程。在自然环境中,需要考虑有机物的挥发特性。如果有机污染物具有高挥发性,则挥发作用是影响有机污染物归宿的重要过程。另外,有机污染物的归宿是多种作用的贡献结果,有些条件下,有机污染物的挥发性即使较小,挥发作用也不能忽视。

挥发速率取决于有机污染物的性质和水体的特征。

一般情况下,水体中有机污染物通过挥发而迁移时,其迁移阻力主要来自于界面两侧的水相边界层和气相边界层,迁移速率的大小与水相和气相的湍动程度、有机污染物的饱和蒸气压、沸点、水溶性等密切相关。

从有机污染物本征特性分析,饱和蒸气压是决定其是否容易从水相向气相迁移的重要参数。一般依据乙酸丁酯在 20℃ 时的蒸气压为 1333Pa,定义任意一种溶于水中的化合物的挥发率(ER)为:

$$ER = \frac{对象化合物在 20℃时蒸汽压(Pa)}{1333Pa} \tag{3-21}$$

例如,丙酮、乙醚、正戊烷的 ER 值分别为 22.0、44.0 和 42.6。衡量有机污染物的挥发迁移能力时,仅考虑一个挥发率参数显然是不够的。例如,乙醇 ER 值(4.3)比甲苯(2.2)大,但是,乙醇在水中的溶解度比甲苯大,所以,其实际挥发能力要比甲苯小。

相对于庞大的环境体系,有机物的污染浓度是比较低的,在发生水体污染时,水体上方空气中污染物浓度一般可能到可忽视的程度。但是,特别需要关注的是水体中有臭感的挥发性物质。对于具有很低臭阈值的有机污染物来说,极低的浓度已经足以造成对环境的危害。

3.水解作用

水解作用是有机物与水之间最重要的反应。环境中有机污染物的水解也是有机污染物从环境中被清除的一个重要途径,它影响着有机污染物在水中的停留时间,并且对有机污染物的毒性也会产生影响。在反应中,有机物的官能团 X—与 OH—发生交换,整个反应可表示为:

$$RX + H_2O \longrightarrow ROH + HX$$

反应步骤还可以包括一个或多个中间体的形成,有机物通过水解反应而改变了原化合物的化学结构。

水解产物的毒性、挥发性和生物或化学降解性均可能发生变化。水解产物可能比原来化合物更易或更难挥发,与 pH 有关的离子化水解产物的挥发性可能是零,而且水解产物一般比原来的化合物更易为生物降解。

(1)水解机理

有机物的水解可以简单地解释为一个亲核基团(水或 OH^-)进攻亲电基团(C、P 等原子),同时取代一个离去基团(Cl^-、苯酚盐等)的过程,也叫做亲核取代反应。根据动力学的特点,亲核取代反应又进一步划分为单分子亲核取代(S_N1)和双分子亲核取代(S_N2)。

S_N1 过程可由下面两个方程来表示:

$$RX \xrightarrow{慢} R^+ + X^-$$

$$R^+ + H_2O \xrightarrow{快} ROH + H^+$$

这里决定反应速率的步骤是 RX 离解形成 R^+,随后 R^+ 的亲核进攻则进行得较快。故 S_N1 过程与亲核试剂的浓度和性质无关,而是随中心原子给电子能力的增加而增加。

S_N2 过程相当于亲核试剂在离去基团背面进攻中心原子:

$$H_2O + RX \longrightarrow [H_2O \cdots R \cdots X] \longrightarrow HOR + H^+ + X^-$$

该反应速率依赖于亲核试剂的浓度和性质。

羧酸酯、酰胺或有机磷等化合物的水解通常为 S_N2 过程。

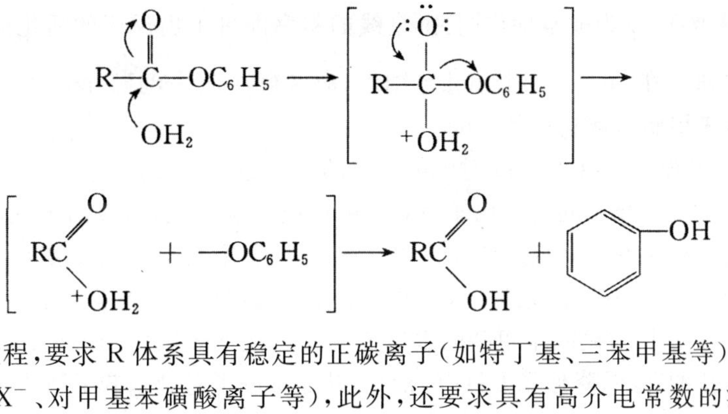

对于 S_N1 过程,要求 R 体系具有稳定的正碳离子(如特丁基、三苯甲基等),X 体系具有好的离去基团(如 X^-、对甲基苯磺酸离子等),此外,还要求具有高介电常数的溶剂,如水。相反,对于 S_N2 过程,要求 R 体系具有较低的空间阻碍和较低的正碳离子稳定性(如甲基和其他简单的烷烃基)。X 体系则要求有较弱的离去基团(如 NH_2^-、$CH_3CH_2O^-$),并且要求有与丙酮相类似性质的溶剂。但这两种极端的条件在自然界中是很少存在的。

（2）水解速率

常见的水解反应通式为：

$$RX + H_2O \longrightarrow ROH + HX$$

在一定温度下，水解反应速率的表达式如下：

$$-\frac{dc}{dt} = K_A[H^+]c + K_N c + K_B[OH^-]c \tag{3-22}$$

式中：K_A 为酸催化反应速率常数；K_N 为中性反应速率常数；K_B 为碱催化反应速率常数。

以上 3 个反应速率常数与溶液中的 $[H^+]$ 和 $[OH^-]$ 无关。

令 K 为总反应速率常数，则有

$$K = K_A[H^+] + K_N + K_B[OH^-] \tag{3-23}$$

式（3-22）可改为：

$$-\frac{dc}{dt} = Kc \tag{3-24}$$

$$c = c_0 \exp(Kt) \tag{3-25}$$

水解半衰期为：

$$T_{\frac{1}{2}} = \frac{\ln 2}{K} \tag{3-26}$$

（3）影响水解的因素

①温度。温度与反应速率常数的关系可以从 Arrhenius 公式来表示：

$$K = A\exp(-\frac{E_a}{RT}) \tag{3-27}$$

式中：A 为频率因子；E_a 为反应活化能，J/mol；R 为摩尔气体常数；T 为绝对温度，K。

由式（3-27）可知，随着温度的升高，有机物水解速率增大。

将式（3-27）两边取对数，得：

$$\lg K = \frac{-E_a}{2.303}\frac{1}{T} + \lg A \tag{3-28}$$

以 $\lg K$ 为纵坐标，$\frac{1}{T}$ 为横坐标作图，由直线的斜率即可求出反应的活化能 E_a。有机化合物水解的活化能通常在 $50\sim105$kJ/mol 范围内，而多数在 $70\sim84$kJ/mol 之间。图 3-10 所示为温度对对硝基苯甲腈水解速率的影响。

②pH。在一定温度条件下，pH 对水解过程的影响是非常大的。

③反应介质。反应介质的溶剂化能力对水解反应影响很大，所以离子强度和有机溶剂量的改变都会影响水解速率。并且反应体系中存在的普通酸、碱和痕量金属也可能会对水解过程产生催化效应。例如，在一定条件下，溶液中盐度的增加对水解过程会产生较大影响。实验表明，在温度为 60℃时，对硝基苯甲腈的水解速率常数随 NaCl 浓度的增加而减小，如图 3-11 所示。这是由于盐的存在，降低了 OH^- 的活性，从而抑制了对硝基苯甲腈的水解。

4.光解作用

光解作用是光化作用的一种，指物质由于光的作用而分解的过程。阳光供给水环境大量的能量，吸收光的物质将其辐射能转换为热能或化学能。水中有机物通过吸收光而导致分子的分解过程就是光解作用,它强烈地影响水环境中某些污染物的归趋。

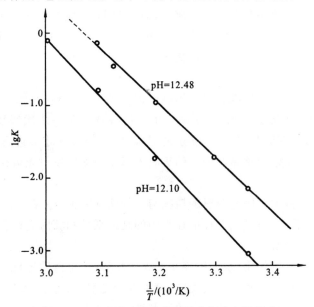

图 3-10　温度对对硝基苯甲腈水解速率的影响

（引自康春莉,2006）

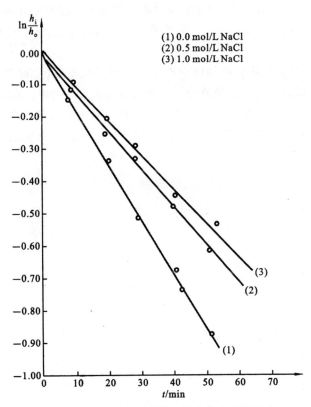

图 3-11　盐度对对硝基苯甲腈水解速率的影响

（引自康春莉,2006）

光解作用是有机污染物真正的分解过程,因为它不可逆地改变了反应分子,一个有毒化合物的光化学分解的产物可能还是有毒的。例如,辐照 DDT 反应产生的 DDE,它在环境中滞留时间比 DDT 还长。因此,有机污染物的光解作用并不意味着是环境的去毒作用。

光解过程可以分为 3 类:直接光解、敏化光解、氧化反应。

(1)直接光解

直接光解是化合物本身直接吸收了太阳能而进行的分解反应,是水体中有机污染物分子吸收太阳光辐射并跃迁到某激发态后,随即发生离解或通过进一步次级反应而分解的过程。根据光化学第一定律,只有吸收辐射(以光子的形式)的那些分子才会进行光化学转化。这意味着光化学反应的先决条件应该是污染物的吸收光谱要与太阳发射光谱在水环境中可利用的部分相适应。

水体中有机污染物接受太阳光辐射的情况与大气状况有关,还应考虑空气-水界面间的光反射、入射光进入水体后发生折射、光辐射在水中的衰减系数和辐射光程等特定因素。

(2)敏化光解(间接光解)

敏化光解为第 2 类光解作用,水体中存在的天然物质(如腐殖质等)被阳光激发,又将其激发态的能量转移给化合物而导致的分解反应;除了直接光解外,光还可以用其他方法使水中有机污染物降解。一个光吸收分子可能将它的过剩能量转移到一个接受体分子,导致接受体反应,这种反应就是光敏化作用。2,5-二甲基呋喃就是可被光敏化作用降解的一个化合物,在蒸馏水中将其暴露于阳光中没有反应,但是它在含有天然腐殖质的水中降解很快,这是由于腐殖质可以强烈地吸收波长小于 500nm 的光,并将部分能量转移给它,从而导致它的降解反应。

(3)氧化反应

第三类是氧化反应,天然物质被辐照而产生自由基或纯态氧(又称单-氧)等中间体,这些中间体又与化合物作用而生成转化的产物。有机污染物在水环境中所常见的氧化剂有单重态氧、烷基过氧自由基、烷基自由基或羟自由基。这些自由基虽然是光化学的产物,但它们是与基态的有机物起作用的,所以把它们放在光化学反应以外,单独作为氧化反应这一类。

第4章 土壤环境化学

4.1 土壤概述

4.1.1 土壤的形成和剖面形态

1. 土壤的形成

土壤是环境的一个重要组成因素,它介于生物界与非生物界之间,是一切生物赖以生存的基础。人类的衣食住行以及一切活动,无不直接或间接地与土壤有关。土壤是指陆地表面具有肥力并能生长植物的一层特殊物质。它是在地球表面岩石的风化过程和母质的成土过程综合作用下形成的。裸露在地球表面的岩石,在各种物理、化学和生物因素的长期作用下,逐渐被破坏成疏松且大小不等的矿物颗粒,称为岩石风化作用。岩石风化形成土壤母质,并具有某些岩石所不具备的特性,如透气性、透水性和蓄水性等,且含有少量可溶性矿物元素。但是,此时的土壤母质因为缺少植物生长最需要的氮素,肥力不足,并不能称之为土壤。随后在以生物为主的综合因素作用下,土壤母质逐渐具有肥力形成土壤的过程称为成土作用。在土壤肥力和土壤成土作用的共同影响下,母质中氮素养料开始积累,绿色植物出现,生物体的生命活动经过新陈代谢作用合成各种有机物,生物死亡后,经过微生物活动,各种营养元素随生物残体留在母质中,土壤肥力组成逐渐完善,形成真正意义上的土壤。

2. 土壤形成因素学说简介

土壤形成因素学说是 19 世纪末由俄国著名的土壤学家 B.B.道库恰耶夫建立起来的。道库恰耶夫土壤形成因素学说的基本观点有以下四点:

①土壤是成土因素综合作用的产物。道库恰耶夫认为土壤是在各种成土因素综合作用下形成的,提出了如下土壤形成数学函数式:

$$\Pi = F(K, O, \Gamma, P)T$$

式中,Π 为土壤;K 为气候;O 为生物;Γ 为岩石;P 为地形;T 为时间。

②成土因素的同等重要性和相互不可代替性。

③成土因素的发展变化制约着土壤的形成和演化。

④成土因素是有地理分布规律的。

但是由于当时的条件限制,道库恰耶夫成土因素学说也还存在不少问题。最突出的问题有如下两个:

①没有指出土壤形成过程中的主要因素。

②没有指出人类活动在成土中的特殊作用。

在 B.B.道库恰耶夫建立起土壤形成因素学说以后,威廉斯和叶尼等人对土壤形成因素学说进行了发展。

威廉斯认为在所有自然成土因素中,生物因素应为主导因素。土壤的本质特性是它具有肥力,而肥力的产生是生物在土壤中活动的结果,没有生物活动就没有土壤。他提出了土壤是人类劳动对象和劳动产物的观点。这一观点的提出具有非常重要的意义,一方面土壤是人类劳动的对象,人类的农业生产活动离不开土壤;另一方面土壤又是人类劳动的产物,也就是说人类活动也是一个重要的成土因素,对农业土壤来说,尤为特别。

叶尼将地形列入了公式,优势因素放在右侧括弧内的首位,并且认为还可能有一些未知的其他成土因素。他认为生物作为主导因素,不是一成不变的。在不同地区、不同类型的土壤上,往往起主导作用的因素不同。五大自然成土因素都可以成为主导因素。

此外,前苏联学者 B.A 柯夫达提出的地球深层因素,如火山、地震等对土壤形成也有重大影响。

3.土壤剖面形态

土壤本体是由一系列不同性质和质地的层次构成的。土壤剖面(soilprofile)是一个具体土壤的垂直断面,一个完整的土壤剖面应包括土壤形成过程中所产生的发生学层次,以及母质层次。土壤剖面形态是进行土壤分类的主要依据。典型的土壤随深度的不同呈现不同的层次。一个发育完全的土壤剖面,从上到下可划出三个最基本的发生层次,即 A、B、C 层,组成典型的土体构型。如图 4-1 所示是土壤剖面示意图。

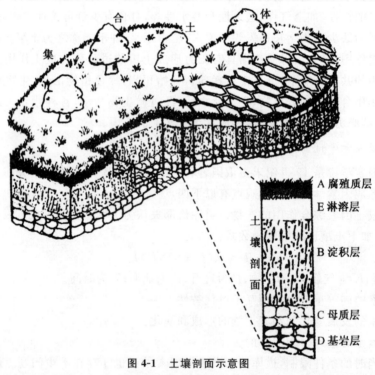

图 4-1 土壤剖面示意图

由图 4-1 可以清楚地看出,A 层的上面为枯枝落叶层所覆盖,又称覆盖层,或有机层 O,以 A_{00} 来表示枯枝落叶层,以 A_0 来表示粗有机质层,以 A 表示腐殖质层。

由于自然因素的原因,相邻土层间的界限可以是清晰的,也可以在层间形成逐渐过渡的亚层,层内也可以细分为各个亚层。同样,土壤亦可局部缺失一个或多个土层。

4.1.2　土壤的基本物质组成

土壤母质是由矿物岩石经过风化而成的。土壤母质的性质决定于矿物岩石的化学成分、风化特点和分解的产物。土壤矿物质一般占土壤固体物质量的 95% 左右，是构成土壤的最基本物质。土壤矿物质的机械或颗粒组成、化学组成和矿物组成，都对母质表现出不同程度的依赖性或继承性。此外，不同植被吸收和归还土壤矿物质，这对土壤的组成也有一定的影响。

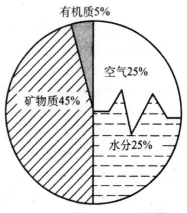

土壤是由固相（包括矿物质、有机质和活的生物有机体）、液相（土壤水分或溶液）、气相（土壤空气）等三相物质组成的。按体积计，在较理想的土壤中矿物质约占 38%～45%，有机质约占 5%～12%，土壤孔隙约占 50%。土壤水分和空气共同存在于土壤孔隙内，它们的体积比则是经常变动而相互消长的。按质量计，矿物质可占固相部分的 90%～95% 以上，有机质约占 1%～10% 左右。三相物质互相联系、制约，构成一个有机整体，如图 4-2 所示。

图 4-2　土壤的组成（以体积计）

1. 土壤矿物质

土壤矿物质是岩石经过物理风化和化学风化形成的。按其成因类型可将土壤矿物质分为两类，一类是原生矿物，它们是各种岩石受到程度不同的物理风化而未经化学风化而形成，其原来的化学组成和结晶构造都没有改变，仅改变其形状为沙粒和粉沙粒；另一类是次生矿物，它们大多数是由原生矿物经化学风化后形成的新矿物，其化学组成和晶体结构都有所改变。在土壤形成过程中，原生矿物以不同的数量与次生矿物混合成为土壤矿物质。

（1）原生矿物

原生矿物主要有石英、长石类、云母类、辉石、角闪石、橄榄石、赤铁矿、磁铁矿、磷灰石、黄铁矿等，其中前五种最常见。土壤中原生矿物的种类和含量，随母质的类型、风化强度和成土过程的不同而异。在原生矿物中，石英最难风化，长石次之，辉石、角闪石、黑云母易风化。因而石英常成为较粗的颗粒，遗留在土壤中，构成土壤的砂粒部分；辉石、角闪石和黑云母在土壤中残留较少，一般都被风化为次生矿物。

岩石化学风化主要分为氧化、水解和酸性水解三个历程，简述如下：

①氧化：

以橄榄石为例，其化学组成为 $(Mg、Fe)SiO_4$，其中 $Fe(II)$ 可以氧化为 $Fe(III)$。具体过程为

$$(Mg、Fe)SiO_4 + 1/2O_2(g) + 5H_2O \longrightarrow Fe_2O_3 \cdot 3H_2O(s) + Mg_2SiO_4(s) + H_4SiO_4(aq)$$

②水解：

$$2(Mg、Fe)SiO_4 + 4H_2O \longrightarrow 2Mg^{2+}(aq) + 4OH^-(aq) + Fe_2SiO_4(s) + H_4SiO_4(aq)$$

③酸性分解：

$$(Mg、Fe)SiO_4(s) + 4H^+(aq) \longrightarrow Mg^{2+}(aq) + Fe^{2+}(aq) + H_4SiO_4(aq)$$

风化反应释放出来的 Fe^{2+}、Mg^{2+} 等离子，一部分被植物吸收；一部分则随水迁移，最后进入海洋。$Fe_2O_3 \cdot 3H_2O$ 形成新矿；SiO_4^{4+} 也可与某些阳离子形成新矿。土壤中最主要的原生矿物有四类，即硅酸盐类矿物、氧化物类矿物、硫化物类矿物和磷酸盐类矿物。其中硅酸盐类

矿物占岩浆岩质量的 80% 以上。

原生矿物粒径比较大，土壤中 1~0.001mm 的砂粒和粉粒几乎全部是原生矿物。原生矿物对土壤肥力的贡献，一是构成土壤的骨架，二是提供无机营养物质，除碳、氮外，原生矿物中蕴藏着植物所需要的一切元素。

（2）次生矿物

土壤中次生矿物的种类很多，不同的土壤所含的次生矿物的种类和数量也不尽相同。通常根据性质与结构可分为三类，即简单盐类、三氧化物和次生铝硅酸盐类。

次生矿物中的简单盐类属水溶性盐，易淋溶流失。一般土壤中较少，多存在于盐渍土中。三氧化物和次生铝硅酸盐是土壤矿物质中最细小的部分，粒径小于 $0.25\mu m$，一般称之为次生粘土矿物。土壤很多重要物理、化学过程和性质都和土壤所含的黏土矿物，特别是次生铝硅酸盐的种类和数量有关。下面介绍以上三类次生矿物的结构及其分布：

①简单盐类。例如，方解石（$CaCO_3$）、白云石 [$Ca、Mg(CO_3)_2$]、石膏（$CaSO_4 \cdot 2H_2O$）、泻盐（$MgSO_4 \cdot 7H_2O$）、岩盐（$NaCl$）、芒硝（$NaSO_4 \cdot 10H_2O$）、水氯镁石（$MgCl_2 \cdot 6H_2O$）等。它们都是原生矿物经化学风化后的最终产物，结晶构造也较简单，常见于干旱和半干旱地区的土壤中。

②三氧化物类。例如，针铁矿（$Fe_2O_3 \cdot H_2O$）、褐铁矿（$2Fe_2O_3 \cdot 3H_2O$）、三水铝石（$Al_2O_3 \cdot 3H_2O$）等，它们是硅酸盐矿物彻底风化后的产物，结晶构造较简单，常见于湿热的热带和亚热带地区土壤中，特别是基性岩（玄武岩、安山岩、石灰岩）上发育的土壤中含量较多。

③次生硅酸盐类。这类矿物在土壤中普遍存在，种类很多，是由长石等原生硅酸盐矿物风化后形成。它们是构成土壤的主要成分，故又称为黏土矿物或粘粒物。由于母岩和环境条件的不同，使岩石风化处在不同的阶段，在不同的风化阶段所形成的次生黏土矿物的种类和数量也不同。但其最终产物都是铁铝氧化物。例如，在干旱、半干旱的气候条件下，风化程度较低，处于脱盐基初期阶段，主要形成伊利石；在温度湿润或半湿润的气候条件下，脱盐基作用增强，多形成蒙脱石和蛭石；在湿热气候条件下，原生矿物迅速脱盐基、脱硅，主要形成高岭石。再进一步脱硅的结果，矿物质彻底分解，造成铁铝氧化物的富集（即红土化作用）。所以土壤中次生硅酸盐可分为三大类，即伊利石、蒙脱石和高岭石。

次生矿物多数颗粒细小（粒径小于 0.001mm），具有胶体特性，是土壤固相物质中最活跃的部分，它影响着土壤许多重要的物理、化学性质，如土壤的颜色、吸收性、膨胀收缩性、黏性、可塑性、吸附能力和化学活性。

2. 土壤有机质

土壤有机质是由各种有机物质组成的复杂系统，主要分为非特异性土壤有机质和土壤腐殖质两类。

（1）土壤有机质的来源和组成

非特异性土壤有机质来源于动、植物（包括微生物）的残体，主要是绿色高等植物的根、茎、叶等有机残体及其分解产物和代谢产物。对于耕种土壤来说，除继承自然土壤原有的有机质外，施用的各种有机肥是土壤有机质的重要来源。

（2）土壤腐殖质

土壤腐殖质即土壤特异性有机质，是土壤有机质的主要部分，约占有机质总量的 50%~

65%。腐殖质不是单一的有机质,而是在组成、结构和性质上具有共同特征,又有差异的一系列高分子的有机化合物。依据它们在不同溶剂中的可溶性和不溶性,可把它们分离为几种不同类型的腐殖质:

①胡敏酸(或黑腐酸),溶于碱,而不溶于酸和酒精溶剂。

②富里酸(黄腐酸),溶于碱和酸。

③吉马多美朗酸(或棕腐酸),溶于碱和酒精,而不溶于酸。

④胡敏素,是与矿物紧密结合的腐殖质部分,不溶于碱、酸和酒精溶剂。

其中主要是胡敏酸和富里酸。

3. 土壤生物

土壤生物是指土壤中活的生物群体,包括微生物(细菌、放线菌、真菌和藻类等)、土壤微动物(原生动物、蠕虫和节肢动物等)和土壤动物(两栖类、爬行类等)。土壤生物参与岩石的风化过程和原始土壤的生成,对土壤的生长发育、土壤肥力的形成和演变以及高等植物营养供应状况有重要作用。另外,土壤微生物群类的特性和数量与土壤肥力和植物生长有密切关系,同时在土壤和其他生态系统中的物质能量循环传递中起着关键性作用。

土壤物理性质、化学性质和农业技术措施,对土壤生物的生命活动有很大影响。

4. 土壤溶液

土壤中水分的主要来源是降水和灌溉。在地下水位接近于地面(2~3m)的情况下,地下水也是上层土壤水分的重要来源。水分进入土壤以后,在土粒表面的吸附力和微细孔隙的毛细管力作用下保持住水分。土壤固体保持水分的牢固程度,在相当程度上决定了土壤中的水分运动和植物对水分的利用。土壤中的水分并不纯净,当水分进入土壤后,即和土壤其他组成物质发生作用,土壤中的一些可溶性物质,如盐类和空气都将溶解在水里。这种溶有盐类和空气的土壤水,称为土壤溶液。

5. 土壤气体

土壤是多孔体系,土壤空气主要存在于未被水分占据的土壤孔隙中。土壤气体,主要来自大气,其次来自于土壤内部发生的生物化学过程。主要成分与大气基本相似,为 N_2,O_2,CO_2。但与大气相比还存在以下特点:

①土壤空气存在于相互隔离的孔隙中,是一个不连续的体系。

②与大气相比,有较高的含水量。

③在 CO_2 含量上有很大差异,氧含量低于大气中含量。

另外,土壤空气中还含有少量还原性气体,如 CH_3,H_2,H_2S,NH_3 等,这些是厌氧微生物活动的产物,长期存在对植物生长有害。如果是被污染的土壤,其气体组成中还可能存在污染物,且组成和数量处于变化中。

4.1.3　土壤的物理化学性质

1. 土壤的一般物理性质

土壤的一般物理性质主要指土粒的密度、土壤密度和孔隙度。

（1）土粒密度

单位体积固体土粒（不包括粒间孔隙）的质量称为土粒密度。土粒密度数值的大小主要取决于组成土壤的各种矿物的密度和土壤有机质的含量。由于多数土壤矿物的密度为 $2.6\sim2.7g/cm^3$，土壤有机质含量一般并不高，所以土粒密度取其平均值 $2.65g/cm^3$。这一数值很接近砂质土壤中石英的密度，各种铝硅酸盐黏粒矿物的密度也与此近似。土壤中氧化铁和各种重矿物含量高时土粒密度增高，有机质含量高时土粒密度降低。

（2）土壤密度

单位体积原状土壤（包括粒间孔隙在内）的干土质量称为土壤密度。一般土壤密度为 $1.0\sim1.6g/cm^3$；旱地耕层土壤密度多为 $1.1\sim1.5g/cm^3$；水田土壤由于吸水膨胀，土壤密度通常小于 $1.0g/cm^3$。影响土壤密度大小的因素有土壤质地、腐殖质含量、土壤层次、松紧程度及耕作等。一般砂土的土壤密度大，黏土的土壤密度小；腐殖质含量高的土壤密度小；耕层土壤密度小且变化大，心土层、底土层由于腐殖质含量低，土壤紧实，土壤密度大；耕翻、中耕使土壤疏松，土壤密度降低。

（3）土壤孔隙度

单位体积自然状态的土壤中，所有孔隙体积占土壤总体积的百分数叫作土壤孔隙度，它表示土壤中各种孔隙的总量：

$$土壤孔隙度 = \left(1 - \frac{土壤密度}{土粒密度}\right) \times 100\%$$

土壤孔隙度的大小说明了土壤的疏松程度及水分和空气容量的大小，土壤孔隙度与土壤质地有关，一般情况下砂土、壤土和黏土的孔隙度分别为 $30\%\sim45\%$、$40\%\sim50\%$ 和 $45\%\sim60\%$，结构良好的土壤孔隙度为 $55\%\sim70\%$，紧实底土为 $25\%\sim30\%$。土壤孔隙度也随着土壤中各种机械过程而变化，在较黏的土壤中，随着土壤交替性的膨胀、收缩、团聚、粉碎、压实和龟裂，土壤孔隙度变化很大。土壤孔隙度只反映土壤孔隙数量，而孔隙类型及大小孔隙的比例则关系液、气两相的比例，反映土壤协调水、气的能力。

2. 土壤的吸附性

土壤具有吸附并保持固态、液态和气态物质的能力称为土壤的吸附性能。土壤中两个最活跃的组分是土壤胶体和土壤微生物，它们对污染物在土壤中的迁移、转化有重要作用。土壤胶体以巨大的比表面积和带电性而使土壤具有吸附性。

（1）胶体的性质

①土壤胶体具有巨大的比表面和表面能。比表面是单位质量（或体积）物质的表面积。一定体积的物质被分割时，随着颗粒数的增多，比表面也显著地增大。

物体表面的分子与该物体内部的分子所处的条件是不相同的。物体内部的分子在各方面都与它相同的分子相接触，受到的吸引力相等；而处于表面的分子所受到的吸引力是不相等的，表面分子具有一定的自由能，即表面能。物质的比表面越大，表面能也越大。

②土壤胶体的电性。土壤胶体微粒具有双电层，微粒的内部称微粒核，一般带负电荷，形成一个负离子层（即决定电位离子层）；其外部由于电性吸引，而形成一个正离子层（又称反离子层，包括非活动性离子层和扩散层），合称为双电层。决定电位层与液体间的电位差通常叫作热力电位，在一定的胶体系统内它是不变的。在非活动性离子层与液体间的电位差叫电动电

位,它的大小视扩散层厚度而定,随扩散层厚度增大而增加。扩散层厚度决定于补偿离子的性质,电荷数量少,而水化程度大的补偿离子(如 Na^+),形成的扩散层较厚;反之,扩散层较薄。

③土壤胶体的凝聚性和分散性。由于胶体的比表面和表面能都很大,为减少表面能,胶体具有相互吸引、凝聚的趋势,这就是胶体的凝聚性。但在土壤溶液中,胶体常带负电荷,即具有负的电动电位,所以胶体微粒又因相同电荷而相互排斥,电动电位越高,相互排斥力越强,胶体微粒呈现出的分散性也越强。

影响土壤凝聚性能的主要因素是土壤胶体的电动电位和扩散层厚度。例如,当土壤溶液中阳离子增多时,由于土壤胶体表面负电荷被中和,从而加强了土壤的凝聚。阳离子改变土壤凝聚作用的能力与其种类和浓度有关。一般,土壤溶液中常见阳离子的凝聚能力顺序如下:

$$Na^+ < K^+ < NH_4^+ < H^+ < Mg^{2+} < Ca^{2+} < Al^{3+} < Fe^{3+}$$

此外,土壤溶液中电解质浓度、pH 值也将影响其凝聚性能。

(2)土壤胶体的离子交换吸附

在土壤胶体双电层的扩散层中,补偿离子可以和溶液中相同电荷的离子以离子价为依据作等价交换,称为离子交换(或代换)。离子交换作用包括阳离子交换吸附作用和阴离子交换吸附作用。

①土壤胶体的阳离子交换吸附。土壤胶体吸附的阳离子,可与土壤溶液中的阳离子进行交换,其交换反应如下:

$$\text{土壤胶体} {\Big\langle}_{Na^+}^{Na^+} + Ca^{2+} \longrightarrow \text{土壤胶体} {=} Ca^{2+} + 2Na^+$$

土壤胶体阳离子交换吸附过程除以离子价为依据进行等价交换和受质量作用定律支配外,各种阳离子交换能力的强弱,主要依赖于以下因素:

首先是电荷数。离子电荷数越高,阳离子交换能力越强。其次是离子半径及水化程度。同价离子中,离子半径越大,水化离子半径就越小,因而具有较强的交换能力。土壤中一些常见阳离子的交换能力顺序如下:

$$Fe^{3+} > Al^{3+} > H^+ > Ba^{2+} > Sr^{2+} > Ca^{2+} > Mg^{2+}$$

每千克干土中所含全部阳离子总量,称为阳离子交换量,以厘摩尔每千克(cmol/kg)表示。不同土壤的阳离子交换量不同。

不同种类胶体的阳离子交换量顺序为:

$$\text{有机胶体} > \text{蒙脱石} > \text{水化云母} > \text{高岭土} > \text{含水氧化铁、铝}$$

土壤质地越细,阳离子交换量越高。土壤胶体中 SiO_2/R_2O_3 摩尔比越大,其阳离子交换量越大,当 SiO_2/R_2O_3 摩尔比小于 2,阳离子交换量显著降低。因为胶体表面 OH^- 基团的离解受 pH 的影响,所以 pH 值下降,土壤负电荷减少,阳离子交换量降低;反之,交换量增大。

土壤的可交换性阳离子有两类,一类是致酸离子,包括 H^+ 和 Al^{3+};另一类是盐基离子,包括 Ca^{2+},Mg^{2+},K^+,Na^+,NH_4^+ 等。土壤胶体上吸附的阳离子均为盐基离子,且已达到吸附饱和时的土壤称为盐基饱和土壤。若土壤胶体上吸附的阳离子有一部分为致酸离子,则这种土壤为盐基不饱和土壤。在土壤交换性阳离子中盐基离子所占的百分数称为土壤盐基饱和度。

$$\text{土壤盐基饱和度} = \frac{\text{交换性盐基总量}}{\text{阳离子交换量}} \times 100\%$$

土壤盐基饱和度与土壤母质、气候等因素有关。

②土壤胶体的阴离子交换吸附。土壤中阴离子交换吸附是指带正电荷的胶体所吸附的阴离子与溶液中阴离子的交换作用。阴离子的交换吸附比较复杂，它可与胶体微粒（如酸性条件下带正电荷的含水氧化铁、铝）或溶液中阳离子（Ca^{2+}、Al^{3+}、Fe^{2+}）形成难溶性沉淀而被强烈地吸附，如 PO_4^{3-}，HPO_4^{2-} 与 Ca^{2+}，Fe^{3+}，Al^{3+} 可形成 $CaHPO_4 \cdot 2H_2O$，$Ca_3(PO_4)_2$，$FePO_4$，$AlPO_4$ 难溶性沉淀。由于 Cl^-，NO_3^-，NO_2^- 离子不能形成难溶盐，故它们不被或很少被土壤吸附。各种阴离子被土壤胶体吸附的顺序如下：

$$F^- ＞草酸根＞柠檬酸根＞PO_4^{3-}＞AsO_4^{3-}＞硅酸根＞HCO＞$$
$$H_2BO_3^-＞CH_3COO^-＞SCN^-＞SO_4^{2-}＞Cl^-＞NO_3^-$$

3. 土壤酸碱性

土壤水溶解土壤中各种可溶性物质，便成为土壤溶液。土壤中的水分不是纯净的，含有各种可溶的有机、无机成分，有离子态、分子态，还有胶体态的，因此，土壤中的水实际上是一种极为稀薄的溶液。土壤溶液的组成主要有：自然降水中所带的可溶物（如 CO_2，O_2，HNO_2，HNO_3 及微量的 NH_3 等）和土壤中存在的其他可溶性物质（如钾盐、钠盐、硝酸盐、氯化物、硫化物以及腐殖质中的胡敏酸、富里酸等）。由于环境污染的影响，土壤溶液中也进入了一些污染物质。土壤酸碱性是土壤溶液的重要性质，它对土壤中发生的各种反应、污染物的迁移转化及微生物活动等方面都有很大影响。

土壤酸碱度是指土壤溶液中存在的 H^+ 和 OH^- 的含量，常用 pH 值表示。土壤 pH 值常为 3～10。对于强酸性土，pH＜4.5；对于酸性土，pH＝4.5～6.5；对于中性土，pH＝6.6～7.5；对于碱性土，pH＝7.6～8.5；对于强碱性土，pH＞8.5。土壤养分有效性与土壤 pH 值的关系非常密切，在 pH＜4.5 或 pH＞8.5 时，作物已很难生长。

我国土壤 pH 值一般为 4～9，在地理分布上由南向北 pH 值逐渐增大，大致以长江为界。长江以南的土壤为酸性和强酸性，长江以北的土壤多为中性或碱性，少数为强碱性。

土壤胶体上吸附的氢离子或铝离子，进入溶液后才会显示出酸性，称之为潜性酸。潜性酸可分为两类：

①代换性酸。用过量中性盐（如氯化钾、氯化钠等）溶液，与土壤胶体发生交换作用，土壤胶体表面的氢离子或铝离子被浸提剂的阳离子所交换，使溶液的酸性增加。测定溶液中氢离子的含量即得交换性酸的数量。

②水解性酸。用过量强碱弱酸盐（如 CH_3COONa）浸提土壤；胶体上的氢离子或铝离子释放到溶液中所表现出来的酸性。CH_3COONa 水解产生 $NaOH$，pH 值可达 8.5，Na^+ 可以把绝大部分的代换性的氢离子和铝离子代换下来，从而形成醋酸，滴定溶液中醋酸的总量即得水解性酸度。交换性酸是水解性酸的一部分，水解能置换出更多的氢离子。要改变土壤的酸性程度，就必须中和溶液中和胶体上的全部交换性氢离子和铝离子。在酸性土壤改良时，可根据水解性酸来计算所要施用的石灰的量。

土壤酸的来源主要有以下几种：

①土壤中 H^+ 的来源。包括由 CO_2 引起（土壤空气、有机质分解、植物根系和微生物呼吸）；土壤有机体的分解产生有机酸；硫化细菌和硝化细菌还可产生硫酸和硝酸；生理酸性

肥料(硫酸铵、硫酸钾等)。此外,大气污染产生的酸雨目前已成为土壤中 H^+ 的重要来源之一。

②气候对土壤酸化的影响。在多雨潮湿地带,盐基离子被淋失,溶液中的氢离子进入胶体取代盐基离子,导致氢离子积累在土壤胶体上。例如,东北地区的酸性土是在寒冷多雨的气候条件下产生的。而北部和西北部地区的降雨量少,淋溶作用弱,导致盐基积累,土壤大部分为石灰性、碱性或中性土壤。

③铝离子的来源。黏土矿物铝氧层中的铝,在较强的酸性条件下释放出来,进入到土壤胶体表面成为代换性的铝离子,其数量比氢离子数量大得多,土壤表现为潜性酸。长江以南的酸性土壤主要是由铝离子引起的。

而土壤中 OH^- 离子的来源主要是土壤弱酸强碱盐的水解,包括碳酸的钾、钠、钙、镁等盐类,如 Na_2CO_3,$NaHCO_3$,$CaCO_3$ 等;其次是土壤胶体上的 Na^+ 的代换水解作用。土壤碱性过强,对植物或微生物(少数耐碱或喜碱的除外)的生长不利。

4.土壤的缓冲性能

把少量的酸或碱加到土壤中,其 pH 值的变化不大,土壤这种对酸碱变化的抵抗能力称为土壤的缓冲性能或缓冲作用。它可以保持土壤反应的相对稳定,为植物生长和土壤生物的活动创造比较稳定的生活环境,所以土壤的缓冲性能是土壤的重要性质之一。

(1)土壤溶液的缓冲作用

土壤溶液中含有碳酸、硅酸、磷酸、腐殖酸和其他有机酸等弱酸及其盐类,构成一个良好的缓冲体系,对酸碱具有缓冲作用。现以碳酸及其钠盐为例说明,当加入盐酸时,碳酸钠与盐酸作用,生成中性盐和碳酸,大大抑制了土壤酸度的提高。其反应式如下。

$$Na_2CO_3 + 2HCl = 2NaCl + H_2CO_3$$

当加入 $Ca(OH)_2$ 时,碳酸与它作用,生成溶解度较小的碳酸钙,也限制了土壤碱度的变化范围。其反应式如下:

$$H2CO_3 + Ca(OH)_2 = CaCO_3 + 2H_2O$$

土壤中的某些有机酸(氨基酸、胡敏酸等)是两性物质,具有缓冲作用。如氨基酸含氨基和羧基可分别中和酸和碱,从而对酸和碱都具有缓冲能力。其反应式如下:

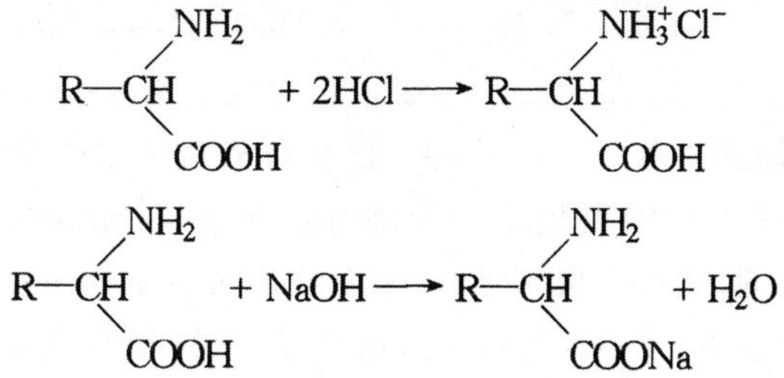

(2)土壤胶体的缓冲作用

土壤胶体吸附有各种阳离子,其中盐基离子和氢离子能分别对酸和碱起缓冲作用。

①对酸的缓冲作用(以 M 代表盐基离子):

②对碱的缓冲作用：

$$\boxed{土壤胶体}—H + MOH \xrightarrow{反应} \boxed{土壤胶体}—M + H_2O$$

土壤胶体数量和盐基代换量越大，土壤的缓冲性能就越强。因此，砂土掺黏土及施用各种有机肥料，都是提高土壤缓冲性能的有效措施。在代换量相等的条件下，盐基饱和度愈高，土壤对酸的缓冲能力愈大；反之，盐基饱和度愈低，土壤对碱的缓冲能力愈大。

近年来国内外环境土壤学者从土壤环境化学的角度出发，将过去土壤对酸碱反应的缓冲性的狭隘概念，延伸为土壤对污染(物)的缓冲性的广义概念，将土壤环境对污染(物)的缓冲性定义为"土壤因水分、温度、时间等外界因素的变化，抵御其组分浓(活)度变化的性质。"其数学表达式为：

$$\sigma = \frac{\Delta X}{\Delta T \Delta t \Delta \omega}$$

式中，σ 代表土壤的缓冲性；ΔX 代表某元素浓(活)度变化；$\Delta T, \Delta t, \Delta \omega$ 分别表示温度、时间和水分的变化。

广义土壤缓冲性的主要机理是土壤的吸附与解吸、沉淀与溶解。影响土壤缓冲性的因素主要为土壤质量、黏粒矿物、铁铝氧化物、$CaCO_3$、有机质、土壤的 CEC、pH 和氧化还原电位、土壤水分和温度等。

5. 土壤的氧化还原性

土壤中的有机物和无机物都呈现一定的氧化还原特性。土壤中的氧化还原反应是土壤中无机物、有机物发生迁移转化并对土壤生态系统产生重要影响的化学过程。土壤中常见无机物的氧化还原价态可简单地归纳为表 4-1。

表 4-1　土壤中一些无机变价元素常见的还原态和氧化态

元素名称	还原态	氧化态	元素名称	还原态	氧化态
C	CH_4、CO	CO_2	Fe	Fe^{2+}	Fe^{3+}
N	NH_3、N_2、NO	NO_2^-、NO_3^-	Mn	Mn^{2+}	MnO_2
S	H_2S	SO_4^{2-}	Cu	Cu^+	Cu^{2+}
P	PH_3	PO_4^{2-}			

溶于土壤中的有机物主要有酸、酚、醛、糖、微生物及其代谢产物、根系分泌物等。土壤中氧化还原作用的强度可用土壤的氧化还原电位(E_h)衡量，一般由实验测定。土壤中的游离氧、高价金属离子为氧化剂，低价金属离子、土壤有机质及其在厌氧条件下的分解产物为还原剂。通常状况下，当 $E_h > 300mV$ 时，氧体系占据主要优势，以氧化作用为主，处于氧化状态；当 $E_h < 300mV$ 时，有机质起主导作用，以还原作用为主，土壤处于还原状态，因此，根据土壤的 E_h 值，可以判断物质处于何种状态。

研究表明，影响土壤氧化还原作用的因素主要有以下几点：

①土壤的通气状况。

②土壤的含水量。

③土壤的 pH 值。

④无机质含量以及植物根系的代谢作用。

6. 土壤中的生物学性质

土壤环境中的生物体系,包括微生物区系、微动物区系和动物区系,是土壤环境的重要组成成分和物质能量转化的重要因素。土壤生物是土壤形成、养分转化、物质迁移、污染物的降解、转化、固定的重要参与者,主宰着土壤环境物理化学和生物化学过程、特征和结果。各土壤生物区系的组成、功能及其环境效应分述如下:

(1)土壤微生物功能及其环境效应

土壤环境为微生物提供矿质营养元素、能源、碳源、空气、水分和热量,是微生物的天然培养基。土壤微生物种类繁多,主要类群有细菌、放线菌、真菌和藻类,它们个体小、繁殖迅速、数量大。据测定,土壤表层每克土含细菌 $10^8 \sim 10^9$ 个、放线菌 $10^7 \sim 10^8$ 个、真菌 $10^5 \sim 10^6$ 个、藻类 $10^4 \sim 10^5$ 个。

①土壤微生物的功能。土壤微生物是土壤肥力发展的主导因素。自养型微生物可以从阳光或通过氧化原生矿物等无机化合物中摄取能源,通过同化 CO_2 取得碳源构成机体,为土壤提供了有机质;异养型微生物通过对有机体的腐生、寄生、共生、吞食等方式获得食物和能源,是土壤有机质分解合成的主宰者。土壤微生物把不溶性的盐类转化为可溶性盐类;把有机质矿化为能被吸收利用的化合物。固氮菌能固定空气中的氮素,为土壤提供氮,使微生物分解,合成腐殖质能改善土壤的物理、化学性质。

②土壤微生物的环境效应。土壤微生物是污染物的"清洁器"。土壤微生物参与污染物的转化,在土壤自净过程及减轻污染物危害方面起着重要作用。例如,氨化细菌对污水、污泥中蛋白质、含氮化合物的降解、转化作用,可以较快地消除蛋白质腐烂过程产生的污秽气味。

土壤微生物对农药的降解可彻底净化土壤,其净化的途径有:通过微生物作用把农药的毒性消除,变有毒为无毒;微生物的降解作用把农药转化为简单的化合物或转化成 CO_2、H_2O、NH_3、Cl_2 等;微生物的代谢产物与农药结合,形成更为复杂的物质而失去毒性。同时,应注意微生物也会使某些无毒的有机物分子变为有毒的物质。

(2)土壤中的动物种类及其环境效应

土壤中的动物种类繁多,包括原生动物(鞭毛虫纲、肉足虫纲、纤毛虫亚门等)、蠕虫动物(线虫和环节动物)、节肢动物(蚁类、蜈蚣、螨类及昆虫幼虫)、腹足动物(蛞蝓、蜗牛等)及一些哺乳动物,对土壤性质的影响和污染的净化有重要的影响。

研究表明,土壤动物吞食污染有机物和无机物,并分解吸收,进入有机体或被排泄物吸附保存,改变污染物原有的性质,因而可消除或减少污染物的危害。

7. 土壤热性质

土壤热的主要来源是太阳辐射能,其他来源有地球内部向地表输送的热量和土壤微生物分解有机质所产生的热量。

土壤获得太阳辐射能转化为热能后,以多种形式向外输出,其中有土壤和植物表面蒸发消耗的能量、蒸腾消耗的能量、土壤中盐分和细土粒机械迁移过程中消耗的能量、土壤和大气热量交换过程中所消耗的能量、参与风化过程及矿物质分解的能量、聚积于腐殖质中的能量、有机质和矿物质生物转化过程中消耗的能量等。

（1）土壤热容

质量热容是使1g土壤增温1℃所需的热量（J/(g·℃)），又称比热容。体积热容是使1m³土壤增温1℃所需的热量（J/(m³·℃)）。如质量热容以 c 表示，体积热容以 c_V 表示，土壤密度以 ρ 表示，三者关系如下式：

$$c_V = c\rho$$

一般矿质土粒的 c 为 0.71J/(g·℃)，有机质的 c 为 1.9J/(g·℃)，土壤水的 c 是 4.2J/(g·℃)，土壤空气的热容极小，可以忽略不计。

（2）土壤热导率

土壤的导热性是指土壤传导热量的性能。通常用热导率 λ 表示，即 1cm 厚的土层，温度差 1℃时，每秒钟经断面 1cm² 通过的热量的焦耳数，其单位是 J/(cm·s·℃)。

土壤三相物质的热导率相差很大，固体的热导率最大，土壤空气热导率最小，土壤水的热导率大于空气。

土壤中热的传导过程是很复杂的，主要包括如下两个交错进行的过程：

①通过孔隙中空气或水分进行传导。

②通过固相之间接触点直接传导。

（3）土壤导温性

土壤传递温度变化及消除土壤不同部分之间温差的快慢和难易的性质称为土壤的导温性。

土壤温导率与热导率成正比，与体积热容成反比。当体积热容不变时，温导率与热导率的增高是正相关的。

（4）土壤温度的变化

土壤表层（数厘米）的土温，日出后逐渐升高，到下午 1～2 时达到最高，以后又逐渐下降，日出前土温最低。土温的日变幅随着土层深度的增加而显著缩小，最高与最低温度出现的时间亦逐渐推迟。一般情况下，80～100cm 以下土层的温度日变化就不明显了。

土温的年变化是一年中各个月份土温的变化。地表温度一般从 3 月份开始升高，7 月份达到最高点，以后又逐渐下降，1 月或 2 月份最低。随着土层深度的增加，土温的年变幅逐渐缩小，最高、最低温度出现的时期亦逐渐推迟。当达到相当深度以后，土温便终年不变。这种土温终年不变的土层，在高纬度地区开始出现于 25m 深处，在中纬度地区为 15～20m，热带地区为 5～10m。

4.1.4　土壤的自净作用

当污染物进入土壤后，就能经生物和化学降解变为无毒无害物质；或通过化学沉淀、配合和螯合作用、氧化还原作用变为不溶性化合物；或是被土壤胶体吸附较牢固、植物较难加以利用而暂时退出生物小循环，脱离食物链或被排除至土壤之外。此外，还有各种各样的微生物，它们产生的酶对各种结构的分子分别起到特有的降解作用。这些条件加在一起，使得土壤呈现一定的缓冲和净化能力。土壤的这种自身更新能力称为土壤的自净作用。

土壤的物质组成和其他特性、污染物的种类与性质共同决定了土壤的自净能力。不同土壤的自净能力(即对污染物质的负荷量或容纳污染物质的容量)是不同的。土壤对不同污染物质的净化能力也是不同的。一般来说,土壤自净的速度是比较缓慢的,污染物进入土壤后更加难以去除。

4.2　土壤环境污染

4.2.1　土壤污染与污染源

1.土壤污染

土壤是一个开放系统,并处于大气圈、水圈、生物圈、岩石圈之间的交接地带,物质与能量的交流极为频繁。在物质的交流过程中,会有各种类型的污染物在土壤系统中输入与输出,土壤中污染物的输入、输出是两个相反而又同时进行的对立统一过程,在正常情况下,两者处于一定的动态平衡状态。在这种平衡状态下,土壤污染不会发生。但是,由于人类的生产、生活活动产生了大量的污染物质,一旦它们通过各种途径输入土壤,将会导致污染物输入土壤的速度超过了土壤对其输出的速度,引起污染物在土壤中的积累,从而导致土壤正常功能的失调和土壤质量的下降。同时,由于土壤中污染物的迁移转化,从而引起大气、水体和生物的污染,并通过食物链,最终影响到人类的健康,这一过程就是土壤污染。所以我们将进入土壤的污染物超过土壤的自净能力,而对土壤、植物和动物造成损害时的状况称为土壤污染。

2.土壤的污染源

造成土壤环境污染的污染物质的发生源,按照发生的原因,可以分为天然源和人为源两大类。

(1)天然源

在某些自然矿床中,元素和化合物的富集中心周围,由于矿物的风化,往往形成自然扩散带,使附近土壤中某些元素的含量超出一般土壤含量,造成地区性土壤污染,火山爆发的岩浆和降落的火山灰等,可不同程度地污染土壤。

(2)人为源

①城市和工业排放。城市固体废物,如城市垃圾、工矿业废渣等随意堆放或填埋。其中的有害物质经微生物分解,大气扩散、降水淋滤后,进入周围地区,污染土壤;城市污水(包括工业废水和生活污水)未经处理,盲目排放,进入土壤,污染土壤;大气污染物,如二氧化硫、氮氧化物、氟化物以及含硫酸、重金属、放射性元素等颗粒物,通过干沉降和湿沉降进入土壤。

②农业污染源。由农业生产本身的需要,采取的各种农业措施引起的土壤环境污染,有些与工业排放有关系,如不合理的污水灌溉,使土壤结构功能遭到破坏,污水灌区事先未经严格勘察与设计,在砂砾土漏水地区,未采用任何渠道防渗措施,导致浅层地下水及地面水污染;使用不符合标准的污泥导致土壤污染;化肥、农药使用不当,使用肥料丢掉用有机肥的传统,过分依赖化学肥料,偏施氮素化肥,防治病虫害,主要依靠化学防治,过量滥施农药;随着农膜使用量逐年增加,农膜残留越来越广泛,其带来的白色污染正在蔓延和加重;随着畜牧业集约化生产程度的不断提高,畜牧业的养殖规模日益递增,大量畜禽粪便成为废弃物,堆放时成为污

染源。

各种污染发生源可以单独起作用,也可以相互重叠和交叉起作用。

3.土壤污染物

土壤污染物通常是指进入土壤环境中,能够影响土壤正常功能,降低作物产量和生物学质量,有害于人畜健康的物质。

土壤污染物,种类繁多,既有化学污染物,也有放射性污染物和生物污染物。其中以化学污染物最为普遍、严重。土壤的化学污染物可以分为无机污染物和有机污染物两大类。

(1)无机污染物

土壤中的无机污染物包括:

①重金属。如镉、汞、铬、铅及类金属砷。它们是作物非必需元素,又称有毒元素。另外如铜、锌、硒、锰等是作物必需元素,但当其含量超过作物需求上限时,也形成污染。

②营养物质。主要是氮素和磷素化学肥料。

③放射性物质。主要是指锶90、铯137等。

④其他。如氰化物、氟化物、硫化物、盐碱酸类。

(2)有机污染物

土壤中的有机污染物主要有:

①难降解的有机物。如有机氯类农药、石油、多氯联苯等。

②降解中间产物毒性大于母体的有机物。如三氯乙醛、苯并[a]芘等。

③可降解有机物。如畜禽粪便、酚、有机洗涤剂等。

此外还有生物类污染物,主要是病原微生物,如肠细菌、寄生虫、炭疽杆菌、结核杆菌、破伤风杆菌等。

如表 4-2 所示列出了土壤环境主要的污染物。

表 4-2 土壤环境主要的污染物及其污染源

污染物			主要源
无机污染物	重金属	镉(Cd)	电镀、冶炼、染料等工业废水,肥料杂质,含 Cd 废气
		汞(Hg)	制碱、汞化物生产等工业废水,含汞农药、汞蒸气
		铬(Cr)	冶炼、电镀、制革、印染等工业废水
		铅(Pb)	颜料、冶炼等工业废水、汽油防爆剂、农药、燃烧排气
		砷(As)	含砷农药、硫酸、化肥、医药、玻璃等工业废水
		铜(Cu)	冶炼、铜制品生产等工业废水、废渣和污泥,含铜农药
		锌(Zn)	冶炼、镀锌、纺织等工业废水、废渣、含锌农药、磷肥
		镍(Ni)	冶炼、电镀、炼油、染料等工业废水
	其他	氟(F)	氟硅酸钠、磷肥等工业废水、废气、化肥污染等
		盐、碱	纸浆、纤维、化学等工业污水
		酸	硫酸、石油化工、酸洗、电镀等工业废水、大气酸沉降
	放射元素	铯(^{137}Cs)	原子能、核动力、同位素生产工业废水废渣、核爆炸
		锶(^{90}Sr)	原子能、核动力、同位素生产工业废水废渣、核爆炸

污染物		主要源
有机污染物	有机农药	农药生产及使用
	氰化物	电镀、冶炼、印染工业废水、肥料
	酚	炼油、合成苯酚、橡胶、化肥、农药生产等工业废水
	苯并[α]芘、苯	石油、炼焦等工业废水
	三氯乙醛	农药厂废水
	石油	石油开采、炼油厂、输油管道漏油
	有机洗涤剂	城市污水、机械工业污水
	多氯联苯	人工合成品生产工业废水、废气
生物污染物	有害微生物	厩肥、城市污水、污泥、垃圾

注：引自刘培桐，《环境学概论》，1985。

土壤环境中单个污染物构成的污染虽有发生，但多数情况污染为伴生性和综合性的，即是多种污染物形成的复合污染。

4.2.2　土壤环境污染的特点与主要途径

1. 土壤环境污染的特点

土壤环境污染有以下两个特点。

(1) 隐蔽和潜伏期长，认识难度大

与大气污染和水体污染不同，土壤环境污染不易为人们所觉察，其后果往往通过长期摄食在被污染土壤上生产的植物产品的人体或动物的健康状况反映出来。土壤中的有害物质进入农作物并通过食物链摄食而损害人畜健康时，土壤本身可能还保持其继续生产的能力，充分体现了土壤污染损害的隐蔽性和潜伏性，使得认识土壤环境污染问题的难度增加，污染危害加重。

(2) 长期性和不可逆性

有害污染物进入土壤环境后，与复杂的土壤成分发生一系列氧化还原和迁移转化作用，大多数无机污染物，特别是金属和微量元素与土壤有机质或矿物质相结合，成为土壤中的永久滞留污染物。相比而言，有机污染物质在土壤中由于微生物的分解使得部分逐渐失去毒性，其中有些成分还可能转化为微生物的营养来源，但药物类的成分也会毒害有益的微生物，成为破坏土壤生态系统的祸源。因此，土壤环境一旦受到污染，就很难恢复，有些甚至成为顽固的污染源而长期存在，造成更大的危害。

2. 土壤环境污染产生的主要途径

土壤环境污染物质可以通过多种途径进入土壤，其主要发生类型可归纳为以下四种。

(1) 污水灌溉

污水灌溉的污染特点是沿河流或干支渠呈枝形片状分布，其后果是在灌溉渠系两侧形成污染带，属封闭式局限性污染。污水灌溉的土壤污染物质一般集中于土壤表层，随着污灌时间的延长，污染物质也可由上部土体向下部土体扩散和迁移，以致达到地下水深度。

（2）酸雨、降尘和汽车尾气

大气中的污染物质通过沉降和降水而降落到地面，主要集中在土壤表层，以大气中的二氧化硫、氮氧化物和颗粒物为主要污染物。大气中的酸性氧化物如 SO_2、NO_2 形成的酸沉降可引起土壤酸化，破坏土壤的肥力与生态系统的平衡；汽油中添加的防爆剂四乙基铅随废气排出污染土壤，行车频率高的公路两侧常形成明显的铅污染带，各种大气颗粒物、包括重金属、非金属有毒有害物质及放射性散落物等多种物质，均可造成土壤的多种污染。

（3）过量施用农药化肥

土壤中污染物主要来自施入土壤的化学农药和化肥，其污染程度与化肥、农药的数量、种类、利用方式及耕作制度等有关。有些农药如有机氯杀虫剂 DDT、六六六等在土壤中长期停留，并在生物体内富集。氮、磷等化学肥料，凡未被植物吸收利用和未被根层土壤吸附固定的养分都在根层以下积累或转入地下水，成为潜在的污染物。残留在土壤中的农药和氮、磷等化合物在地面径流或土壤风蚀时，就会向其他环境转移，扩大污染范围。

（4）固体废物堆放

主要是工矿企业排出的尾矿废渣、污泥和城市垃圾在地表堆放或处置过程中通过扩散、降水淋滤等直接或间接地影响土壤，使土壤受到不同程度的污染。

4.2.3 土壤背景值与土壤环境容量及作用

土壤作为重要的环境要素，其存在状况不仅直接影响着人类经济的发展，同时还制约人类社会自身的发展。了解和掌握土壤背景值及土壤环境有着重要的意义。

1. 土壤背景值

土壤背景值又称土壤本底值，它代表一定环境单元中的一个统计量的特征值。背景值指在各区域正常地质地理条件和地球化学条件下元素在各类自然体（岩石、风化产物、土壤、沉积物、天然水、近地大气等）中的正常含量。在环境科学中，土壤背景值是指在未受或少受人类活动影响下，尚未受或少受污染和破坏的土壤中元素的含量。由于人类活动的长期积累和现代工农业的高速发展，使自然环境的化学成分和含量水平发生了明显的变化，因此土壤环境背景值是一个相对概念。如表 4-3 所示给出了全国土壤（A 层）背景值。

表 4-3　全国土壤（A 层）背景值　单位：μg/kg

元素	算术		几何		95%置信度范围值
	均值	标准差	均值	标准差	
As	11.2	7.86	9.2	1.91	2.5～33.5
Cd	0.097	0.079	0.074	2.118	0.017～0.333
Cu	12.7	6.40	11.2	1.67	4.0～31.2
Cr	61.0	31.07	53.9	1.67	19.3～150.2
Cu	22.6	11.41	20.0	1.66	7.3～55.1
F	478	197.7	440	1.50	191～1012

元素	算术		几何		95%置信度范围值
	均值	标准差	均值	标准差	
Hg	0.065	0.080	0.040	2.602	0.001～0.272
Mn	583	362.8	482	1.90	130～1786
Ni	26.9	14.36	23.4	1.74	7.7～71.0
Pb	26.0	12.37	23.6	1.54	10.0～56.1
Se	0.290	0.255	0.215	2.146	0.047～0.993
V	82.4	32.68	76.4	1.48	34.8～168.2
Zn	74.2	32.78	67.7	1.54	28.4～161.1
Li	32.5	15.48	29.1	1.62	11.1～76.4
Na	1.02	0.626	0.68	3.186	0.01～2.27
K	1.86	0.463	1.79	1.342	0.94～2.97
Ag	0.132	0.098	0.105	1.973	0.027～0.409
Be	1.95	0.731	1.82	1.466	0.85～3.91
Mg	0.78	0.433	0.63	2.080	0.02～1.64
Ca	1.54	1.633	0.71	4.409	0.01～4.80
Ba	469	134.7	450	1.30	251～809
B	47.8	32.55	38.7	1.98	9.9～151.3
Al	6.62	1.626	6.41	1.307	3.37～9.87
Ge	1.70	0.30	1.70	1.19	1.20～2.40
Sn	2.60	1.54	2.30	1.71	0.80～6.70
Sb	1.21	0.676	1.06	1.676	0.38～2.98
Bi	0.37	0.211	0.32	1.674	0.12～0.88
Mo	2.0	2.54	1.20	2.86	0.10～9.60
I	3.76	4.443	2.38	2.485	0.39～14.71
Fe	2.94	0.984	2.73	1.602	1.05～4.84

注:本表摘自中国环境监测总站编,《中国土壤元素背景值》;A层指土壤表层或耕层。

土壤元素背景值的常用表达方法有下列几种:

用土壤样品平均值石表示;用平均值加减一个或两个标准偏差 S 表示 $(\bar{x}\pm S,\bar{x}\pm 2S)$;用几何平均值 (M) 加减一个标准偏差 D 表示 $(M\pm D)$。

我国土壤元素背景值的表达方法是:

①对元素测定值呈正态分布或近似正态分布的元素,用算术平均值 $\bar{x}$ 表示数据分布的集中趋势,用算术平均值标准偏差 S 表示数据的分散度,用 $\bar{x}\pm 2S$ 表示95%置信度数据的范

围值。

$$\bar{x} = \frac{1}{n} \sum_{i=1}^{n} x_i$$

式中,$\bar{x}$ 为土壤中某污染物的背景值,x_i 为土壤中某污染物的实测值,n 为土样数量。

$$S = \sqrt{\frac{1}{n-1} \sum (x_i - \bar{x})^2}$$

或

$$S = \sqrt{\frac{\sum x_i^2 - \dfrac{\left(\sum x_i\right)^2}{n}}{n-1}}$$

②对元素测定值呈对数正态或近似对数正态分布的元素,用几何平均值 M 表示数据分布的集中趋势,用几何标准偏差 D 表示数据分散度,用 $\dfrac{M}{D^2 - MD^2}$ 表示 95% 置信度数据的范围值。

$$M = \sqrt[n]{x_1 x_2 \cdots x_n}$$

$$D = \sqrt{\frac{\sum (\lg x_i)^2 - \dfrac{\left(\sum (\lg x_i)\right)^2}{n}}{n-1}}$$

2. 土壤环境容量

简单地说,土壤环境容量是指一定环境单元达到土壤环境标准时,土壤容纳污染物的量。

目前关于土壤环境容量的概念还在探索之中。一种观点认为,污染物质在土壤中的含量未超过一定浓度之前,在作物体内不会产生明显的累积或危害作用,只有超过一定浓度之后,才有可能产生出超过食品卫生标准的作物或使作物受到危害而减产。因此,土壤存在一个可承纳一定污染物而不致污染作物的量。一般将土壤所允许承纳污染物质的最大数量称为土壤环境容量。另一种观点是从生态学观点出发,认为在不使土壤生态系统的结构和功能受到损害的条件下,土壤中所能承纳污染物的最大数量。

土壤环境容量是指一定环境单元,一定时限内遵循环境质量标准,既保证农产品产量和生物学质量,同时不使环境污染时,土壤所能容纳污染物的最大负荷量。

目前用数学模型定量表达的方法也在探索之中,已有多种形式,这里仅简单介绍基本的环境容量确定方法。

(1)土壤静容量

土壤静容量是根据土壤的环境背景值和环境标准的差值来推算容量的一种简易方法,它是从静止的观点来度量土壤的容纳能力。

$$C_S = M(C_i - C_{Bi})$$

式中,M 为每公顷耕地土壤重,单位是 kg;C_i 为 i 元素的土壤临界含量,单位是 mg/kg;C_{Bi} 为 i 元素的土壤背景值,单位是 mg/kg。

这时现存容量

$$C_{SP} = (C_i - C_{Bi} - C_P)$$

C_P 是土壤中人为污染的增加量,另外土壤环境容量也可用下式粗略估计:

$$Q=(C_K-B)\times150$$

式中,C_K 为土壤环境标准值;B 为区域土壤背景值。

土壤环境标准值的确定,可根据大田采样统计和单因子(或复因子)盆栽试验,求土壤中不同污染物使某一作物体内残留达到食品卫生或使作物生长受阻时的浓度,作为土壤环境容量的标准。

(2)土壤动容量

由于土壤是一个开放的物质体系,这种计算是根据污染物的残留计算出土壤的环境容量。污染物可以进入土壤,也可以输出。因此,若假定年输入量为 Q,年输出量为 Q',并且 Q 大于 Q',则残留量为 $Q-Q'$。随着时间的推移,残留量也不断地增加,造成积累。残留量与输入量 Q 之比,称为累积率(k)。若计算几年内土壤污染物累积总量 A_T(含年输入量),则有

$$A_T=Q+Qk+Qk^2+\cdots+Qk^n$$

而 n 年内的污染残留总量 R_T(不含当年输入量)则为

$$R_T=Qk+Qk^2+\cdots+Qk^n$$

可见,污染累积总量 A_T 和残留总量 R_T 均为等比级数之和,等比系数为 k。当年限 n 足够长时,Qk^n 趋于零,A_T 达到最大极限值。因此,这种积累关系称为等比有限累积规律,其数学模式如下:

$$A_T'=k(B+Q)$$

式中,A_T' 为污染物在土壤中的年累积量,单位是 mg/kg;k 为土壤污染物年残留率(%),即残留量与输入量的比率;B 为污染物的区域土壤背景值,单位为 mg/kg;Q 为土壤污染物的年输入量,单位为 mg/kg。

计算 n 年内土壤的总量积累,则有

$$A_T=k_n\{k_{n-1}[\cdots k_2(k_i(B+Q_1)+Q_2+\cdots+Q_{n-1})+Q_n]\}$$
$$=B\cdot k_1\cdot k_2\cdots k_n+Q_1\cdot k_1\cdot k_2\cdots k_n+Q_2\cdot k_2\cdots k_n+Q_n\cdot k_n$$

如果

$$k_1=k_2=\cdots=k_n$$

且

$$Q_1=Q_2=\cdots=Q_n=Q$$

则有

$$A_T=Bk^n+Qk^n+Qk^{n-1}+Qk^{n-2}+Qk$$
$$=Bk^n+QK\frac{1-k^n}{1-k}$$

因此,年残留率 k 值的大小,对计算的结果影响很大,不同地区的土壤,不同的污染物,其 k 值有差异,需通过试验求得。运用这一计算方法,可预测出某污染物累积多少年,才达到区域的环境标准。

3.背景值与土壤环境容量的作用

土壤环境背景值是土壤环境质量评价,特别是土壤污染综合评价的基本依据,如评价土壤环境质量、划分质量等级或评价土壤是否已发生污染、划分污染等级,均必须以区域土壤环境

背景值作为对比的基础和评价的标准,并用以判断土壤环境质量改善和污染程度,以制定防治土壤污染的措施。土壤环境背景值是研究和确定土壤环境容量,制定土壤环境标准的基本数据。土壤环境背景值也是研究污染元素和化合物在土壤环境中的化学行为的依据,因污染物进入土壤环境之后的组成、数量、形态和分布变化,都需要与环境背景值比较才能加以分析和判断。在土壤利用及其规划,在研究土壤生态、施肥、污水灌溉、种植业规划,提高农、林、牧、副业生产水平和产品质量及食品卫生、环境医学时,土壤环境背景值也是重要的参比数据。

4.3 土壤中污染物的迁移和转化

4.3.1 土壤中重金属的积累与迁移

土壤重金属污染是指由于人类活动将重金属加入到土壤中,超过土壤环境容量,并造成生态环境质量恶化的现象。重金属一般是指比重等于或大于 5.0 的金属,在环境污染研究中所说的重金属实际上主要是指汞、镉、铅、铬以及类金属砷等生物毒性显著的元素;其次是指有一定毒性的一般重金属,如锌、铜、镍、钴、锡等。

1. 重金属在土壤中的赋存形态

土壤中重金属的存在形态非常复杂,由于土壤对重金属的吸附、富集、迁移和转化,以及土壤与重金属之间的溶解-沉淀、吸附-解吸、络合-离解、氧化-还原等作用,土壤重金属在土壤固相中以各种不同的形态存在。其中土壤的酸碱性质、氧化还原性质、胶体的含量和组成及气候、水文、生物等条件是影响土壤重金属形态的重要因素。另外,重金属的生物有效性和毒性与其形态密切相关,越来越多的科学工作者认为仅对重金属的总量进行考察是不科学的,即元素的总含量是不足以评价其毒性、有益性以及生物有效性,还应测定元素在特定样品中存在的形态,才能可靠地评价元素对环境和生态体系的影响。经过科学家们的不懈努力,目前人类基本掌握了大部分重金属在土壤中的赋存状态。

(1)镉(Cd)

土壤中镉的存在形态分为水溶性镉和非水溶性镉两大类。离子态和络合态的水溶性镉如 $CdCl_2$,$Cd(NO_3)_2$ 是呈水溶性的,易迁移,可被植物吸收,而非水溶性镉 CdS,$CdCO_3$ 等不易迁移,不易被作物吸收,但随环境条件的改变两者可互相转化。因镉与锌同族,故常与锌共生,所以冶炼锌的排放物中必有 ZnO,CdO,它们挥发性强,可波及范围达数千米。

镉的主要来源:采矿、选矿、有色金属冶炼、电镀、合金制造以及玻璃、陶瓷、油漆和颜料等工业的"三废"。其有毒形态为 Cd^{2+},如可溶性镉盐。

(2)汞(Hg)

汞可分为金属汞、无机汞和有机汞。按其存在形态有离子吸附和共价吸附的汞、可溶性汞($HgCl_2$)、难溶性汞($HgHPO_4$,$HgCO_3$ 及 HgS)。在正常的 E_h(氧化-还原电位)和 pH 值范围内,汞能以游离态存在是土壤中汞的重要特点。各种形态的汞在一定条件下能互相转化,如:

$$2Hg^+ \longrightarrow Hg^{2+} + Hg$$

通过氧化还原反应,无机汞和有机汞都可以转化为金属汞。

汞的主要来源:工业废水、医药、化工(催化剂)、仪表、电镀、冶炼、含 Hg 农药。其有毒形

态为 Hg，Hg^{2+}，如水溶性 $Hg(CH_3)_2$，HgF_2，$Hg(Ac)_2$。

（3）砷（As）

土壤中砷的存在形态可分为水溶性砷、难溶性砷、交换性砷（吸附、代换性）三种，其中以交换态和难溶性砷为主，水溶性砷主要为 AsO_4^{3-}，AsO_3^{3-}，只占总砷的 $5\%\sim10\%$。土壤中的砷主要有三价和五价两种价态，并可互相转化。土壤中的砷大部分为胶体所吸附，或与有机物络合、螯合，或与土壤中的铁、铝、钙等结合形成难溶性化合物，或与铁、铝等氢氧化物形成共沉淀。

土壤砷污染主要来自含砷矿石的冶炼、大气降尘以及皮革、颜料、农药、硫酸、化肥、造纸、橡胶、纺织等工业所排放的"三废"。燃煤是大气中砷的主要污染源。其有毒形态为固态，如 As_2O_3（砒霜），As_2S_3（雌黄），As_2S_2（雄黄）；液态，如 As_2Cl_3；气态，如 H_3As。三价无机砷毒性高于五价砷，溶解砷比不溶性砷毒性高。

（4）铬（Cr）

铬是人类和动物的必需元素，但高含量时则会造成危害。铬在土壤中主要有三价和六价两种价态，以 Cr^{3+}，$Cr_2O_7^{2-}$，CrO_4^{2-} 的形式存在，它们之间可以互相转化。这两种价态的铬在土壤中的行为有较大不同。金属铬无毒性，三价铬有毒，六价铬毒性更大，且有腐蚀性，对皮肤和黏膜表现为强烈的刺激和腐蚀作用，还对全身有毒性作用。铬对种子萌发，作物生长也产生毒害作用。

铬的主要来源是工业"三废"。其有毒形态为 Cr^{3+}，Cr^{6+}（$Cr_2O_7^{2-}$，CrO_4^{2-} 的毒性更大）。

（5）铅

铅是土壤污染较普遍的元素。土壤中的铅大部分为难溶性的化合物，如 $PbCO_3$，$Pb_3(PO_4)_2$ 和 $PbSO_4$ 等不能被作物吸收。土壤中的铅大多发现在表土层，表土铅在土壤中几乎不向下移动。在土壤溶液中铅的含量一般很低。

铅主要来自汽油里添加抗爆剂烷基铅，另外，铅字印刷厂、铅冶炼厂、铅采矿场、电子垃圾等也是重要的污染源。铅及铅的化合物都有毒。

（6）铜

土壤中铜的存在形态可分为如下几种：

①可溶性铜，可溶性铜约占土壤总铜量的 1%，主要是可溶性铜盐，如 $Cu(NO_3)_2\cdot3H_2O$，$CuCl_2\cdot2H_2O$，$CuSO_4\cdot5H_2O$ 等。

②代换性铜，指被土壤有机、无机胶体所吸附，可被其他阳离子代换出来。

③非代换性铜，指被有机质紧密吸附的铜和原生矿物、次生矿物中的铜，不能被中性盐所代换。

④难溶性铜，大多是不溶于水而溶于酸的盐类，如 CuO，Cu_2O，$Cu(OH)_2$，$Cu(OH)^+$，$CuCO_3$，Cu_2S，$Cu_3(PO_4)_2\cdot3H_2O$ 等。

土壤铜污染的主要来源是铜矿山和冶炼厂排出的废水。此外，工业粉尘、城市污水以及含铜农药，都能造成土壤的铜污染。铜、锌是生物必需物质，但摄入过度会造成重金属中毒。如 $CuCO_3\cdot Cu(OH)_2$ 俗称铜绿，对人及动物有较大危害，食用过多会造成重金属中毒甚至有可能造成死亡。

（7）锌

锌主要被富集在土壤表层。土壤中大部分锌是以化合状态存在，锌以离子、络离子等形态进入土壤,并被土壤胶体吸附累积;或形成氢氧化物、碳酸盐、磷酸盐和硫化物沉淀;或与土壤中的有机质结合。土壤中各部分的含锌量大小为:

$$黏土 > 氧化铁 > 有机质 > 粉砂 > 砂 > 交换态$$

用含锌废水污灌时,锌以 Zn^{2+} 或络离子 $Zn(OH)^+$,$ZnCl^+$,$Zn(NO_3)^+$ 等形态进入土壤,并被土壤胶体吸附累积。

2.重金属污染的特点

重金属的污染特点可以归纳为以下几点:

(1)形态多变

重金属大多是过渡元素。它们多有变价,有较高的化学活性,能参与多种反应和过程。随环境的 E_h,pH,配位体的不同,常有不同的价态、化合态和结合态,而且形态不同,重金属的稳定性和毒性不同。例如,重金属从自然态转变为非自然态时,常常毒性增加;离子态的毒性常大于络合态。例如,铝离子能穿过血脑屏障而进入人脑组织,会引起痴呆等严重后果,而铝的其他形态则没有这种危害。铜、铅、锌离子的毒性都远远大于络合态。而且络合物愈稳定,其毒性也愈低。由此可知,在评价重金属进入环境后引起的危害时,不了解它们的形态就会得出错误的结论。

(2)金属有机态的毒性大于金属无机态

重金属的有机化合物常常比该金属的无机化合物的毒性大。例如,甲基氯化汞的毒性大于氯化汞;二甲基镉的毒性大于氯化镉;四乙基铅、四乙基锡的毒性分别大于二氧化铅和二氧化锡。

(3)价态不同毒性不同

金属的价态不同,毒性也不同。例如,六价铬的毒性大于三价铬;二价汞的毒性大于一价汞;二价铜的毒性大于零价铜;亚砷酸盐的毒性比砷酸大 60 倍。此外,重金属的价态相同时,化合物不同时毒性也不同。例如,砷酸铅的毒性大于氯化铅,氧化铅的毒性大于碳酸铅等。

(4)金属羰基化合物常有剧毒

某些金属与 CO 直接化合成羰基化合物。例如,五合羰基铁 $[Fe(CO)_5]$,四合羰基镍 $[Ni(CO)_4]$ 等都是极毒的化合物。

(5)迁移转化形式多

重金属在环境中的迁移转化,几乎包括水体中已知的所有物理化学过程。其参与的化学反应有水合、水解、溶解、中和、沉淀、络合、解离、氧化、还原、有机化等;胶体化学过程有离子交换、表面络合、吸附、解吸、吸收、聚合、凝聚、絮凝等;生物过程有生物摄取、生物富集、生物甲基化等;物理过程有分子扩散、湍流扩散、混合、稀释、沉积、底部推移、再悬浮等。

(6)物理化学行为具有可逆性

重金属的物理化学行为多具有可逆性,属于缓冲型污染物,无论是形态转化或物相转化原则上都是可逆反应,能随环境条件而转化。因此沉积的也可再溶解,氧化的也可再还原,吸附的也可再解吸。不过在特定的环境条件下,它们又具有相对的稳定性。

(7)产生毒性效应的浓度范围低

重金属产生毒性效应的浓度范围低,一般在 $1\sim10mg/L$ 之间。毒性较强的重金属如汞、镉等则在 $0.001\sim0.01mg/L$ 之间。汞、镉、铅、铬、砷俗称重金属"五毒"。它们的毒性的阈值

（对生物产生污染的最小计量）都很小。但不同的生物对金属的耐毒能力是不一样的。对水生生物而言，金属的毒性大小一般顺序是

$$Hg > Ag > Cu > Zn > Pb > Cr > Ni > Co$$

就非污染淡水中重金属平均含量而言，各个地方大致一定，如锌为 $2 \sim 10 \mu g/L$，镉为 $0.1 \sim 0.5 \mu g/L$，铅为 $0.2 \sim 2.0 \mu g/L$，铜为 $0.3 \sim 3.0 \mu g/L$。但它们存在的化学形态却有很大的不同。

（8）生物毒性

微生物不仅不能降解重金属，相反某些重金属可在土壤微生物作用下转化为金属有机化合物（如甲基汞），产生更大的毒性。同时重金属对土壤微生物也有一定毒性，而且对土壤酶活性有抑制作用。

（9）生物富集性

生物摄取重金属是积累性的，各种生物尤其是海洋生物，对重金属都有较大的富集能力。其富集系数可高达几十倍至几十万倍。因此，即使微量重金属的存在也可能构成污染的因素。

（10）对人体毒害的积累性

重金属摄入体内，一般不发生器官性损伤，而是通过化合、置换、络合、氧化还原、协同或拮抗等化学的或生物化学的反应，影响代谢过程或酶系统，所以毒性的潜伏期较长，往往经过几年或几十年时间才显示出对健康的影响。

另外，重金属不能被降解而消除。无论何种方法，都不能将重金属从环境中彻底消除。这一点与有机污染物迥然不同。重金属在自然界净化循环中，只能从一种形态转化为另一种形态，从甲地到乙地，从浓度高的变成浓度低的，等等，由于重金属在土壤和生物体内会积累富集，即使某种污染源的浓度较低，但若排放量很大或长时间地源性排放，其对环境的危害仍然是严重的。目前人们对重金属污染的控制只满足于控制浓度的"排放标准"，这显然是不全面的。归根到底，对于重金属污染，首要的是对污染源采取对策；其次要对排出的重金属进行总量控制，而不只是控制排放浓度；再次是研究和开发重金属的回收再利用技术，这一点不仅对消除污染是有效的，而且对充分利用重金属资源也是重要的。

3. 重金属在土壤中的积累和迁移规律

土壤一旦遭受重金属污染，就很难予以彻底消除，并可向地表水、地下水中迁移，加重了水体污染。因此，重金属是对人类生存潜在威胁较大的污染物，要特别注意防止重金属对土壤的污染。研究重金属在土壤中的积累和迁移，对于评价土壤质量，预测其在土壤中的归趋和控制重金属污染具有重要意义。

从土壤环境化学角度看，土壤种类、土壤利用方式（水田、旱地、牧地、林地等）和土壤理化性状（质地、pH 值、E_h、粘粒性质、有机质含量、代换量等）都能引起土壤中重金属动态的差异，从而影响重金属的迁移和作物对重金属的吸收。重金属在土壤中的行为受土壤环境条件的制约，因此，从土壤化学角度来研究掌握土壤理化性状变化引起的重金属动态是重要的。从化学性质看，重金属大多属于周期表中过渡性元素，其原子具有特有的电子构型，在土壤中重金属的价态变化和反应深受土壤氧化还原电位的影响。氧化还原反应改变了金属元素和化合物的溶解度，从而使各种重金属在不同的氧化或还原条件下迁移能力差异很大。土壤中重金属的沉淀和络合平衡也受 pH 值影响。重金属在水溶液中多以氢氧化物、离子和盐类分子的形态

存在,pH 值越低就越偏于后者的形态。

由于土壤具有吸附和解吸的特性,也就能吸附和固定重金属,其吸附率的高低由该种土壤吸附容量的大小所决定。土壤吸附是重金属离子从液相转到土壤固相的重要途径之一,它在很大程度上决定着重金属在土壤中的分布和富集。而土壤中存在着多种多样的无机和有机配位体,它们能与重金属生成稳定络合物和螯合物,对重金属在土壤中的迁移有很大的影响。

重金属在土壤中的化学行为受土壤的物理化学性质的强烈影响。有以下一些规律:

(1)土壤胶体的吸附

土壤胶体吸附在很大程度上决定着重金属的分布和富集,吸附过程也是金属离子从液相转入固相的主要途径。土壤胶体的吸附有非专性吸附和专性吸附。

①非专性吸附。非专性吸附又称极性吸附,这种作用的发生与土壤胶体微粒带电荷有关。因各种土壤胶体所带电荷的符号和数量不同,对重金属离子吸附的种类和吸附交换容量也不同。

土壤环境中的黏土矿物胶体带有净负电荷,对金属阳离子的吸附顺序一般是:

$$Cu^{2+}>Pb2+>Ni^{2+}>Co^{2+}>Zn^{2+}>Ba^{2+}>Rb^{2+}>Sr^{2+}>Ca^{2+}>Mg^{2+}>Na^{2+}>Li^{2+}$$

其中蒙脱石的吸附顺序是:

$$Pb^{2+}>Cu^{2+}>Ca^{2+}>Ba^{2+}>Mg^{2+}>Hg^{2+}$$

高岭石是:

$$Hg^{2+}>Cu^{2+}>Pb^{2+}$$

带正电荷的氧化铁胶体可以吸附 PO_4^{3-},VO_4^{3-},AsO_4^{3-} 等。但是,离子浓度不同,或有络合剂存在时,会打乱上述吸附顺序。因此,对于不同的土壤类型可能有不同的吸附顺序。

应当指出,离子从溶液中转移到胶体上是离子的吸附过程,而胶体上原来吸附的离子转移到溶液中去是离子的解吸过程,吸附与解吸的结果表现为离子相互转换,即所谓的离子交换作用。在一定的环境条件下,这种离子交换作用处于动态平衡之中。

②专性吸附。重金属离子可被水合氧化物表面牢固地吸附。因为这些离子能进入氧化物的金属原子的配位壳中,与-OH 和-OH₂ 配位基重新配位,并通过共价键或配位键结合在固体表面,这种结合称为专性吸附(亦称选择吸附)。这种吸附不一定发生在带电表面上,亦可发生在中性表面上,甚至在吸附离子带同号电荷的表面上进行。其吸附量的大小并非决定于表面电荷的多少和强弱,这是专性吸附与非专性吸附的根本区别之处。被专性吸附的重金属离子是非交换态的(如铁、锰氧化物结合态),通常不被氢氧化钠或醋酸钙(或醋酸铵)等中性盐所置换,只能被亲和力更强和性质相似的元素所解吸或部分解吸,也可在较低的 pH 条件下解吸。

重金属离子的专性吸附与土壤的 pH 密切相关,在土壤通常的 pH 值范围内,一般随 pH 值的上升而增加。此外,在多种重金属离子中,以 Pb,Cu 和 Zn 的专性吸附亲和力最强。这些金属离子在土壤溶液中的浓度,在很大程度上受专性吸附所控制。据有关资料说明,我国黄泥土、红壤、砖红壤对 Cu^{2+} 的专性吸附量占总吸附量的 $80\%\sim90\%$,而阳离子交换吸附量仅占 $10\%\sim20\%$。

专性吸附使土壤对某些重金属离子有较大的富集能力,从而影响到它们在土壤中的移动和在植物中的累积。专性吸附对土壤溶液中重金属离子浓度的调节、控制甚至强于受溶度积原理的控制。

（2）重金属在土壤中常和腐殖质形成络合物或螯合物

重金属在土壤中常和腐殖质形成络合物或螯合物，其迁移性取决于化合物的溶解度。例如，除碱金属外，胡敏酸与金属形成的络合物一般是难溶性的。而富里酸与金属形成的络合物一般是易溶性的。Fe，Al，Ti，U，V 等金属与腐殖质形成的络合物易溶于中性、弱酸性或弱碱性土壤溶液中，所以它们也常以络合物形式迁移。

腐殖质对金属离子的吸附交换和络合作用是同时存在的。一般情况下，在高浓度时，以吸附交换为主，这时金属多集中在 30cm 以上的表层土壤中；在低浓度时，以络合为主，若形成的络合物是可溶性的，则有可能渗入地下水。

（3）土壤的 E_h 值显著影响重金属的迁移

土壤 E_h 对沉淀与溶解平衡的影响，可用下式来说明：

$$CdS(固) \rightleftharpoons CdS(水) \rightleftharpoons Cd^{2+} + S^{2-}$$
$$S^{2-} - 2e \rightleftharpoons S \downarrow$$

由于 S^{2-} 被氧化生成硫磺而沉淀，降低了 S^{2-} 浓度，结果使溶解平衡向右移动。

土壤 E_h 的变化，还可以直接影响到重金属元素的价态变化，并可能导致其化合物溶解性的变化。例如，Fe，Mn 等在氧化状态下，一般呈难溶态存在于土壤中，而当土壤处于还原状态下，高价态的 Fe，Mn 化合物可被还原为低价态，溶解性增大。

此外，在还原性条件下，当土壤 E_h 降至 0mV 以下时，土壤中的含硫化合物开始转化生成 H_2S，并随 E_h 的下降，H_2S 的产生迅速增加。此时，土壤中的重金属元素大多以难溶性的硫化物沉淀形式存在。相反，在氧化状态下，重金属元素大多以溶解度较大的硫酸盐形式存在。

值得注意的是，重金属元素在土壤环境中的溶解与沉淀平衡往往同时受土壤 pH 和 E_h 两个因素的影响，使问题更加复杂。在实际工作中，常用 E_h-pH 图来表明某一重金属在土壤中的存在状态与 pH，E_h 值之间的关系。如图 4-3 所示，为 Fe^{3+}，Fe^{2+} 及其氢氧化物的 E_h-pH 稳定范围图。

由图 4-3 可知，在 pH 小于 2.7 且 E_h 大于 0.77V 的范围内，基本上以 Fe^{3+}，$Fe(OH)^{2+}$，$Fe(OH)_2^+$ 为主；pH 为 2.7~6.8 和 E_h 为 0.77~0.03V 时，为 Fe^{2+} 和 $Fe(OH)_3$ 的稳定范围，其 $\Delta E_h/\Delta pH$ 为 -0.177V。在 pH 等于 6.8 和 E_h 等于 0.03V 这一点形成了 $Fe_3(OH)_8$。当 pH 大于 8.1，E_h 小于 -0.27V 时，就形成固体的 $Fe(OH)_2$。可见在旱地情况下，以 $Fe(OH)_3$-Fe^{2+} 为主；而在水田还原条件下（一般 pH 为 6.5~7.0、E_h 为 +0.2~-0.2V）则主要应为 $Fe(OH)_3$-Fe^{2+}，$Fe(OH)_3$-$Fe_3(OH)_8$ 和 $Fe_3(OH)_8$-Fe^{2+}。

（4）土壤的 pH 值显著影响重金属的迁移

土壤酸度对重金属化合物的溶解与沉淀平衡的影响是比较复杂的。金属的氢氧化物由于变成硫化物而沉淀，且在高 pH 值的条件下溶解度更低。土壤施用石灰等碱性物质后，重金属化合物可与 Ca，Mg，Al，Fe 等生成共沉淀。对于 M_mA_n 沉淀，增大土壤溶液的酸度，可以使 A^{m-} 与 H^+ 结合生成相应的共轭酸，降低溶液的酸度，可以使 M^{n+} 发生水解，生成羟基络合物 $M(OH)^{(n-1)+}$。这两种情况都可以导致沉淀的溶解度增大。

当土壤溶液中 H^+ 浓度增大时，平衡向右移动，导致 $CdCO_3$ 沉淀部分溶解，甚至全部溶解。

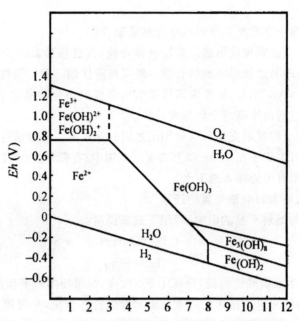

图 4-3 Fe^{3+}, Fe^{2+} 及其氢氧化物的 E_h-pH 稳定范围

一般在土壤溶液 pH 大于 6 时,迁移能力强的主要是在土壤中以阳离子形式存在的重金属;在 pH 小于 6 时,由于重金属阳离子可生成氢氧化物沉淀,所以迁移能力强的主要是以阴离子形式存在的重金属。如图 4-4 所示,随着土壤溶液 pH 值的升高,Zn,CA,Mn 等重金属的溶出率迅速降低。在 pH 为 4～5 时,Zn,Cd 的溶出率很高,说明此条件下 Zn,Cd 容易迁移,而随着 pH 值的升高其溶出率明显下降,在 pH 为 7～9 时溶出率极低,说明此时多以氢氧化物形式沉淀。

$$M_nA_n \rightleftharpoons mM^{n+} \qquad + \qquad nA^{m-}$$

$$\parallel OH^- \qquad\qquad\qquad H^+$$

$$M(OH)^{(n-1)+} \qquad\qquad HA^{(m-1)-}$$

$$\parallel OH^- \qquad\qquad\qquad \parallel H^+$$

$$M(OH)_2^{(n-2)+} \qquad\qquad H_2A^{(m-2)-}$$

$$\vdots \qquad\qquad\qquad\qquad \vdots$$

例如,$CdCO_3$(固) $CdCO_3$(水) Cd^{2+} + CO_3^{2-}

$$\parallel H^+$$

$$HCO_3^- \xrightarrow{H^+} CO_2\uparrow + H_2O$$

土壤酸度直接控制着重金属元素氢氧化物的溶解度,并根据溶度积(K_{SP})可计算出离子浓度与 pH 的关系。现以 $Cu(OH)_2$ 为例,计算如下:

$$Cu(OH)_2 \longrightarrow Cu^{2+} + 2OH^-$$

$$K_{SP} = 1.6 \times 10^{-19}$$

$$[Cu^{2+}][OH^-]^2 = 1.6 \times 10^{-19}$$

$$[Cu^{2+}]=1.6\times10^{-19}/[OH^-]^2$$

因为

$$[OH^-]^2=1\times10^{-14}/[H^+]$$

所以

$$[Cu^{2+}]=1.6\times10^{-19}/\left[\frac{1\times10^{-14}}{[H^+]}\right]^2$$

两边取对数：

$$\log[Cu^{2+}]=\log(1.6\times10^{-19})-2\log\frac{1\times10^{-14}}{[H^+]}$$
$$=\log(1.6\times10^{-19})-2\log(1.6\times10^{-14})-2pH$$
$$=9.2-2pH$$

同样可求得：

$$\log[Cd^{2+}]=14.3-2pH$$
$$\log[Zn^{2+}]=11.65-2pH$$
$$\log[Pb^{2+}]=13.62-2pH$$

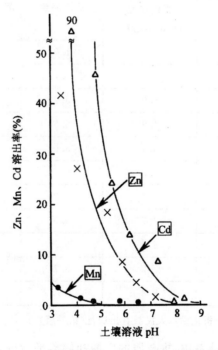

图 4-4　浸出液 pH 与 Zn,Cd 浸出率的关系

　　上述关系式表明,土壤 pH 值愈低,重金属离子浓度愈高,可根据上述式子计算在不同酸度下,土壤溶液中氢氧化物溶解平衡时某重金属离子的浓度(实际值与此理论计算值有偏差)。

　　对于具有两性的氢氧化物,开始是随 pH 值的增大溶解度减小,但达到一定值以后,沉淀又开始溶解。对于非两性氢氧化物,则随 pH 值的增大,达一定值后可能生成羟基络合物而增大溶解度。例如：

$$Cu(OH)_2（固）\rightleftharpoons Cu(OH)_2（水）\rightleftharpoons Cu^{2+}+2OH^-$$

$$\big\Vert OH^-$$
$$Cu(OH)^+$$
$$\big\Vert OH^-$$
$$Cu(OH)_2^0$$
$$\big\Vert OH^-$$
$$Cu(OH)_3^-$$

　　如表 4-4 所示，其中所列的是纯净氢氧化物沉淀和溶解时所需的 pH 值。在土壤环境中，由于其他因素的干扰，其所需 pH 值不可能完全与表中所列数值一样，但可供参考。

表 4-4　某些氢氧化物沉淀和溶解时所需的 pH 值

氢氧化物	pH 值				
	开始沉淀		沉淀完全	沉淀开始溶解	沉淀完全溶解
	原始浓度 （1mol/L）	原始浓度 （0.01mol/L）			
Sn(OH)$_4$	O	0.5	1.0	13	＞14
Sn(OH)$_2$	0.9	2.1	4.7	10	13.5
Al(OH)$_3$	3.3	4.0	5.2	7.8	10.8
Cr(OH)$_3$	4.0	4.9	6.8	12	＞14
Zn(OH)$_2$	5.4	6.4	8.0	10.5	12～13
Fe(OH)$_2$	6.5	7.5	9.7	13.5	
Co(OH)$_2$	6.6	7.6	9.2	14	
Ni(OH)$_2$	6.7	7.7	9.5		
Cd(OH)$_2$	7.2	8.2	9.7	10	
Pb(OH)$_2$		7.2	8.7	14	13
Mn(OH)$_2$	7.8	8.8	10.4		

注：引自华中师大等校编，《分析化学》，人民教育出版社（第一版），1981。

　　在石灰性土壤的碳酸盐体系中，重金属的碳酸盐解离平衡也与土壤溶液的 pH 值有一定关系，并可根据溶度积导出离子浓度与 pH 值的关系式，如：

$$\log[Zn^{2+}]=7.4-\log p_{CO_2}-2pH$$

但是，上述计算也仅是理论计算，故只能作为参考。

　　（5）温度是重金属迁移的一个重要因素

　　吸附过程同时伴随着体系能量的变化，因此，温度可以对吸附过程产生影响。温度变化能够引起多个因素的变化，其对重金属在固体颗粒物上吸附的综合效应包括正效应和负效应两方面。

温度升高使颗粒物对重金属的吸附速率增大,吸附量也随之增加。表面上的化学反应其反应热可正可负,温度升高时反应产物的量可能增加也可能减少,而物理吸附总是伴随有能量的释放,因此,温度升高物理吸附量减少;离子交换吸附是吸热反应,非离子交换吸附是放热反应,因此,温度的升高有利于离子交换吸附,不利于非离子交换吸附。

(6)生物转化也是重金属迁移的一个重要因素

金属甲基化或烷基化的结果,往往会增加该金属的挥发性,提高了金属扩散到大气圈的可能性。

微生物能够改变金属存在的氧化还原形态。例如,某些细菌对 As(Ⅴ),Fe(Ⅲ),Hg(Ⅱ),Hg(Ⅰ),Mn(Ⅳ),Se(Ⅳ),Te(Ⅳ)等元素有还原作用,而另一些细菌又对 As(Ⅲ),Fe(Ⅱ),Fe(0),Mn(Ⅱ),Sb(Ⅲ)等元素有氧化作用;甚至钼、铜、铀等金属可以通过细菌作用而被提取。随着金属氧化还原形态的改变,金属的稳定性也跟着改变,如土壤固定砷的能力与土壤中存在的微生物有密切关系。

氧化态的改变还会影响金属形成络合物或螯合物的能力。例如,在森林土壤中 Pb(Ⅱ)很少由于降水作用而发生淋溶,因为它被腐殖酸固定为难溶物,故铅在一般情况下不会造成对地下水的污染,而 Mn(Ⅱ)在同样的情况下就很容易被淋溶而迁移;反之,若是高价的 Pb(Ⅳ)和 Mn(Ⅳ)则比前者更容易流失。

生物还能大量富集几乎所有的重金属,并通过生物链而进入人体,参与生物体内的代谢排泄过程。一般规律是,高价态金属对生物的亲和力比低价态强;重金属比其他金属更容易为生物所富集。

植物通过根系从土壤中吸收某些化学形态的重金属,并在植物体内积累,这一方面可以看作是生物对土壤重金属污染的净化;另一方面也可看作是重金属通过土壤对作物的污染。如果这种受污染的植物残体再进入土壤,会使土壤表层进一步富集重金属。从重金属的归宿看,环境中的重金属最终都进入了土壤和水体。

4. 重金属在土壤-植物体系中的迁移

植物在生长、发育过程中所需的一切养分均来自土壤,其中重金属元素(如 Cu、Zn、Mo、Fe、Mn 等)在植物体内主要作酶催化剂;但如果在土壤中存在过量的重金属,就会限制植物的正常生长、发育和繁衍,以至于改变植物的群落结构。近年来研究发现,在重金属含量较高的土壤中,有些植物呈现出较大的耐受性,从而形成耐性群落;或者一些原本不具有耐性的群落,由于长期生长在受污染的土壤中,而产生适应性形成耐性生态型(或称耐型品种)。例如,日本发现小犬蕨对重金属有很强的耐受性,其叶片可富集 1000mg/kg 的镉,2000mg/kg 的锌,仍能生长良好。目前研究一些对重金属具有耐受性,超积累吸收重金属的植物,用以除去土壤中的重金属。

土壤中的重金属主要是通过植物根系毛细胞的作用积累于植物茎、叶和果实部分。重金属可能停留于细胞膜外或穿过细胞膜进入细胞质。

重金属由土壤向植物体内迁移包括被动转移和主动转移两种。转移的过程与重金属的种类、价态、存在形式以及土壤和植物的种类、特性有关。

(1)植物种类

不同植物类或同种植物的不同植株从土壤中吸收转移重金属的能力是不同的,如日本的

"矿毒不知"大麦品种可以在铜污染地区生长良好,而其他麦类则不能生长;水稻、小麦在土壤铜含量很高时,由于根部积累铜过多,新根不能生长,其他根根尖变硬,吸收水和养分困难而枯死。

(2)土壤种类

土壤的酸碱性和腐殖质的含量都可能影响重金属向植物体内的转移能力。例如,观察在冲积土壤,腐殖质火山灰土壤中加入 Cu,Zn,Cd,Hg,Pb 等元素后,其对水稻生长的影响,结果表明,Cu,Cd 造成水稻严重的生育障碍;而 Pb 对其几乎无影响,在冲积土壤中,其障碍大小顺序为 Cd>Zn,Cu>Hg>Pb;而在腐殖质火山灰土壤中则为 Cd>Hg>Zn>Cu>Pb,这是由于在腐殖质火山灰土壤中 Cu 与腐殖质结合而被固定,使 Cu 向水稻体内转移大大减弱,对水稻的影响也大大减弱。

(3)重金属形态

将含相同镉量的 $CdSO_4$,$Cd_3(PO_4)_2$,CdS 加入无镉污染的土壤中进行水稻生长试验,结果证明,对水稻生长的抑制与镉盐的溶解度有关。土壤 pH、E_h 的改变或有机物的分解都会引起难溶化合物溶解度发生变化,而改变重金属向植物体内转移的能力。

(4)重金属间的复合作用

重金属间的联合作用,协同与拮抗作用可以大大改变某些元素的生物活性和毒性。例如,Pb,Cu,Cd 与 Zn 之间具有的协同作用,可促进小麦幼苗对 Zn 的吸收和积累;Pb 与 Cu 之间有拮抗作用,随 Pb 投加量的增加,Cu 在麦苗中的累积减小。

(5)重金属在植物体内的迁移能力

将 Zn,Cd 加入到水稻田中,总的趋势是随着 Zn,Cd 的加入量增加,水稻部分的 Zn,Cd 含量增加。但对 Zn 来说,添加量在 250mg/kg 以下,糙米中 Zn 的含量几乎不变。而 Cd 的添加量大于 1mg/kg 时,糙米中 Cd 的含量就急剧增加,说明 Cd 与 Zn 在水稻体内的迁移能力不同。

5. 主要重金属在土壤-植物系统中的迁移规律

一般来说,进入土壤的重金属大都停留在它们首先与土壤接触部位的几厘米之内,亦可以通过植物根系的摄取并迁移至植物体内,在一定条件下也可向土壤下层移动。下面介绍几种重金属在土壤-植物系统中的迁移规律。

(1)镉的迁移转化

镉类化合物在环境中可通过下列步骤进入人体而产生危害,一般过程为:

$$土壤(水)→粮食(水生生物)→人体$$

由于镉对人的危害极大,所以土壤中镉的迁移成为重要的研究内容之一。

镉一旦进入土壤,会长时间滞留在耕作层中,一般在 $0\sim15cm$ 的土壤层中,15cm 以下含量明显减少。土壤中镉的迁移与土壤的种类、性质、pH 值等因素有关,还直接受氧化还原条件的影响。在淹水条件下,镉主要以 CdS 形式存在,抑制了 Cd^{2+} 的迁移,难以被植物所吸收。当排水时造成氧化淋溶环境,S^{2-} 氧化成 SO,引起 pH 值降低,镉溶解在土壤中,易被植物吸收。土壤中 PO_4^{3-} 等离子均能影响镉的迁移转化;如 Cd^{2+} 和 PO_4^{3-} 形成难溶的 $Cd_3(PO_4)_2$,不易被植物所吸收。因此,土壤的镉污染,可施用石灰和磷肥,调节土壤 pH 值至 5.0 以上,以抑制镉害。在旱地土壤里,镉以 $CdCO_3$,$Cd_3PO_4^{3-}$ 及 $Cd(OH)_2$ 的形式存在,而其中又以 $CdCO_3$ 为主,尤其是在 pH 大于 7 的石灰性土壤中,形成 $CdCO_3$ 的反应为:

$$Cd^{2+} + CO_2 + H_2O \Longrightarrow CdCO_3 + 2H^+, \lg K = -6.07$$

可导出土壤中 Cd^{2+} 为:

$$-\lg[Cd^{2+}] = -6.07 + 2pH - \lg[CO_2]$$

如土壤空气中,CO_2 的分压为 0.0003atm,则

$$-\lg[Cd^{2+}] = 2pH - 9.57$$

可见旱地土壤中 Cd^{2+} 含量与 pH 值成负相关。在旱地中,镉多以难溶性碳酸镉($CdCO_3$)、磷酸镉 $Cd_3(PO_4)_2$、氢氧化镉 $Cd(OH)_2$ 的形态存在;其中以碳酸镉为主,尤其在 pH 大于 7 的石灰性土壤中明显。

植物对镉的吸收与累积取决于土壤中镉的含量和形态、镉在土壤中的活性及植物的种类。许多植物均能从土壤中摄取镉,并在体内累积到一定数量。植物吸收镉的量不仅与土壤的含镉量有关,还受其化学形态的影响。例如,水稻对三种无机镉化合物吸收累积的顺序为:

$$CdCl_2 > CdSO_4 > CdS$$

不同种类的植物对镉的吸收存在着明显的差异;同种植物的不同品种之间,对镉的吸收累积也会有较大的差异。谷类作物如小麦、玉米、水稻、燕麦和粟子都可通过根系吸收镉,其吸收量依次是玉米>小麦>水稻>大豆。同一作物,镉在体内各部位的分布也是不均匀的,其含量一般为根>茎>叶>籽实。植物在不同的生长阶段对镉的吸收量也不一样,其中以生长期吸收量最大。由此可见,影响植物吸收镉的因素很多。作物对镉的吸收,随土壤 pH 值的增高而降低,随 pH 值的降低而增加。

(2)汞的迁移转化

土壤中的各类胶体对汞均有强烈的表面吸附(物理吸附)和离子交换吸附作用。Hg^{2+}、Hg_2^{2+} 可被带负电荷的胶体吸附,$HgCl_3^-$ 等可被带正电荷的胶体吸附。这种吸附作用是使汞以及其他许多微量重金属从被污染的水体中转入土壤固相的最重要途径之一。而不同的黏土矿物对汞的吸附力有很大差别。

此外,土壤对汞的吸附还受 pH 值以及汞浓度的影响。当土壤 pH 为 1~8 时,随着 pH 值的增大而吸附量逐渐增大,当 pH 大于 8 时,吸附的汞量基本不变。

土壤胶体对甲基汞的吸附作用与氯化汞的吸附作用大体相同。但是,其中腐殖质对 CH_3Hg^+ 离子的吸附能力远比对 Hg^+ 的吸附能力弱得多。因此,土壤中的无机汞转化成 CH_3Hg^+ 以后,随水迁移的可能性增大。同时,由于二甲基汞(CH_3HgCH_3)的挥发度较大,被土壤胶体吸附的能力也相对较弱,因此,二甲基汞较易发生气迁移和水迁移。

土壤中最常见的汞的无机络离子如下:

$$Hg^{2+} + H_2O \longrightarrow HgOH^+ + H^+$$
$$Hg^{2+} + 2H_2O \longrightarrow Hg(OH)_2 + 2H^+$$
$$Hg^{2+} + 3H_2O \longrightarrow Hg(OH)_3 + 3H^+$$
$$Hg^{2+} + Cl^- \longrightarrow HgCl^+$$
$$Hg^{2+} + 2Cl^- \longrightarrow HgCl_2$$

当土壤溶液中 Cl^- 浓度较高时(大于 10^{-2} mol/L),可能有 $HgCl_3^-$ 生成:

$$Hg^{2+} + 3Cl \longrightarrow HgCl_3^-$$

OH^-，Cl^- 对汞的络合作用大大提高了汞化合物的溶解度。为此，一些研究者曾提出应用 $CaCl_2$ 等盐类来消除土壤汞污染的可能性。

土壤中的有机配位体，如腐殖质中的羟基和羧基，对汞有很强的螯合能力。加之腐殖质对汞离子有很强的吸附能力，致使土壤中腐殖质的含汞量远高于土壤矿物质部分的汞含量。

1967 年瑞典学者 Jensen 首先提出，淡水底泥中的厌氧细菌，可以将 Hg^{2+} 甲基化而形成甲基汞，后来美国学者 Wood 证明，有一种辅酶能使甲基钴氨素中的甲基与 Hg^{2+} 结合生成 CH_3Hg^+，也可以形成二甲基汞 $(CH3)_2Hg$，不过生成甲基汞的速度比生成二甲基汞的速度快得多。

汞除了可在微生物作用下发生甲基化外，还可在非生物因素作用下进行，只要存在甲基给予体，汞就可以甲基化。

土壤的温度、湿度、质地以及土壤溶液中汞离子的浓度，对汞的甲基化作用都有一定影响。一般说来，在土壤水分较多、质地较黏重、地下水位过高的土壤中，甲基汞的产生比砂性、地下水位低的土壤容易得多。甲基汞的形成及挥发度都与温度有关。温度升高虽有利于甲基汞的形成，但其挥发度也随之增大。有人做过这样的实验，在低温下（4℃），土壤中甲基汞净增；而高温下（36℃），土壤中甲基汞净减。另据有关材料报道，从灭菌和未灭菌的土壤试验中都发现了土壤结构对甲基汞形成的影响。黏土含甲基汞最多，壤土次之，砂土最小。其原因可能是随着黏土含量的增加，有机物的含量也有所增加，而甲基化作用正是由于有机物或与黏土结合的有机物的存在，在有利于微生物生长的条件下，可望具有最大的甲基汞生物合成速度。

土壤中的甲基汞等有机汞化合物，也可以被降解为无机汞。前苏联科学家弗鲁卡娃和托纳姆拉从苯污染的土壤中分离出假单胞杆菌属（Pseudomonas）K-62 菌株。这种菌能吸收无机汞和有机汞化合物，并将汞还原为金属汞，排出体外。可见，元素汞及各种类型的化合物，在土壤环境中是可以相互转化的，只是不同的条件下，其迁移转化的主要方向有所不同而已。但是，由于汞在土壤环境中的迁移转化的复杂性，给汞污染的治理工作带来许多麻烦。

（3）砷的迁移转化

吸附于黏粒表面的交换性砷，可被植物吸收；难溶性砷很难为作物吸收，积累在土壤中，是"不可给态"或"固定态"的砷。在一定的条件下，促进砷向固定态转化，增加这一部分砷的比例可以减轻砷对作物的毒害，并可提高土壤的净化能力。

水溶性砷在土壤中含量很少，常少于 $1mg/L$，其数值与土壤的氧化还原电位及土壤中总砷量呈显著相关。砷在土壤溶液中迁移过程中可与其他组分发生一系列化学反应，如与碱金属化合其反应如下：

$$As_2O_3 + 3H_2O \longrightarrow 2H_3AsO_3$$
$$As_2O_3 + 6NaOH + H_2O \longrightarrow 2Na_3AsO_3 + 4H_2O$$

砷与碱土金属化合，可生成亚砷酸盐，如 $Ca_3(AsO_3)_2$；砷与重金属化合，也形成亚砷酸盐类，如 $FeAsO_3$。除碱金属与砷反应生成的化合物溶解度较大，易于迁移外，砷与碱土金属、重金属形成的亚砷酸盐溶解度较小，限制了砷在溶液中的迁移，有利于土壤的净化。

土壤中的砷，特别是排污进入土壤的砷，主要累积于表层，难于向下移动。砷是动植物所不需要的元素，但砷属于生物累积元素，在作物体中砷的累积程度高于汞。土壤中吸附态砷可转化为溶解态的砷化物,这个过程与土壤 pH 值和氧化还原条件有关。如土壤 E_h 降低,pH 值升高,砷溶解度显著增加。在碱性条件下,土壤胶体的正电荷减少,对砷的吸附能力也就降低,可溶性砷含量增加。由于 AsO_4^{3-} 比 AsO_3^{3-} 容易被土壤吸附固定,如果土壤中砷以 AsO_3^{3-} 状态存在,砷的溶解度相对增加。土壤中 AsO_4^{3-} 与 AsO_3^{3-} 之间的转化取决于氧化还原条件。旱地土壤处于氧化状态,AsO_3^{3-} 可氧化成 AsO_4^{3-};而水田土壤处于还原状态,大部分砷以 AsO_3^{3-} 形态存在,砷的溶解度及有效性相对增加,砷害也就增加。此外,AsO_3^{3-} 对作物的危害比 AsO_4^{3-} 更大。

土壤微生物也能促进砷的形态变化。有学者分离出 15 个系的异养细菌,它们可把 AsO_3^{3-} 氧化为 AsO_4^{3-}。土壤微生物还可起气化逸脱砷的作用。盆栽实验发现,施砷量和水稻吸收砷及土壤残留量之和有一个很大差值,认为由于砷霉菌对砷化合物有气化作用,使这部分砷还原为 AsH_3 等形式,从土壤中气化逸脱。此外,土壤微生物还可使无机砷转化为有机砷化物。

磷化合物和砷化合物的特性相似,因此,土壤中磷化合物的存在将影响砷的迁移能力和生物效应。一般土壤吸附磷的能力比砷强,致使磷能夺取土壤中固定砷的位置,砷的可溶性及生物有效性相对增加。磷可被土壤胶体中铁、铝所吸附,而砷的吸附主要是铁起作用;另外,铝对磷的亲和力远远超过对砷的亲和力,被铝吸附的砷很容易被磷交换取代。

由此可见,砷与镉、铬等的性质相反;当土壤处于氧化状态时,它的危害比较小;当土壤处于淹水还原状态时,AsO_4^{3-} 还原为 AsO_3^{3-},加重了砷对植物的危害。因此,在实践中,对被砷污染的水稻土,常采取措施提高土壤的氧化还原电位或加入某些物质,以减轻砷对作物生长的危害。

一般认为砷不是植物必需的元素。低含量砷对许多植物生长有刺激作用,高含量砷则有危害作用。砷中毒可阻碍作物的生长发育。研究表明:土壤含砷为 $25\mu g/g$ 或 $50\mu g/g$ 时,可使小麦分别增产 8.7% 和 20%;含砷达 $100\mu g/g$ 时,则严重影响小麦生长;含砷 $200\sim1000\mu g/g$ 时,小麦全部死亡。不同砷化物对作物生长发育的影响是有差别的。如有机砷化物易被水稻吸收,其毒性比无机砷大得多,即使是无机砷,AsO_3^{3-} 对作物的危害比 AsO_4^{3-} 大。作物对砷的吸收累积与土壤含砷量有关,不同植物吸收累积砷的能力有很大的差别,植物的不同部位吸收累积的砷量也是不同的。砷进入植物的途径主要是根、叶吸收。植物的根系可从土壤中吸收砷,然后在植株内迁移运转到各个部分;有机态砷被植物吸收后,可在体内逐渐降解为无机态砷。同重金属一样,砷可以通过土壤植物系统,经由食物链最终进入人体。

(4)铅的迁移转化

铅在土壤中可以很快转化为难溶性化合物,使铅的移动性和被作物的吸收都大大降低。因此,铅主要积累在土壤表层。

C. N 莱蒂(C. N. Reddy)等发现,随着土壤 E_h 值的升高,土壤中可溶态性铅的含量降低,其原因是由于氧化条件下土壤中的铅与高价铁、锰的氢氧化物结合在一起,降低了可溶性铅的缘故。

土壤中的铁和锰的氢氧化物,特别是锰的氢氧化物,对 Pb^{2+} 有强烈的专性吸附能力,对铅在土壤中的迁移转化,以及铅的活性和毒性影响较大。它是控制土壤溶液中 Pb^{2+} 浓度的一个重要因素。

土壤 pH 值对铅在土壤中的存在形态影响也很大。一般可溶性铅在酸性土壤中含量较高。这是由于酸性土壤中的 H^+ 可以部分地将已被化学固定的铅重新溶解而释放出来,这种情况在土壤中存在稳定的 $PbCO_3$ 时尤其明显。

土壤中的铅也可呈离子交换吸附态的形式存在,其被吸附程度取决于土壤胶体负电荷的总量、Pb 的离子势,以及原来吸附在土壤胶体上的其他离子的离子势。有关研究也指出,土壤对 Pb^{2+} 的吸附量和土壤交换性阳离子总量间有很好的相关性。

另外,铅也能和配位基结合形成稳定的络合物和螯合物。

在大多数的土壤环境中,Pb^{2+} 是铅唯一稳定的氧化态。E_h 或 pH 的变化所影响的只是与之结合的配位基而不是金属本身。

另据有关资料说明,在施用污泥后的土壤中以碳酸盐形态存在的 Pb 的比例最高,其次为硫化物和有机态,而水溶性或交换态 Pb 只占总量的 $1.1\% \sim 3.7\%$。

植物从土壤中吸收铅主要是吸收存在于土壤溶液中的 Pb。用醋酸和 EDTA 浸提法,测定土壤中可溶态铅,约占土壤总铅量的 1/4。这些铅是可能被植物吸收的,但不一定在短期内都被吸收。

植物吸收的铅绝大部分积累于根部,而转移到茎叶、种子中的很少。这一点与镉有所不同。另外,植物除通过根系吸收土壤中的铅以外,还可以通过叶片上的气孔吸收污染空气中的铅。

土壤的酸碱度对植物吸收铅的影响是较为明显的,当土壤 pH 值由 5.2 增至 7.2 时,作物根部的铅含量降低,这是由于随 pH 的增高,铅的可溶性和移动性降低,以致影响到植物对铅的吸收。

铅在土壤环境中的迁移转化和对植物吸收铅的影响,还与土壤中存在的其他金属离子有密切关系。据有关资料说明,在非石灰性土壤中,铝可与铅竞争而被植物吸收。当土壤中同时存在 Pb 和 Cd 时,Cd 的存在可能降低作物(如玉米)体内 Pb 的浓度,而 Pb 会增加作物体内 Cd 的浓度。当土壤中投加的铅量大于 300mg/kg 时,铜对植物吸收铅有明显的拮抗作用;铅的浓度相当于本底时,铜的拮抗作用不明显。

如前所述,土壤中铁、锰的氢氧化物对 Pb^{2+} 有强的专性吸附能力,显然也能较强烈地控制植物对 Pb^{2+} 的吸收。土壤缺磷对植物吸收铅有显著增加,在供磷条件下,土壤及植物中形成磷酸铅沉淀,磷对铅有解毒作用,可与细胞液中极少量的铅形成沉淀。

(5)铬的迁移转化

铬是人类和动物的必需元素,但高含量时对生物有害。铬对作物的危害不像镉、汞等重金属那样严重,这和它的移动性小有关。土壤中铬的迁移转化受氧化还原条件影响较大。在土壤常见的 pH 值和 E_h 范围内,Cr^{6+} 可被有机质等迅速还原为 Cr^{3+}。在不同水稻田中,Cr^{6+} 的还原率与有机碳含量呈显著的正相关。当砖红壤中有机碳含量为 1.56% 或 1.33% 时,Cr^{6+} 的还原率分别为 89.6% 和 77.2%;一般情况下,土壤中有机碳增加 1%,Cr^{6+} 的还原率约增加 30%。有机质对 Cr^{6+} 的还原作用与土壤 pH 值成负相关。当土壤有机质含量极低时,pH 值对 Cr^{6+} 的还原率影响更加明显。例如,当土壤 pH 值为 3.35 或 7.89 时,Cr^{6+} 的还原率分别为 54% 和 20%。

当含铬废水进入农田时,其中的 Cr^{3+} 被土壤胶体吸附固定;Cr^{6+} 迅速被有机质还原成

Cr^{3+}，再被土壤胶体吸附；导致铬的迁移能力及生物有效性降低，同时使铬在土壤中积累起来。然而，在一定条件下，Cr^{3+}可转化为Cr^{6+}；如 pH 为 6.5 到 8.5 时，土壤中的Cr^{3+}能被氧化为Cr^{6+}，其反应为：

$$4Cr(OH)_2^+ + 3O_2 + 2H_2O \longrightarrow 4CrO_4^{2-} + 12H^+$$

此外，土壤中的氧化锰也能使Cr^{3+}转化为Cr^{6+}。因此，Cr^{3+}存在着潜在危害。

植物在生长发育过程中，可从外界环境中吸收铬，铬可以通过根和叶进入植物体内。植物体内含铬量随植物种类及土壤类型的不同有很大差别，植物中铬的残留量与土壤含铬量呈正相关。植物从土壤中吸收的铬绝大部分积累在根中，其次是茎叶，籽粒里积累的铬量最少。

微量元素铬是植物所必需的。植物缺少铬就会影响其正常发育，铬含量低对植物生长有刺激作用，但植物体内累积过量铬又会引起毒害作用，直接或间接地给人类健康带来危害。例如，土壤中Cr^{3+}为 20～40μg/g 时，对玉米苗生长有明显的刺激作用；当Cr^{3+}为 320μg/g 时，则有抑制作用；又如，土壤中Cr^{6+}为 20μg/g 时，对玉米苗生长有刺激作用；Cr^{6+}为 80μg/g 时，则有显著的抑制作用。

铬含量高不仅对植物产生危害，而且会影响植物对其他营养元素的吸收。例如，当土壤含铬大于 5μg/g 时会干扰植株上部对钙、钾、磷、硼、铜的吸收，受害的大豆最终表现为植株顶部严重枯萎。

土壤中铬对植物的毒性与下列因素有关：

①铬的化学形态。如Cr^{6+}的毒性比Cr^{3+}大。

②土壤性质。土壤胶体对Cr^{3+}有强烈的吸附固定作用，在酸性或中性条件下对Cr^{6+}也有很强的吸附作用；土壤有机质具有吸附或螯合作用，还能使可溶性Cr^{6+}还原成难溶的Cr^{3+}。因此，土壤粘粒和有机质的含量会影响铬对植物的毒性。

③土壤氧化还原电位。如在同一Cr^{3+}含量下，旱地土壤中有效态铬比水田高得多。

④土壤 pH 值。Cr^{6+}在中性和碱性土壤中的毒性要比在酸性土壤中大；而Cr^{3+}对植物的毒性在酸性土壤中较大。

总的说来，铬对植物生长的抑制作用较弱，其原因是铬在植物体内迁移性很低。水稻栽培试验结果表明，重金属在植物体内的迁移顺序为：

$$Cd > Zn > Ni > Cu > Cr$$

可见，铬是金属元素中最难被植物吸收的元素之一，其可能的原因是：

①三价铬还原成二价铬再被植物吸收的过程在土壤植物体系中难以发生。

②六价铬是有效态铬，但植物对六价铬的吸收受到硫酸根等阴离子的强烈抑制。

(6)锌的迁移转化

土壤中锌的迁移主要取决于 pH 值。当土壤为酸性时，被黏土矿物吸附的锌易解吸，不溶性氢氧化锌可和酸作用，转化为Zn^{2+}。因此，酸性土壤中锌容易发生迁移。当土壤中锌以Zn^{2+}为主存在时，容易淋失迁移或被植物吸收，故缺锌现象常常发生在酸性土壤中。

稻田因淹水而处于还原状态，硫酸盐还原菌将SO_4^{2-}转化为H_2S，土壤中Zn^{2+}与S^{2-}形成溶度积小的 ZnS，土壤中锌发生累积。锌与有机质相互作用，可以形成可溶性的或不溶性的络合物。可见，土壤中有机质对锌的迁移会产生较大的影响。

锌是植物生长发育不可缺少的元素。常把硫酸锌用作为微量元素肥料，但过量的锌会伤害植物的根系,从而影响作物的产量和质量。土壤酸度的增加会加重锌对植物的危害。例如,在中性土壤里加入 $100\mu g/mL$ 的锌溶液,洋葱生长正常;当加入 $500\mu g/mL$ 锌时,洋葱茎叶变黄;但在酸性土壤中,加入 $100\mu g/mL$ 的锌溶液,洋葱生长发育受阻,加入 $500\mu g/mL$ 锌时,洋葱几乎不生长。

植物对锌的忍耐含量大于其他元素。各种植物对高含量锌毒害的敏感性也不同。一般说来,锌在土壤中的富集,必然导致在植物体中的累积,植物体内累积的锌与土壤锌含量密切相关,如水稻糙米中锌含量与土壤锌含量呈线性相关。土壤中其他元素可影响植物对锌的吸收,如施用过多的磷肥,可使锌形成不溶性磷酸锌而固定,植物吸收的锌就减少,甚至引起锌缺乏症。温度和阳光对植物吸收锌也有影响。不同植物对锌的吸收累积差异很大,一般植物体内自然锌含量为 $10\sim160\mu g/g$,但有些植物对锌的吸收能力很强,植物体内累积的锌可达 $0.2\sim10mg/g$。锌在植物体各部位的分布也是不均匀的,如在水稻、小麦中锌含量分布为根>茎>果实。

(7)铜的迁移转化

土壤中腐殖质能与铜形成螯合物,因此土壤有机质及黏土矿物对铜离子有很强的吸附作用,吸附强弱与其含量及组成有关。黏土矿物及腐殖质吸附铜离子的强度为:

腐殖质>蒙脱石>伊利石>高岭石

我国几种主要土壤对铜的吸附强度为黑土>褐土>红壤。

土壤 pH 值对铜的迁移及生物效应有较大的影响。游离铜与土壤的 pH 值呈负相关;在酸性土壤中,铜易发生迁移,其生物效应也就较强。

铜是生物必需元素,广泛地分布在一切植物中。在缺铜的土壤中施用铜肥,能显著提高作物产量。例如,硫酸铜是常用的铜肥,可以用作基肥、种肥、追肥,还可用来处理种子。但过量铜会对植物生长发育产生危害。如当土壤铜含量达 $200\mu g/g$ 时,小麦枯死;当铜含量达 $250\mu g/g$ 时,水稻也将枯死。又如,用铜含量为 $0.06\mu g/mL$ 的溶液灌溉农田,水稻减产 15.7%;增至 $0.6\mu g/mL$ 时,减产 45.1%;增至 $3.2\mu g/mL$ 时,水稻无收获。研究表明,铜对植物的毒性还受其他元素的影响。在水培液中只要有 $1\mu g/mL$ 的硫酸铜,即可使大麦停止生长;然而加入其他营养盐类,即使铜含量达 $4\mu g/mL$,也不至于使大麦停止生长。

生长在铜污染土壤中的植物,其体内会发生铜的累积。植物中铜的累积与土壤中的总铜量无明显的相关性,而与有效态铜的含量密切相关。有效态铜包括可溶性铜和土壤胶体吸附的代换性铜,土壤中有效态铜量受土壤 pH 值、有机质含量等的直接影响。而且不同植物对铜的吸收累积也有差异,铜在同种植物不同部位的分布也是不一样的。

4.3.2 农药在土壤中的化学行为

全世界的有害昆虫约 10000 种,有害线虫约 3000 种,杂草约 30000 种,植物病原微生物有 $80000\sim100000$ 种。它们使全世界农作物产量每年平均损失约 35%,其中因虫害损失 14%,病害损失 10%,草害损失 11%,收获进库后到消费前还要损失 $10\%\sim20\%$。而使用农药带来的收益大体上为农药费用的 4 倍。因而,自 20 世纪初以来,农药得到了广泛的使用。目前世界上生产使用的农药已达 1000 多种,其中大量使用的约 100 多种;每年化学农药的产量(以有效成分计)达 200 多万吨,大吨位的品种主要是有机磷和氨基甲酸酯类化合物。

　　然而,由于农药在环境中残留的持久性,尤其像有机氯类农药对生态环境产生了许多有害的作用和影响,破坏了自然生态平衡,使农药污染已成为全球性的环境问题。

　　1. 土壤对农药的吸附作用

　　农药一旦进入土壤,就会发生吸附、迁移和分解等一系列作用。吸附作用是农药与土壤固相之间相互作用的主要过程,直接或间接影响着其他过程,对农药在土壤中的环境行为和毒性有较大影响,例如,它使农药大量积累在土壤表层。

　　农药在土壤中的吸附作用通常遵循 Freundlich,Langmuir 和 BET 吸附等温式。土壤吸附农药可能起作用的机制有:

　　(1)范德华尔力吸附

　　非离子型农药分子在土壤吸附剂上呈非解离状态的吸附。例如,土壤有机物质对西维因和对硫磷的吸附。

　　(2)通过疏水型相互作用产生的吸附

　　土壤有机质分子疏水部分和农药的非极性或极性基团结合。例如,DDT 和其他有机氯农药在土壤有机物质上的吸附就属于这种类型的结合,基于这种机理产生的农药吸附不决定于土壤的 pH。

　　(3)借助氢键产生的吸附

　　当吸附质和吸附剂具有 NH,OH 或 O、N 原子时易形成氢键,氢原子在两个带负电荷的原子之间形成桥,其中之一靠价键结合,另一个则靠静电力结合。对吸附在黏土矿物上的农药分子来说,这种机制是最重要的。土壤有机物质对三氮苯以及黏土矿物对有机农药的固定都是通过氢键实现的。

　　(4)通过电子从供体向受体的传递产生的吸附

　　这种机制有助于土壤胶体和以联吡啶阳离子为基础的除草剂形成络合物。例如形成敌草快—蒙脱石和对草快—蒙脱石络合物。

　　(5)离子交换式吸附

　　这种吸附发生在呈阳离子态存在的化合物或通过质子化而获得正电荷的化合物。它易与土壤有机质和黏土矿物上阳离子起交换作用,这种吸附是以离子键相结合。有机物质和黏土矿物对敌草快和对草快等除草剂的吸附就是通过离子交换实现的。

　　(6)通过形成配位键和配位体交换产生的吸附

　　当过渡型金属离子成为土壤胶粒表面上的吸附中心时,可以观测到这种吸附。这种吸附对土壤中某些农药的行为具有显著影响。例如,蒙脱石对对硫磷和 2,4-D 酸的吸附,就是借助氢键通过与金属阳离子形成配位键产生的。

　　土壤对农药吸附作用的大小常用吸附系数 K_d 或吸附常数 K_∞ 表示。所谓吸附系数是指一定水土比的平衡体系中,土壤吸附的农药量与水中农药浓度的比值,可用下式来表示:

$$K_d = C_s C_e^{-\frac{1}{n}}$$

式中,C_s 为农药吸附在土壤中的量(mg/kg);C_e 为农药在土壤溶液中的浓度(mg/L);n 为常数。

　　许多研究表明,土壤的许多性质,如颗粒组成、pH、有机质(或有机碳)含量等,均对土壤的农药吸附作用产生影响,但以土壤有机碳含量影响最大,如以土壤对农药的吸附系数 K_d 与土壤有机碳百分含量的比值来表示,即以吸附常数表示,则基本上为一常数。

$$K_\infty = \frac{K_d}{土壤有机碳含量} \times 100\%$$

土壤对农药的物理吸附的强弱决定于土壤胶体比表面的大小,例如土壤无机黏土矿物中,蒙脱石对丙体六六六的吸附量为 10.3mg/g,而高岭土只有 2.7mg/g。土壤有机胶体比矿物胶体对农药有更强的吸附力,许多农药如林丹、西玛津等大部分吸附在有机胶体上。土壤腐殖质对马拉硫磷的吸附力较蒙脱石大 70 倍,还能吸附水溶性差的农药如 DDT。它能提高 DDT 溶解度,DDT 在 0.5% 腐植酸钠溶液中溶解度为在水中的 20 倍,因此,腐殖质含量高的土壤吸附有机氯的能力强。总之,土壤的物理化学性质、结构、质地和土壤有机质含量对农药的吸附具有显著影响。

另外,农药本身的化学性质对吸附作用也有很大影响。农药中存在的某些官能团如 $-OH$,$-NH$,$-NHR$,$-CDNH_2$,$-COOR$ 以及 R_3N^+ 等有助于吸附作用。在同一类型的农药中,农药的分子越大,溶解度越小,被植物吸收的可能性越小,而被土壤吸附的量越多。又如离子型农药进入土壤后,一般解离为阳离子,可被带负电荷的有机胶体或矿物胶体吸附,有些农药中的官能团($-OH$,$-NH_2$,$-NHR$,$-COOR$ 等)解离时产生负电荷成为有机阴离子,则可被带正电的 $Fe_2O_3 \cdot nH_2O$,$Al_2O \cdot nH_2O$ 胶体吸附,因此离子交换吸附可分为阳离子吸附和阴离子吸附。有些农药在不同的酸碱条件下有不同的解离方式,因而有不同的吸附形式,如 2,4-D 在 pH 为 3～4 时解离生成有机阳离子,可被带负电的胶体吸附,而在 pH 为 6～7 的条件下,解离成有机阴离子,可被带正电的胶体吸附。

农药被土壤吸附后,由于存在形态的改变,其迁移转化能力和生理毒性也随之变化。例如除草剂、百草枯和杀草快被土壤黏土矿物强烈吸附后,它们在溶液中的溶解度和生理活性就大大降低,所以土壤对化学农药的吸附作用在某种意义上讲就是土壤对污染有毒物质的净化和解毒作用,土壤的吸附能力越大,农药在土壤中的有效度越低,净化效果越好,但这种净化作用是相对不稳定也是有限的,只是在一定条件下,起到净化和解毒作用。

2.化学农药在土壤中的扩散

如图 4-5 所示,是农药在自然界中迁移以及最终进入人体的途径。扩散是由于分子热能引起分子的不规则运动而使物质分子发生转移的过程。扩散既能以气态发生,也能以非气态发生。非气态扩散可以发生于溶液中、气-液或气-固界面上。农药在土壤中的扩散有两种形式,一种是由于农药分子的不规则运动而使农药迁移的过程,另一种则是外力发生的结果。土壤中的农药在流动水或在重力作用下向下渗滤,并在土壤中逐层分布。后一种形式是土壤中农药扩散的主要模式。这个过程与吸附、降解和挥发等过程密切相关。土壤中的农药在被土壤固相吸附的同时,还通过气体挥发和水的淋溶在土体中扩散迁移,因而导致大气、水和生物的污染。研究表明,不仅非常易挥发的农药,而且不易挥发的农药(如有机氯)都可以从土壤、水及植物表面大量挥发。对于低水溶性和持久性的化学农药来说,挥发是农药进入大气中的重要途径。农药在土壤中的挥发作用大小主要决定于农药本身的溶解度和蒸气压,也与土壤的温度、湿度等有关。农药除以气体形式扩散外,还能以水为介质进行迁移,其主要方式有两种:一是直接溶于水;二是被吸附于土壤固体细粒表面上随水分移动而进行机械迁移。一般来说,农药在吸附性能小的砂性土壤中容易移动,而在黏粒含量高或有机质含量多的土壤中则不易移动,大多积累于土壤表层 30cm 土层内。

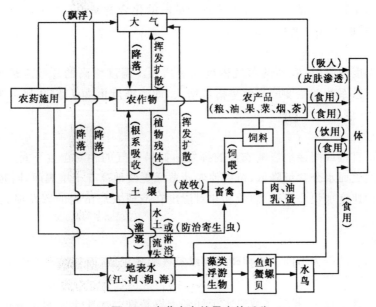

图 4-5 农药在自然界中的迁移

(摘自谢荣武,《农药污染及其防治》,1983)

影响农药在土壤中扩散的因素主要:

(1)土壤水分含量

①农药在土壤中的扩散存在气态和非气态两种形式。在水分含量为 4%～20% 之间气态扩散占 50% 以上;当水分含量超过 30% 以上,主要为非气态扩散。

②在干燥土壤中没有发生扩散。

③扩散随水分含量增加而变化。在水分含量为 4% 时,无论总扩散或非气态扩散都是最大的;在 4% 以下,随水分含量增大,两种扩散都增大;大于 4%,总扩散则随水分含量增大而减少;非气态扩散,在 4%～16% 之间,随水分含量增加而减少,在 16% 以上,则随水分含量增加而增大。如当含水量由 43% 减少到 10% 时,乐果的扩散系数由 $1.41 \times 10^6 \text{cm}^2/\text{s}$ 减少到 $3.31 \times 10^{-2} \text{cm}^2/\text{s}$。这是由于当土壤中含水量一旦减少,,则土壤中的水由毛细水转为结合水,土壤水的运动受到颗粒表面的束缚能逐渐增大,从而降低了土壤的扩散系数。如图 4-6 所示,为土壤水分特征曲线示意图。

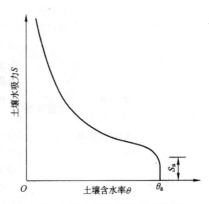

图 4-6 土壤水分特征曲线示意图

(2)吸附

许多研究证明,吸附对农药在土壤中的扩散是有影响的。吸附系数与扩散系数两者呈负相关关系。

（3）土壤的紧实度

土壤紧实度是影响土壤孔隙率和界面特性的参数。增加土壤的紧实度的总影响是降低土壤对农药的扩散系数。这对于以蒸气形式进行扩散的化合物来说，增加紧实度就减少了土壤的充气孔隙率，扩散系数也就自然降低了。

（4）温度

当土壤的温度增高时，农药的蒸气密度显著增大。温度增高的总效应是扩散系数增大。如林丹的表观扩散系数随温度增高而呈指数增大，即当温度由 20℃提高到 40℃时，林丹的总扩散系数增加 10 倍。

（5）气流速度

气流速度可直接或间接地影响农药的挥发。如果空气的相对湿度不是 100%，那么增加气流就促进土壤表面水分含量降低，可以使农药蒸气更快地离开土壤表面，同时使农药蒸气向土壤表面运动的速度加快。风速、湍流和相对湿度在造成农药田间的挥发损失中起着重要的作用。

（6）农药种类

不同农药的扩散行为不同。乙拌磷主要以蒸气形式扩散，而乐果则主要在溶液中扩散。

（7）农药含量

由于扩散与含量有关，扩散系数决定于许多土壤特性。如粉土的密实度由 $1.00 \mathrm{g/cm^2}$ 增加到 $1.55 \mathrm{g/cm^2}$ 时，林丹的显著扩散系数由 $16.5 \mathrm{mm^2/}$ 周降低到 $7.5 \mathrm{mm^2/}$ 周。

3. 影响农药在土壤中行为的因素

农药一旦进入土壤，就会发生吸附、迁移和分解等一系列作用；这些作用的强弱受到一系列因素的影响，如图 4-7 所示简单概括可影响农药在土壤中行为的因素。

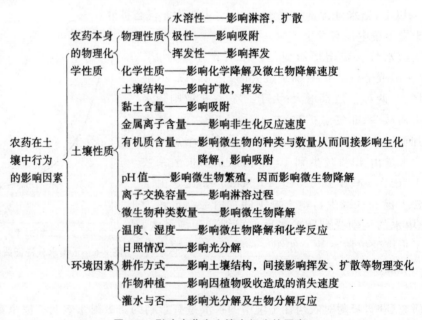

图 4-7　影响农药在土壤中行为的因素

4. 非离子型农药与土壤有机质的作用

农药是可以分为离子型和非离子型农药,应用品种、数量最多的是非离子型农药,如有机氯、有机磷和氨基甲酸酯类等农药。自 20 世纪 50 年代,人们开始发现非离子型农药在土壤中吸附行为有较为明显的特征,为此多年来许多学者对非离子型有机化合物和农药在土壤-水体系中的吸附进行了深入系统的研究,提出非离子型有机化合物在土壤-水体系中的吸附主要是分配作用的理论。

(1)非离子型有机物在土壤-水体系的分配作用

非离子型有机物在土壤-水体系的分配作用具有以下几个特征:

①在水-沉积物土壤体系中,非离子型有机化合物的吸附等温线几乎都是线性的,如图 4-8 所示。

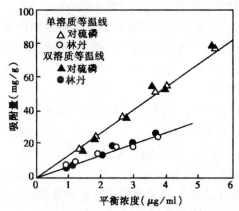

图 4-8 对硫磷和林丹单独吸附和共同吸附时的等温线

②多溶质并存时,不存在竞争吸附。

③非离子型农药在土壤-水体系的分配系数随其水中溶解度减少而增大,如图 4-9 所示。

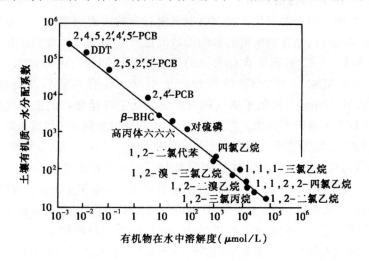

图 4-9 一些非离子型有机化合物的水溶解度和土壤有机质-水分配系数的关系图

④吸附时放出的吸附热很小。

那么为什么会出现这种现象呢？这是因为在水-土壤体系中，吸附非离子性有机化合物的主要是土壤中的有机质，即这种吸附过程主要与其中有机质含量有关；而与土壤矿物的多少无关。这一现象已为许多学者所证实。同时因为极性水分子和矿物表面发生强烈的偶极作用，使得非离子型有机化合物分子很难吸附在矿物表面的吸附位上，这样就使得矿物表面所吸附的非离子化合物分子的数量变得微乎其微了。相反，由于非离子有机化合物在水中的溶解度一般较小，很容易分配或溶解到有机质中去，这一过程类似于有机溶剂从水相中萃取非离子性有机化合物。

这些结果表明，中性有机化合物从水到土壤的吸附作用主要是溶质的分配过程（溶解），非极性有机化合物通过溶解作用分配到土壤有机质，经过一定时间达到分配平衡的过程。此时有机化合物在土壤有机质和水中的比值称为分配系数。

实际上，有机化合物在土壤中的吸着存在着如下两种主要机理：

①分配作用，即在水溶液中，土壤有机质对有机化合物的溶解作用。

②吸附作用，即在非极性有机溶剂中，土壤矿物质对有机化合物的表面吸附作用或干土壤矿物质对有机化合物的表面吸附作用。

土壤在水溶液体系中吸附有机化合物的线性等温线，土壤中有机质含量和溶质的水溶解度为预测极限吸附（分配）量提供了方法：

$$Q_{om}^0 = K_{om} \cdot S_w$$

这里，Q_{om}^0 是溶质在土壤有机质上的分配量；K_{om} 是溶质在土壤有机质和水中的分配系数；S_w 是溶质在水中的溶解度。在上式中忽略了水中溶解态和悬浮态的有机质对溶质浓度的微小影响。这种方法计算 Q_{om}^0 值是随土壤的性质不同而不同，这是由于有机质的成分是变化的。对于有机固体来说，Q_{om}^0（ml/g）值由于熔点效应修正因子的影响而降低了，其值可以通过冷液体的值乘以固体活度来获得。

（2）土壤湿度对分配过程的影响

土壤湿度是影响非离子型有机物在土壤中吸附行为的关键因素之一。近几十年来，关于土壤湿度对非离子型有机化合物吸附的影响的研究已开展了深入系统的工作。Spencer 等人（1969 年）、Cliath（1970 年）测定了含有水分的土壤中狄氏剂和高丙体六六六的平衡气相密度。结果表明，在土壤水小于 2.2％ 的粉砂沃土中（0.6％ 有机质），高丙体六六六（大约 50mg/kg）和狄氏剂（100mg/kg）的平衡气相密度明显低于纯化合物的饱和气相密度，这表明农药的施用量远低于土壤的饱和限。然而，当土壤水含量增加到 3.9％ 以上时，将导致平衡气相密度的剧烈增加，它将与纯化合物的饱和气相密度的量相等，且当水分增加到该地的田间持水量（17％）时，其值保持不变。狄氏剂在 30℃ 和 40℃ 时的气相密度随土壤含水量的变化结果如图 4-10 所示。当土壤水分低时，加入 100mg/g 狄氏剂（相当于 17mg/g 有机质）和 50mg/g（相当于 8.3mg/g 有机质）高丙体六六六，其平衡气相密度较低，而当土壤潮湿时，其平衡气相密度接近该温度下的饱和气相密度。这说明，干土时，由于土壤矿物表面的强烈吸附，使得狄氏剂和高丙体六六六大量吸附在土壤中；相反，湿土时，由于水分子的竞争作用，土壤中农药的吸附量减少，气相密度增加。

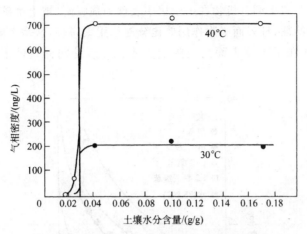

图 4-10　狄氏剂气相密度随土壤含水量的变化

1985 年 Chiou 等研究了不同水分相对含量对 m-二氯苯的吸附等温线,进一步证明土壤水分含量对非离子型有机物吸附量的影响,如图 4-11 所示。随着相对湿度增加,土壤吸附量逐渐减少,等温线也更接近直线。在相对湿度为 90% 时,吸附等温线已非常近似于水溶液条件下的等温线。在相对湿度较低时,土壤中吸附作用和分配作用同时发生,吸附等温线为非线性的;在相对湿度超过 50% 时,由于水分子强烈竞争矿物质表面的吸附位,使非离子型有机物在矿物质表面的吸附量迅速降低,分配作用占据主导地位;吸附等温线接近线性。如图 4-12 所示,为干燥(无水)土壤对不同水分相对含量有机物的吸附量。由图可见,干土壤对苯、氯苯、p-二氯苯、m-二氯苯 1,2,4-三氯苯以及水蒸气都表现出很强的吸附性,吸附等温线为非线性的,与非离子型有机物在土壤-水体系中的吸附特性完全不同。由于在干土壤中,没有水分子与非离子型有机物竞争,所以这些有机物都可以被土壤矿物质表面所吸附。当然,吸附的强弱程度与吸附质的极性有关。极性越大者吸附量越大。在此土壤中有机质对非极性有机物的分配作

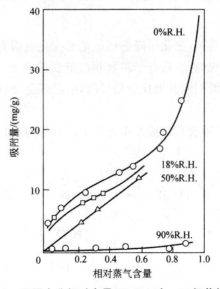

图 4-11　不同水分相对含量(R. H.)对 m-二氯苯的吸附

用也同时发生,因此,非离子型有机物在干土壤中表现为强吸附(被土壤矿物质吸附)和高分配(在土壤有机质中)的特征,且表面吸附作用要比分配作用大得多,这是土壤对有机物具有最大吸附量。例如,二氯苯在干土壤表面的吸附量为 45mg/g,是同样条件下从水溶液中吸附的100 倍。

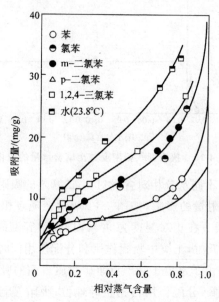

图 4-12 干 Woodbum 土壤在 20℃ 时对有机物的吸附

5.农药在土壤环境中的降解

农药在土壤环境中的降解分为非生物降解和生物降解,农药的非生物降解过程在消除土壤中的许多农药方面起着重要作用。例如,光化学降解、化学降解均是非生物降解的主要化学反应类型。

(1)光化学降解

对于施用于土壤表面的农药,光化学降解可能是其变化或消失的一个重要途径。

据研究农药光降解的过程为,农药分子吸收相应波长的光子,发生化学键断裂,形成中间产物自由基,随后,自由基与溶剂或其他反应物反应,引起氧化、脱烷基、异构化、水解或置换反应等,得到光解产物。

有报道,各种类型的许多种农药都能发生光化学降解作用,如有机磷酸酯类农药的光降解过程为:

总反应为：

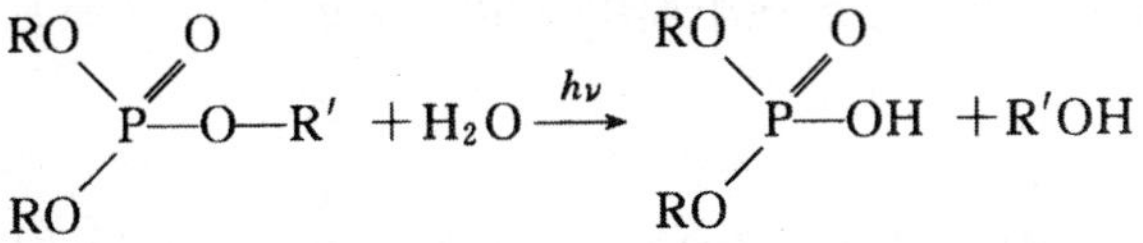

$$
\begin{array}{c}
\underset{\underset{RO}{\displaystyle |}}{RO}\!\!\diagdown\!\!\underset{\displaystyle}{P}\!\!\diagup\!\!\overset{\displaystyle O}{}\!\!-\!\!R' + H_2O \xrightarrow{h\nu} \underset{\underset{RO}{\displaystyle |}}{RO}\!\!\diagdown\!\!\underset{\displaystyle}{P}\!\!\diagup\!\!\overset{\displaystyle O}{}\!\!-\!\!OH + R'OH
\end{array}
$$

磷酸酯类农药，在紫外线照射下，如有水共存时，即可发生光水解过程。水解发生的部位，通常是在酯基上，产物的毒性小于母体。

又如除草剂氟乐灵的光降解历程为：

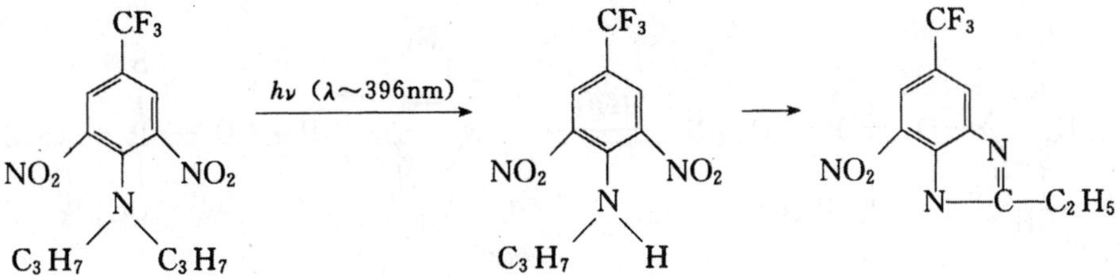

$$\xrightarrow{h\nu\ (\lambda\sim396\text{nm})}$$

氟乐灵吸收光子，光解脱烷基，而后异构化，生成苯并咪唑。

硫化磷酸酯类农药的光降解过程为：

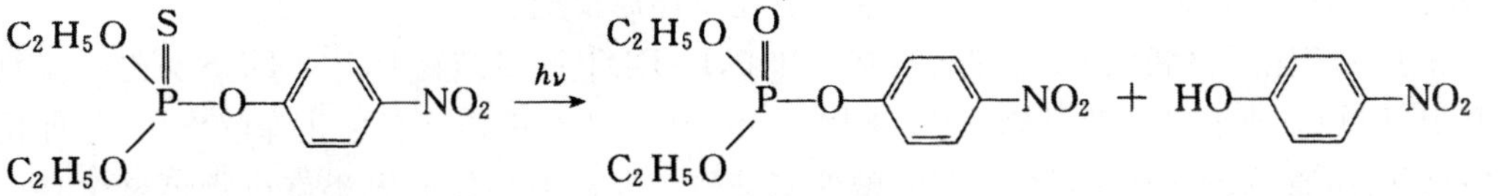

对硫磷（1605）　　　　　　　　**对氧磷**（1600）

对硫磷经光氧化反应形成对氧磷，毒性增大。

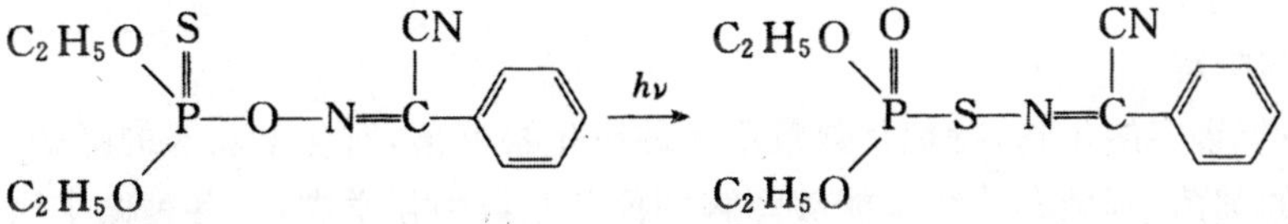

辛硫磷

辛硫磷经光催化，异构化反应，使其由硫酮式转变为硫醇式，毒性增大。

有机氯农药在紫外光作用下的降解过程，主要有两种类型，一类是脱氯过程，另一类是分子内重排，形成与原化合物相似的同分异构体。

化学农药光降解作用，形成的产物有的毒性较母体降低，有的毒性较母体更大。

我国学者（陈崇愬）曾在实验室对 35 种化学农药的光解速率进行研究，结果表明，不同类别的农药其光解速率按下列次序递减：

有机磷类＞氨基甲酸酯类＞均三氮苯类＞有机氯类

农药化合物对光的敏感性表明，光化学反应，在土壤中农药的降解中有着潜在的重要性，是决定化学农药在土壤环境中残留期长短的重要因素之一。

（2）化学降解

农药的化学降解可分为催化反应和非催化反应。非催化反应包括水解、氧化、异构化、离子化等作用,其中水解和氧化反应最重要。

①水解作用。如有机磷酯杀虫剂在土壤中发生水解反应,可表示如下:

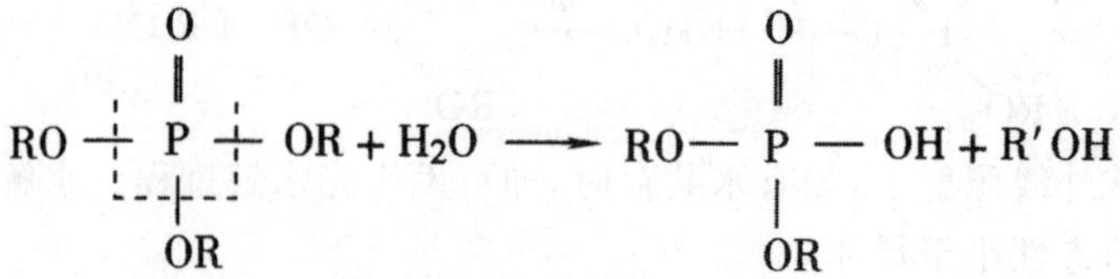

$$RO \rightmid P \rightmid OR + H_2O \longrightarrow RO - P - OH + R'OH$$

有机磷酸叔酯的水解反应可表示如下:

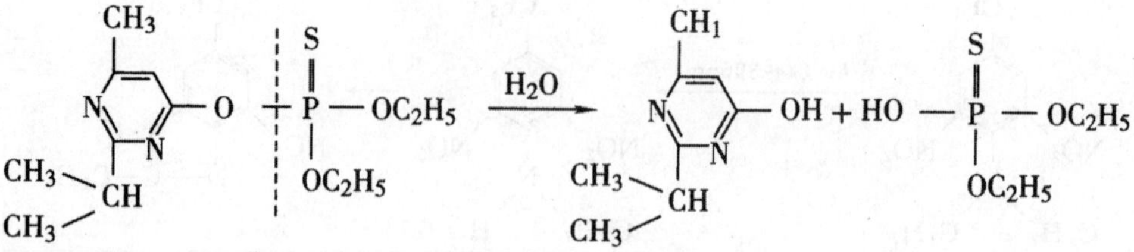

②氧化作用。有人曾经用氯代烃农药进行氧化试验,指出林丹、艾氏剂和狄氏剂在臭氧氧化或曝气作用下都能够被去除。实验证明,土壤无机组分作催化剂能使艾氏剂氧化成为狄氏剂;铁、钴、锰的碳酸盐及硫化物也能起催化氧化及还原反应。

许多农药能降解氧化生成羧基、羟基。如 P,P'-DDT 脱氯产物 P,P'-DDNS 可进一步氧化为 P,P'-DDA。在农药的化学降解中,土壤中无机矿物及有机物能起催化降解作用,如催化农药的氧化、还原、水解和异构化。例如,碱性氨基酸类及还原性铁卟啉类有机物可催化有机磷农药的水解和 DDT 脱 HCl;Cu^{2+} 能促进有机磷酯类农药的水解;粘粒表面的 H^+ 或 OH^- 能催化狄氏剂的异构化和阿特拉津及 DDT 的水解反应;土壤中游离氧以及 H_2O 等也能对某些化学农药的化学降解起催化作用。

(3)微生物降解

土壤中种类繁多的生物,特别是数量巨大的微生物群落,对化学农药的降解贡献最大。已证实,有许多的细菌、真菌和放线菌能够降解一种乃至数种化学农药,各种微生物的协同作用,还可进一步增强降解潜力。

土壤中农药微生物降解的反应是极其复杂的。目前已知的化学农药的微生物降解的机制主要有:脱氯作用、氧化-还原作用、脱烷基作用、水解作用、芳环破裂作用等。

①脱氯作用。有机氯农药,在微生物的还原脱氯酶作用下,可脱去取代基氯。如 P,P'-DDT 可通过脱氯作用变为 P,P'-DDD,或是脱去氯化氢,变为 P,P'-DDE。

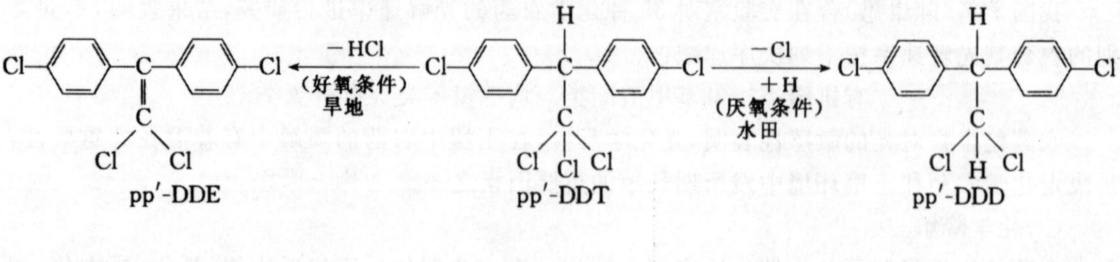

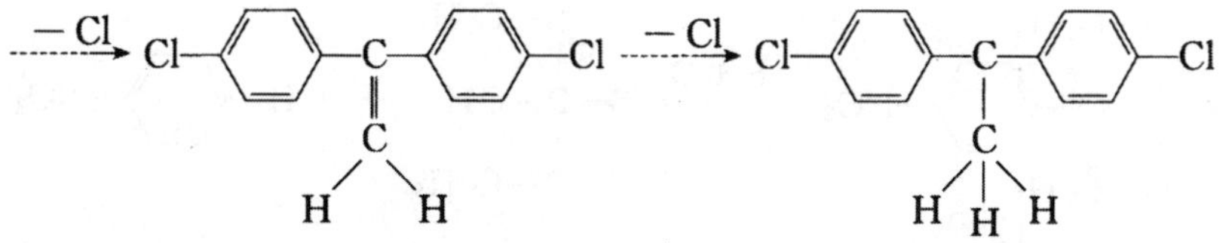

DDNU　　　　　　　　　DDNS

DDT 由于分子中特定位置上的氯原子,化学性质非常稳定。因此,在微生物作用下脱氯和脱氯化氢成为其主要的降解途径。P,P′-DDE 极稳定,P,P′-DDD 还可通过脱氯作用继续降解,形成一系列脱氯型化合物。如 DDNU、DDNS 等。代谢产物 DDD、DDE 的毒性均比 DDT 低得多,但 DDE 仍具有慢性毒性,而且在水中溶解度比 DDT 大,易进入植物体内积累,因此应注意此类农药降解产物在环境中的积累和危害。

②氧化作用。许多农药在微生物作用下,可发生氧化反应,如羟基化、脱氢基、醚键开裂、环氧化等。以 P,P′-DDT 氧化反应为例。P,P′-DDT 脱氯后产物 P,P′-DDNS 在微生物氧化酶作用下,可进一步氧化形成 DDA。

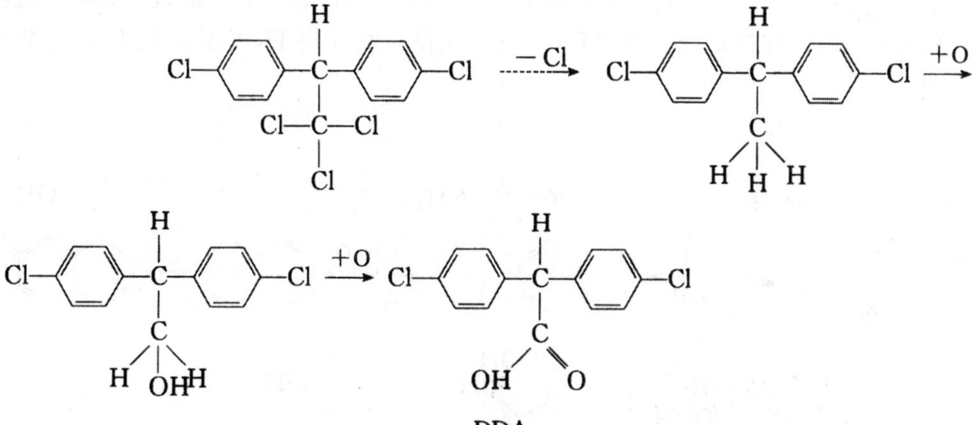

DDA

③脱烷基作用。当农药分子中的烷基与氮、氧或硫原子相联结时,这类农药在微生物作用下,常发生脱烷基作用。如三氮苯类除草剂,在微生物作用下易发生脱烷基。

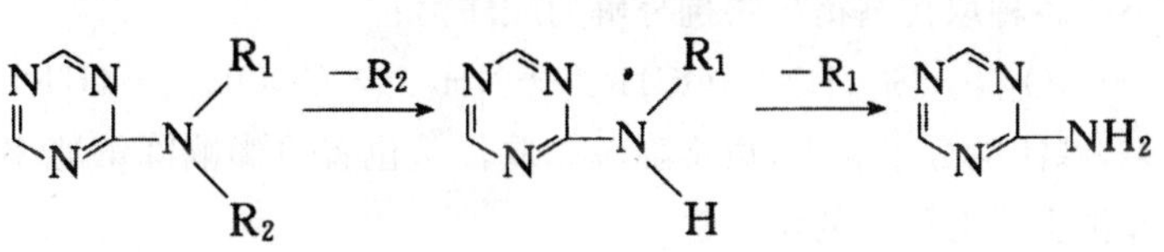

二烷基胺三氮苯在微生物作用下可脱去两个烷基,但形成的产物比原化合物毒性更大。所以,农药的脱烷基作用并不伴随发生去毒作用,只有脱去氨基和环破裂它才能成为无毒物质。

④水解作用。许多酯类农药(如磷酸酯类和苯氧乙酸酯类等)和酰胺类农药,在微生物水解酶作用下,其中的酯键和酰胺键易发生水解,而迅速被分解。如:

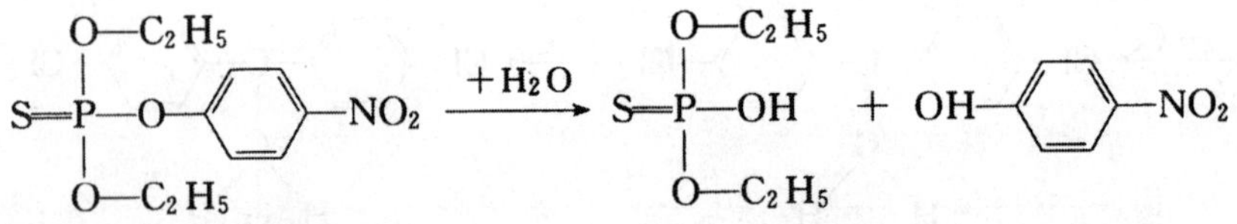

对硫磷在微生物水解酶的作用下，几天时间即可被分解，毒性基本消失。对这类农药而言，应注意使用过程中的急性中毒。

⑤还原作用。某些农药在厌氧环境，经厌氧微生物作用可发生还原作用，如：

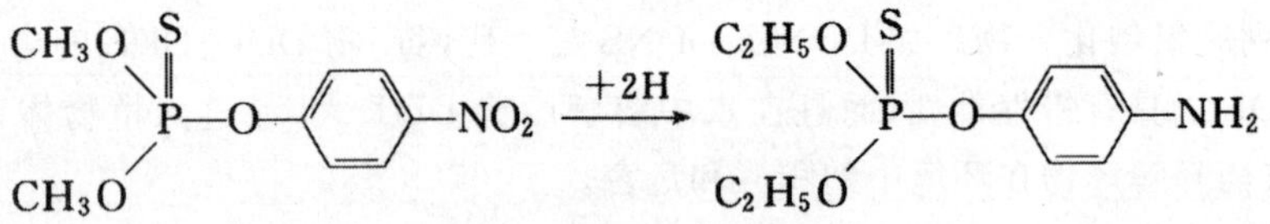

甲基对硫磷　　　　　　　　　　**甲基氨基对氧磷**

有机磷农药，甲基对硫磷，经还原作用，硝基还原为氨基，变为甲基氨基对硫磷。

⑥芳环破裂作用。许多土壤细菌和真菌，能引起芳香环破裂。芳环破裂是芳环有机物在土壤中彻底降解的关键性步骤。如农药西维因，在微生物作用下，经逐一开环，最终分解为 CO_2 和 H_2O。

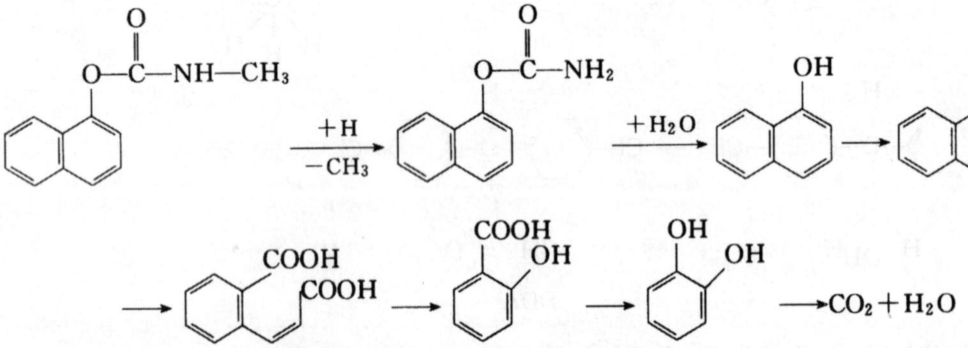

对于具有芳环的有机农药，影响其降解速度的是化合物分子中取代基的种类、数量、位置以及取代基的大小。各种取代基衍生物抗分解的顺序为：

$$-NO_2 > -SO_3H > -OCH_3 > -NH_2 > -COOH > -OH$$

取代基的数量愈多，基团的分子愈大，愈难降解。取代基位置也影响降解速率，取代基在间位上的化合物比在邻位上或对位上的难分解。

6.农药在土壤中的残留

由于各种农药的化学结构、性质的不同，因此，在环境中的分解难易就不同。在一定的土壤条件下，每一种农药都有各自相对的稳定性，它们在土壤中的持续性是不同的。农药在土壤中的持续性常用半衰期和残留期来表示。半衰期是指施药后附着于土壤的农药因降解等原因含量减少一半所需要的时间；残留期是指土壤的农药因降解等原因含量减少 $75\% \sim 100\%$ 所需要的时间。

许多实验结果表明,有机氯农药在土壤中残留期最长,一般都有数年至二三十年之久;其次是均三氮杂苯类、取代脲类和苯氧乙酸类除草剂,残留期一般在数月至一年左右;有机磷和氨基甲酸类的一些杀菌剂,残留时间一般只有几天或几周,在土壤中很少有积累。但也有少数有机磷农药在土壤中的残留期较长,如二嗪农的残留期可达数月之久。

各种农药在土壤中残留时间的长短,除主要取决于农药本身的理化性质外,还与土壤质地、有机质含量、酸碱度、水分含量、土壤微生物群落、耕作制度和作物类型等多种因素有关。例如,农药在有机质含量高的土壤中比在砂质土壤中残留的时间长,其顺序为:

有机质土壤＞砂壤＞粉砂壤＞粘壤

如表 4-5 所示,是治线磷在不同土壤中的半衰期。

表 4-5　治线磷在不同土壤中的半衰期

土壤类型	半衰期/周	土壤类型	半衰期/周
有机质土壤	10.0	粉砂壤	4.0
砂壤	6.0	黏壤	1.5

注:引自谢荣武编著的《农药污染与防治》,由河北人民出版社于 1983 年出版。

在有机质含量高的土壤中,农药残留期较长的原因,有人认为是农药可溶于土壤有机质中的酯类内,使之免受细菌的分解所致。

土壤 pH 值较高时,一般农药的消失速度均较快。例如,农药 1605 在碱性土壤中的残留量比在酸性土壤中少 20%～30%。此外,一般土壤当水分适宜、温度较高时,农药的残留期均相对较短。

土壤微生物的种群、数量、活性等均对农药的残留期产生很大影响。设法筛选和培育能够分解某种农药的微生物,然后将此微生物施放入土壤,并创造良好的土壤环境条件,以促进微生物的繁殖和增强活性,乃是消除土壤农药污染的重要措施。

近十多年来,人们应用同位 ^{14}C 示踪技术和燃烧法研究土壤中农药残留的动态,发现土壤中存在着结合态农药残留物,其数量占到农药施用量的 7%～90%。同时提出了一个新的概念,即农药的键型残留问题。在此之前所谓农药在土壤中的残留主要认为是以有机溶剂反复萃取土壤中的农药所得到的残留物。但是,现在发现有些农药施于土壤中,其农药分子本身或分解代谢的中间产物(如苯胺以及衍生物)能与土壤有机物结合,生成稳定的键型残留物,并能长期残留在土壤中,而不为一般有机溶剂所萃取。这种结合态的农药残留物的生物效应、毒性及其对土壤性质和环境的影响,目前知之甚少。因此,关于农药及其分解的中间产物在土壤中的键型残留问题,引起了环境科学工作者的注意。

各种农药在土壤中残留时间的长短,对环境保护工作与植物保护工作两者的意义是不同的。对于环境保护来说,希望各种农药的残留愈短愈好。但是,从植物保护的角度来说,如果残留期太短,就难以达到理想的防治效果,特别是用作土壤处理的农药,更是希望残留期要长一些,才能达到预期的目的。因此,对于农药残留期的评价,要从防止污染和提高药效两方面来衡量,两者不能偏废。从理想状态来说,农药的毒性、药效保持的时间能长到足以控制目标生物,又衰退得足够快,以致对目标生物无持续影响,并免于环境遭受污染。

4.3.3 其他污染物质在土壤中的迁移转化

1. 氟在土壤中的迁移转化

氟是一种具有毒性的元素。地方性氟中毒就是由于长期摄入过量的氟化物所造成的,其主要症状表现为氟斑牙和氟骨症。氟也是重要的生命必需微量元素,适量的氟可防止血管钙化,氟不足时常出现佝偻病、骨质松脆和龋齿流行。

氟在自然界的分布主要以萤石(CaF_2)、冰晶石(Na_3AlF_6)和磷灰石$[Ca_5F(PO_4)_3]$等矿物形式存在。土壤环境中氟污染主要来源:一是富氟矿物的开采和扩散;二是在生产过程中使用含氟矿物或氟化物为原料的工业,如炼铝厂、炼钢厂、磷肥厂、玻璃厂、砖瓦厂、陶瓷厂和氟化物生产厂(如塑料、农药、制冷剂和灭火剂等)的"三废"排放;三是燃烧高氟原煤所排放到环境中的氟。所以,在这些矿山、工厂和发电厂附近,以及施用含氟磷肥的土壤中容易引起氟污染。此外,引用含氟超标的水源(地表水或地下水)灌溉农田,或因地下水中含氟量较高,当干旱时氟随水分的上升、蒸发而向表层土壤迁移、累积,也可导致土壤环境的氟污染。例如,在我国的西北、东北和华北存在大片干旱的富氟盐渍低洼地区,其表层土壤含氟量可达 2000mg/kg,是一般土壤背景值的 10 倍。

氟可在土壤-植物系统中迁移与累积。研究表明:F^- 易与土壤中带正电荷的胶体如含水氧化铝等相结合,相对交换能力较强,有些甚至能够生成难溶性的氟铝硅酸盐、氟磷酸盐以及氟化钙、氟化镁等,从而在土壤中累积,浓度逐渐增高。

土壤中的氟以各种不同的化合物形态存在,大部分为不溶性或难溶性的化合物。同时土壤中的氟化物可随水分状况以及土壤的 pH 值等条件的改变而发生迁移转化。例如,当土壤的 pH 小于 5 时,土壤中活性 Al^{3+} 的量增加,F^- 可与 Al^{3+} 形成可溶性配离子 AlF^{2+}、AlF_2^+,这两种配离子可随水进行迁移且易被植物吸收,并在植物体内累积。但当在酸性土壤中加入石灰时,大量的活性氟将被 Ca^{2+} 牢固地固定下来,从而可大大降低水溶性的 F^- 含量。在碱性土壤中,因为 Na^+ 含量较高,氟常以 NaF 等可溶盐的形式存在,从而增大了土壤溶液中 F^- 的含量,并可引起地下水源的氟污染。当施入石膏后,可相对降低土壤溶液中 F^- 的含量。

植物对土壤中氟的迁移与累积也有一定影响。土壤中的氟化物通过植物根部的吸收,通过茎部积累在叶组织中,最终在叶的尖端和边缘部分集积。植物的叶片也可直接吸收大气中气态的氟化物,特别是桑树、茶叶以及牧草等植物,对大气中的 HF 非常敏感,可以直接吸收且积累氟,造成氟最终以各种形态存在在土壤表层。

2. 有机污染物的迁移转化

土壤中的有机污染物除了有机农药外,其他类型的可归纳为两类:天然有机物和人工合成有机物。对于当前土壤污染中的有机污染物,大部分来自人工合成的有毒有机物。

(1)有毒污染物

土壤中的有毒污染物主要是指酚类化合物、稠环芳烃、多氯联苯以及有机农药等。它们共同的污染特性是生物毒性。

酚类化合物的主要来源是工业废水的排放。含酚废水是一种污染范围广、危害性大的工业废水。主要来自焦化厂、煤气厂、绝缘材料厂、石油化工工业、合成染料和制药厂等。生活污水中也含有酚,主要来自粪便和含氮有机物的分解。

用含高浓度酚的废水灌溉农田,对作物有直接的毒害作用,主要表现为抑制光合作用和酶的活性,妨碍细胞膜的功能,破坏植物生长素的形成,影响植物对水分的吸收。

(2)需氧有机污染物

需氧有机污染物主要是指天然有机化合物,这些有机物在分解时会消耗掉大量的氧气,使得土壤的 E_h 值下降,同时有机物的降解随之减弱,并产生硫化氢、甲烷、醇、有机酸等一系列还原性物质,直接危害土壤中农作物的生长发育,甚至使植物根部腐烂死亡。

(3)酚的迁移转化

天然土壤中的酚类主要存在于腐殖质中或施入的有机肥料中,外源酚主要存在于土壤溶液中以极性吸附方式被土壤胶体吸附,也有极少部分与其他化学物质相结合,形成结合酚。因此,进入土壤的酚受土壤微粒的阻滞、吸附而大量留在土层上层,其中大部分组分经挥发而逸散进入空气中,其挥发程度与气温成正比。这是土壤外源酚净化的重要途径。

土壤微生物对酚具有分解净化作用。能迅速分解酚,其净化机制为生物化学分解,分解速度取决于酚化合物的结构、起始浓度、微生物条件、温度等因素。例如,酚细菌、多酚氧化酶和一些分解酶的多种细菌。

植物对酚的吸收与同化作用,进入土壤的外源酚,可以通过植物的维管束运输到植物各器官,尤其是生长旺盛的器官。进入植物体内的酚,很少是游离状态存在。另外,大多与其他物质形成复杂的化合物。另外,植株也可以将吸收的苯酚中的一部分转化成二氧化碳放出。土壤空气中的氧对酚类化合物具有氧化作用,其氧化速率非常缓慢,其最后分解产物为二氧化碳、水和脂肪。

土壤及植物对酚具有一定的净化作用,但当外源酚含量超过其净化能力时,将造成酚在土壤中的积累,并对作物产生毒害。

4.4　土壤污染的防治修复技术

污染土壤修复的工艺原理是指利用物理、化学和生物等的方法转移、吸收、降解和转化土壤中的污染物,使其含量降低到可接受水平,或将有毒有害的污染物转化为无害的物质。其中物理方法主要包括物理分离法、溶液淋洗法、固化稳定法、冻融法以及电动力法;化学方法主要包括溶剂萃取法、氧化法、还原法以及土壤改良剂投加技术等。作为污染土壤修复技术主体的生物修复方法,可分为微生物修复、植物修复与动物修复三种,其中又以微生物与植物修复应用最为广泛。从根本上说,污染土壤修复的技术原理可包括为如下两类:

①改变污染物在土壤中的存在形态或同土壤的结合方式,降低其在环境中的可迁移性与生物可利用性。

②降低土壤中有害物质的含量。

从农作物耕作角度来讲:土壤经过一定时期的种植或由于种植不当导致土壤生物学环境恶化、土壤理化性状的劣化、土壤肥力下降、农作物歉收,从而需要对土壤实施有计划的调控。其调控主要目的是培育高产的肥沃土壤,主要措施包括搞好农田基本建设、增施有机肥、扩种绿肥、深耕改土、熟化耕层、合理轮作、科学施肥和合理灌溉等。从土壤重金属污染来讲:土壤中有害重金属积累到一定程度,不仅会导致土壤退化,农作物产量和品质下降,而且还可以通过径流、淋失作用污染地表水和地下水,恶化水文环境,并可能直接毒害植物或通过食物链途径危害人体健康。这里讲的土壤调控指的是后者。目前,世界各国对土壤重金属污染修复技术进行广泛的研究,取得了可喜的进展。调控技术或修复技术主要有工程措施修复、物理化学修复和植物修复技术等。

4.4.1　污染土壤的工程修复技术

污染土壤的工程修复技术指通过人工的方法对被污染的土壤进行修复、调控或改良。下面简要介绍目前国内外实施的几种工程修复技术。

(1)客土法、换土法和深耕翻土法

这三种方法是人们最早应用于土壤污染治理的方法。客土法是指将别处非污染的土壤覆盖在被污染土壤上,降低污染物对农作物影响的方法。换土法是指将污染土壤部分或全部挖除,换上非污染土壤的方法。深耕翻土法就是把污染土壤就地挖坑深埋,将未污染的土壤翻出覆盖在污染土壤上面。这是三种有效修复治理重金属严重污染的土壤的方法。但因为实施起来往往需要花费大量的人力和物力,深耕翻土用于轻度污染的土壤,而客土和换土则是用于重污染区的常见方法,故只适用于污染特别严重且区域小的被污染土壤。在这方面日本取得了成功的经验。

(2)淋溶法

对污染土壤用溶剂水淋冲,使土壤中的重金属被化合或溶解而随水溶液流走,从而达到降低土壤中金属含量的目的。此法的技术关键在溶剂或.处理剂的选择和开发,开发一种能同时处理有机污染物和重金属的处理剂就成为该项技术研究的热点之一。淋溶法的缺点是处理过程要消耗大量的水和处理剂,有的处理剂本身也会造成污染。另外,淋溶法难以保证污染物和处理剂充分接触,难以确定处理的完全程度。

(3)土壤冲洗法

由于土壤中的重金属绝大部分被吸附、固定在土颗粒的表面,如果将这部分颗粒分离出来集中进行处理,不但可以大大减少需要处理的物质的量,而且."干净"的部分还可以归还原处。土壤冲洗就是将挖掘出的地表土壤用冲洗、过筛、旋液分离、浮选、磁选等物理方法将土壤分成粗砾、砂砾、砂和淤泥四个部分。粗砾和砂砾部分可以回填。而重金属富集的淤泥部分经絮凝、浓缩、压滤脱水形成淤泥饼,进行填埋处理。其缺点是不适合大规模操作。

(4)电动力学法

电动力学法是在土壤中加一直流电场,在电解、电迁移、扩散、电渗、电泳的作用下,污染物(包括有机污染物和重金属离子)在电场中做相对运动流向土壤中的一个电极处,并通过工程化的收集系统收集起来进行处理的方法。但对有机质含量高、缓冲能力大的土壤以及土壤中有大于10cm的金属固体、绝缘物体都会影响电动力学法的效果。

(5)热解吸法

热解吸法主要用于修复受挥发性污染物污染的土壤。其方法是向土壤中通入热蒸汽或用射频加热等方法将挥发性污染物赶出土壤并收集起来进行处理。这项技术可用于有机物、汞等挥发性污染物污染土壤的修复。它的不足之处在于土壤有机质和结构水遭到破坏,驱赶土壤水分需要消耗大量能量。

4.4.2　污染土壤的植物修复技术

近年来,利用植物修复技术对重金属所造成的环境污染进行治理,以其更廉价、更易实施及更易为公众所接受而成为关注的热点。如对已被有机氯农药污染的土壤,可通过旱作改水田或水旱轮作的方式予以改良,使土壤中有机氯农药很快地分解排除。若将棉田改水田,可大大加速 DDT 的降解,一年可使 DDT 基本消失。稻棉水旱轮作是消除或减轻农药污染的有效措施。

不同种类的植物遗传学、形态学和解剖学特征或离子运输机制的生理学特性不同,对 Pb,Cr,Hg,Cu 等污染元素的吸收效应存在一定的差异。根据不同作物对重金属元素的吸收效应的特点,针对土壤重金属污染程度的不同,有区别、有选择地种植作物,有利于降低土壤重金属对农产品的污染,使受污染的农田得到合理的开发利用。

植物修复技术就是一种利用自然生长或遗传培育植物修复重金属污染土壤的技术。根据其作用过程和机理,重金属污染土壤的植物修复技术可分为植物提取、植物挥发和植物稳定三种类型。

(1)植物提取

利用重金属超积累植物从土壤中吸取金属污染物,随后收割植物并进行集中处理,连续种植该植物,达到降低或去除土壤重金属污染的目的。目前已发现有 700 多种超积累重金属植物,积累 Cr,Co,Ni,Cu,Pb 的量一般在 0.1% 以上,Mn,Zn 可达到 1% 以上。遏蓝菜属是一种已被鉴定的 Zn 和 Cd 超积累植物,Baker 和 NcGrath 研究发现,土壤含 Zn444mg/kg 时,遏蓝菜的上部 Zn 的含量可达到土壤的 16 倍。柳属的某些物种能大量富集 Cd;印度芥菜对 Cd,Ni,Zn,Cu 富集可分别达到 58,52,31,17 和 7 倍;芥子草等对 Se,Pb,Cr,Cd,Ni,Zn,Cu 具有较强的累积能力;Robinson 报告了高生物量 Ni 超累积植物,每公顷吸收提取 Ni 量可达168kg;高山萤属类可吸收高含量的 Cu,Co,Mn,Pb,Se,d 和 Zn。我国学者对植物提取也进行了一些研究,如在我国南方发现一批 As 超累积植物;刘云国等利用 10 种超积累植物对 Cd 污染土壤进行修复研究;蒋先军等发现,印度芥菜对 Cu,Zn,Pb 污染的土壤有良好修复效果。

(2)植物挥发

其机理是利用植物根系吸收金属,将其转化为气态物质挥发到大气中,以降低土壤污染。目前研究较多的是 Hg 和 Se。湿地上的某些植物可清除土壤中的 Se,其中单质占 75%,挥发态占 20%～25%。挥发态的 Se 主要是通过植物体内的 ATP 硫化酶的作用,还原为可挥发的 CH_3SeCH_3 和 $CH_3SeSeCH_3$;Meagher 等把细菌体中的 Hg 还原酶基因导入芥子科植物,获得耐 Hg 转基因植物,该植物能从土壤中吸收 Hg 并将其还原为挥发性单质 Hg。

(3)植物稳定

利用耐重金属植物或超累积植物降低重金属的活性,从而减少重金属被淋洗到地下水或通过空气扩散进一步污染环境的可能性。其机理主要是通过金属在根部的积累、沉淀或根表吸收来加强土壤中重金属的固化。例如,植物根系分泌物能改变土壤根际环境,可使多价态的 Cr,Hg,As 的价态和形态发生改变,影响其毒性效应。植物的根毛可直接从土壤交换吸附重金属增加根表固定。

第5章 固体废物处置及电子废弃物资源化

5.1 固体废物

5.1.1 固体废物的来源及分类

固体废物是指在社会的生产、流通、消费等一系列活动中产生的,在一定时间和地点无法利用而被丢弃的污染环境的固体、半固体废弃物质。不能排入水体的液态废物和不能排入大气的置于容器中的气态废物,由于多具有较大的危害性,一般也归入固体废物管理体系。

1. 固体废物来源

固体废物主要来源于人类的生产和消费活动,人们在开发资源和制造产品的过程中,必然产生废物。从宏观上讲,可把固体废物来源分成两大方面:一是生产废物,指生产过程中产生的废弃物;二是生活废物,指产品使用过程中产生的废弃物。

生产废物主要来源于工、农业生产部门,其主要发生源是煤炭、冶金、石油化工、电力工业、轻工、原子能以及农业生产部门。由于我国经济发展长期采用大量消耗原料、能源的粗放式经营模式。生产工艺、技术和设备落后,管理水平较低,资源利用率低,使得未能利用的资源、能源大多以固体废物的形式进入环境,导致生产废物大量的产生。

生活废物主要是城市生活垃圾。城市生活垃圾的产生量随季节、生活水平、生活习惯、生活能源结构、城市规模和地理环境等因素而变化。总体来说,工业发达国家城市垃圾增长速度大致保持在2%~4%。我国正处于经济快速发展时期,垃圾增长速度较快,目前年增长率在8%~10%左右。表5-1列出从各类发生源产生的主要固体废物。

表5-1 从各类发生源产生的主要固体废物

发生源	产生的主要固体废物
矿业	废石、尾矿、金属、废木、砖瓦和水泥、砂石等
冶金、金属结构、交通、机械等工业	金属、渣、砂石、陶瓷、涂料、管道、绝热和绝缘材料、黏结剂、污垢、废木、塑料、橡胶、纸、各种建筑材料、烟尘等
橡胶、皮革、塑料等工业	橡胶、塑料、皮革、纤维、染料等
石油化工工业	化学药剂、塑料、金属、橡胶、沥青、陶瓷、石棉、油毡、涂料等
食品加工业	肉、谷物、蔬菜、硬壳果、水果等
建筑材料工业	金属、水泥、黏土、陶瓷、石膏、石棉、砂、石、纸、纤维等
造纸、木材、印刷等工业	碎木、锯末、刨花、化学药剂、金属、塑料等

发生源	产生的主要固体废物
电器、仪器仪表等工业	金属、塑料、木、陶瓷、玻璃、橡胶、研磨料、化学药剂、绝缘材料等
纺织服装工业	金属、纤维、塑料、橡胶等
居民生活	金属、瓷、食物、木、布、庭院植物修剪物、玻璃、纸、塑料、燃料灰渣、废器具、碎砖瓦、脏土、粪便等
商业机构、机关	同上,另有管道、碎砌体、沥青及其他建筑材料,含有易爆、易燃腐蚀性、放射性废物以及废汽车、废电器、废器具等
市政维护、管理部门	碎砖瓦、树叶、死禽畜、金属、锅炉灰渣、污泥等
农业	秸秆、蔬菜、水果、果树枝条、人和禽畜粪便、农药等
核工业和放射性医疗单位	金属、含放射性废渣、粉尘、污泥、器具和建筑材料等

2.固体废物种类

由于固体废物的来源广泛,成分复杂,所以有许多不同的分类法,按其组成可分为有机废物和无机废物;按其形态可分为固态废物、半固态废物、液态和气态废物;按其污染特性可分为一般废物和危险废物等。目前我国把固体废物分为 3 类:工业固体废物、生活垃圾和危险废物。

(1)工业固体废物

工业固体废物是指在工业生产活动中产生的固体废物。工业固体废物的特征是数量大、种类繁多、性状复杂,形态有固体、半固体和液态(如废酸、废碱等)。典型的工业固体废物主要有冶金工业固体废物、能源固体废物、化学工业固体废物、矿业固体废物、粮食、食品工业固体废物

(2)生活垃圾

生活垃圾,是指在日常生活中或者为日常生活提供服务的活动中产生的固体废物以及法律、行政法规规定视为生活垃圾的固体废物。生活垃圾主要产自居民家庭、城市商业、餐饮业、旅馆业、旅游业、服务业、市政环卫业、交通运输业、文教卫生业和行政事业单位、工业企业以及污水处理厂等。一般可分为城市生活垃圾、城建渣土、商业固体废物、粪便。

工业先进国家城市居民产生的粪便,大都通过下水道输入污水处理场处理。而我国的城市下水处理设施少,粪便需要收集、清运,是城市固体废物的重要组成部分。

(3)危险废物

危险废物又称有害废物,泛指除放射性废物以外,具有毒性、易燃性、反应性、腐蚀性、爆炸性、传染性因而可能对人类的生活环境产生危害的废物。

世界上大部分国家根据有害废物的特性,即急性毒性、易燃性、反应性、腐蚀性、浸出毒性和疾病传染性,均制定了自己的鉴别标准和有害废物名录。联合国环境规划署《控制有害废物越境转移及其处置巴塞尔公约》列出了"应加以控制的废物类别"共 45 类,"须加以特别考虑的废物类别"共 2 类,同时列出了有害废物"危险特性的清单"共 13 种特性。

5.1.2 废弃物的特点及危害

1.固体废物的特点

与废水和废气相比较,固体废物具有自己的固有特征。

①固体废物是各种污染物的最终形态,特别是从污染控制设施排出的固体废物,浓集了许多成分,呈现出多组分混合物的复杂特性和不可稀释性。这是固体废物的重要特点。

②固体废物在自然条件的影响下,其中的一些有害成分会迁移进入大气、水体和土壤之中,参与生态系统的物质循环,造成对环境要素的污染和影响,因而,固体废物具有长期的、潜在的危害性。

根据固体废物的特点,固体废物从其生产到运输、储存、处理和处置的每个环节都必须严格妥善地加以控制,使其不危害生态环境。固体废物具有全过程管理的特点。

2.固体废物的污染途径及危害

固体废物对环境的污染和危害往往是多方面的,其污染途径包括污染水体、污染大气、污染土壤及侵占土地等,其示意图如图 5-1 所示。

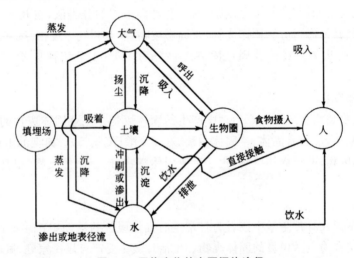

图 5-1 固体废物的主要污染途径

固体废物可以通过不同的途径进入水体,污染水体。将固体废物直接排入地表水;露天堆放的固体废物被地表径流携带进入地表水;飘入空中的细小颗粒物通过湿沉降或干沉降落入地表水;露天堆放和填埋的固体废物,其可溶部分在降水淋溶、沥滤液浸出及渗透作用之下可以经土壤进入地下水。固体废物对水体的污染不仅可能减少水体的面积,而且妨害水生生物的生存,影响水资源的安全使用,威胁人类的健康。

固体废物一般通过几种途径进入大气,使之受到污染。固体废物中的细小颗粒、粉末随风扬散;在固体废物运输和处理过程中缺少相应的防护和净化措施,释放有害气体和粉尘;露天堆放、填埋以及渗入土壤的废物,经挥发及反应放出有毒有害气体。例如,石油化工厂堆放的油渣可能排放一定量的多环芳烃等,煤矸石的自燃散发出大量 SO_2、CO_2 和 NH_3 等。

固体废物长期露天堆放,其有害成分在地表径流和雨水淋溶、渗透作用下,通过土壤孔隙向四周的土壤迁移,有害成分受到土壤的吸附作用和其他作用。随着渗滤水的迁移,有害成分在土壤固相中不同程度地积累,导致土壤成分和结构的改变及对植物生长的危害。固体废物中的废弃农膜,由于其不断老化、破碎,残留在土壤中,危害极大。聚烯烃类薄膜抗机械破碎性强,难以分解,残落在土壤中会阻碍土壤水分、空气、热和肥的流动和转化,使土壤物理性质变差,养分输送困难。大量农膜残留,不利于土壤的翻耕,不利于作物根系的伸展等。未经严格处理的生活垃圾直接进入农田土壤,会破坏土壤的团粒结构和理化性质,使土壤的保水、保肥能力降低。工业固体废物会破坏土壤的生态平衡,如尾矿堆积的严重后果使土地荒芜、居民被迫搬迁。

固体废物不加利用处理,必然占地堆放,堆积量越大,占地面积越大。据估算,每堆积 1 万吨废物,占地需 1 亩左右。很显然,随着社会经济的发展及消费需求的增长,城市垃圾的收纳场地日益显出不足,垃圾占地的矛盾会不断凸现出来。

5.2　固体废物处置技术

5.2.1　固体废物处置的涵义与对象

固体废物处置,又称为固体废物的最终处置(disposal of solid wastes),是指对各项人类活动产生的固体排出物进行有控管理,以无害化为主要目的,长期放置于稳定安全的场所,最大限度地使固体废物与生物圈分离,避免或降低其对地球环境与人类的不利影响而采取的严格科学的工程手段,是固体废物污染控制的末端环节,是解决固体废物的归宿问题。

早期固体废物的处置经常是无控地将固体废物排放、堆积、注入、倾倒入任意的土地场所或水体中,很少考虑其长期的不利影响。随着社会环保意识的增强和环境法规的完善,向水体倾倒和露天堆弃等无控处置被严格禁止,故今天所说的"处置"是指"安全处置"。固体废物的最终处置方法是针对现在的技术手段对暂不利用的人类活动产生的固体废弃物,实现其无害化,确保固体废物中的有害物质,不论现在或将来,都不会对人类生存、发展以及整个地球生态造成不可修复的危害。但是,随着技术的发展和人类经济利益的驱使,在某些条件下,最终处置方法也可实现资源化。例如腐殖质利用、矿化利用、填埋造地、填埋气利用等。

固体废物的最终处置的工作对象包括:经过城市垃圾收运系统收集的生活垃圾、建筑垃圾;经过预处理、综合利用处理后的生活垃圾、工业废渣以及泥状物质、固化后的构件、焚烧后的残渣,需作为固体废物处置的置于容器中的液、气态物品、市政污泥、危险废物等。

5.2.2　固体废物处置的分类和特点

固体废物处置可以根据隔离屏障分类和按处置场所分类 2 种分类方法。

(1)按隔离屏障分类

按照固体废物被隔离的屏障不同,分为人工屏障隔离处置和天然屏障隔离处置两类。人工屏障是指隔离的界面由人为设置,如使用废物容器、废物预稳定化、人工防渗工程等。在实际工作中,人们常常同时采用天然屏障和人工屏障相结合来处置固体废物,以实现对有毒有害物质的有效隔离。天然屏障往往是利用自然界已有的地质构造和特殊地质环境所形成的屏障,也可以是各种圈层之间本身存在的对污染的阻滞作用。按屏障类型不同进行分类,难于具体根据屏障物资的千变万化来进行细分讨论,因此这种分类方法较少采用。

(2)按处置场所分类

按照固体废物处置场所的不同,可分为陆地处置(land disposal)和海洋处置(ocean disposal)两大类。

①陆地处置。其包括农用法、工程库或储留池储存法、土地填埋处置、深井灌注处置。陆地处置具有方法操作简单、方便、投入成本低等优点,但是陆地处置场所总是和人类活动及生物圈循环有关,因此必须按照严格的技术规范,用科学认真的态度来实施。

②海洋处置。主要分为海洋倾倒与远洋焚烧两种方法。近年来,随着人们对保护环境生态重要性认识的加深和总体环境意识的提高,海洋处置已受到越来越多的限制。在大多数场合,海洋处置已被国际公约禁止。

5.2.3 固体废物土地填埋处置

1. 土地填埋处置概述

土地填埋处置为固体废物的地质处置方法,其主要利用各种天然环境、地质防护屏障与工程防护屏障,科学控制固废处置过程中各项污染物质的释出和迁移,降低处置场内生化反应、物理反应的速率,是由传统的废物堆放和土地处置发展起来的、按照工程理论和土工标准对固体废物进行有控管理的综合性科学工程方法。经过几十年的实践应用,土地填埋处置已不是简单的堆、填、覆盖操作,而是逐步向包容封闭、屏障隔离、主动引导抽排等工程储存、综合利用方向发展。

土地填埋处置种类很多,采用的名称也不尽相同。按填埋场的性质或状态可分为好氧填埋、厌氧填埋、准好氧填埋、保管性填埋;按填埋场的地形特征可分为废矿坑填埋、平地填埋、峡谷填埋、山间填埋;按填埋场的水文气象条件可分为干式填埋、湿式填埋、干湿混合填埋;按填埋场的容纳物质类型可分为城市生活垃圾填埋场、危险废物填埋场、污泥填埋场、建筑垃圾填埋场、工业废渣填埋场;按安全程度可分为简易填埋、卫生填埋、安全填埋等;按照填埋场的构造和污染防治原理,可分为衰减型填埋场、全封闭型填埋场、半封闭型填埋场。

根据固废的类别特性以及对水资源保护的目标,可将填埋场分为 6 种类型:一级填埋场,即惰性废物填埋场;二级填埋场,即矿业废物处置场;三级填埋场,即城市生活垃圾填埋场;四级填埋场,即手工业和一般工业废物填埋场;五级填埋场,即危险废物土地安全填埋场;六级填埋场,即特殊废物深地质处置库,或深井灌注。

2. 卫生土地填埋

卫生土地填埋(sanitary landfill)是指对填埋场气体和渗沥液进行较严格地控制的土地填埋方式,主要用于处置城市生活垃圾。

卫生土地填埋不同于土地填埋:卫生填埋过程中采取了底部防渗、侧层防渗与废气收集处理,垃圾表层覆盖压实作业等措施,从而避免了简易土地填埋方式下产生的二次污染。当代的卫生土地填埋处置技术利用综合性科学体系全面处理垃圾,减少污染。卫生土地填埋分为好氧、厌氧和准好氧三种类型。

3.安全土地填埋

安全土地填埋主要是针对处理有害有毒废物而发展起来的方法。安全土地填埋与卫生土地填埋的主要区别在于:安全土地填埋对入场废料的成分要求更严格,要避免不相容废物的混合引发新的有害反应;对衬垫材料的品质要求更严格,应注意衬垫材料的稳定性,废物与衬垫的相容性;下层土壤或与衬里相结合处的渗透率应小于 10cm/s;要配备更严格的浸出液收集、处理及监测系统。

安全土地填埋从理论上讲可以处置一切有害和无害的废物,但是实际中对有毒物进行填埋处置时还是要谨慎,至少应首先进行稳定化处理。对于易燃性废物、化学性强的废物、挥发性废物和大多数液体、半固体和污泥,一般不要采用土地填埋方法。土地填埋也不应处置互不相容的废物,以免混合以后发生爆炸,产生或释放出有害、有毒气体。

5.2.4　生活垃圾卫生填埋场

1.填埋场的规模与库容

填埋场的规模与库容的计算涉及人均垃圾产量的计算、需要库容量的计算、实际库容量的核算等几个方面。

(1)人均垃圾产量

决定人均垃圾产量的要素有多种。这些因素主要是影响生活垃圾的成分,使得垃圾组分具有复杂性、多变性和地域差异性,继而影响人均垃圾产量。

实际应用中应该以实测的现状人均垃圾产量为基础,依照城镇总体规划、燃气规划、环卫规划,分别确定规划近期、中期与远期的生活垃圾组成成分以及人均垃圾产量。

(2)需要库容的计算

填埋场设计规模的确定

①垃圾日产量估算与预测。

②垃圾填埋场的设计日处理量。当所研究的城镇存在填埋法之外的其他垃圾处理方法或者存在值得计入拾荒、回收量时,实测或计算出的垃圾日产量并不等于垃圾处理项目的设计处理量。

$$垃圾填埋场设计日处理量=垃圾平均日产量-非填埋法垃圾日处理量$$

其中,非填埋法处理量包括城镇垃圾的有组织回收利用量、无组织拾荒量、堆肥处理量、焚烧处理量以及工业固废新技术开发综合利用。

计算中需注意如下问题:

①垃圾年产量=垃圾填埋场设计日处理量×每年的总天数。

②填埋垃圾体积=垃圾年产量(重量)÷填埋后的垃圾密度。填埋后的垃圾密度是指填埋场内经过压实机压实成紧固状态的垃圾密度。其数值与垃圾理化成分、气候、填埋机械都有关系。

③覆盖料体积。填埋场的覆盖料包括日覆盖、中间覆盖、终场覆盖三种类型。所有这些覆盖层的体积都将占用填埋场的需要库容。若以最严格的覆盖规程计算,填埋场总覆土量可占填埋场总容量约为 1/3,但在降雨量较小、垃圾有机成分较低且土源紧张的地区,总覆土量可

以填埋场总容量的 $13\%\sim20\%$ 进行保守预估。

④总填埋体积＝填埋垃圾体积＋覆盖料体积。

⑤沉降后体积计算。城市生活垃圾填埋场无论在填埋过程中还是封顶后都会产生显著的沉降，填埋场的沉降可以增加场区的垃圾消纳量。合理地分析填埋体的沉降对估算填埋容量，预测场地服务期限和提高填埋效益都是很重要的。

⑥服务年限。

2.防渗系统

垃圾卫生填埋法主要的工艺之一就是在垃圾堆体与地表之间设置防渗层，将垃圾污染物与土壤、地下水隔开，防止垃圾堆体中流出的渗沥液污染土壤和地下水。良好的地质屏障和设计合理的防渗系统是实现上述目标所必需的。

（1）防渗处理的两种方式

填埋场的防渗处理包含水平防渗和垂直防渗两种方式。水平防渗是指防渗层水平方向布置，防止垃圾渗沥液向下渗透污染地下水；垂直防渗是指防渗层竖向布置，防止垃圾渗沥液向周围渗透污染地下水。一般填埋场的防渗衬层系统可采用水平基础密封和斜坡密封相结合的技术，在填埋场底部和边坡铺设防渗衬垫层。

水平防渗是指用人工衬层将填埋场与垃圾堆体完全隔离，以防止渗沥液外渗。侧面防渗通常也归入水平防渗。侧面防渗亦常采用高密度聚乙烯（HDPE）土工膜防渗。具体做法为：在清理、平整的边坡上先铺保护层，再铺设与底部构造相同的两层土工布夹一层（HDPE）土工膜。在预留的锚固平台上的锚固沟内进行膜的锚固。垃圾坝上游面的防渗作法同侧面防渗。

垂直防渗系指采用帷幕灌浆直达场底不透水层的办法防渗，用于防止填埋场内的垃圾渗沥液渗出场外，防止污染。填埋场内的地下水由于防渗帷幕的阻拦，不能按原来的渗流路线排泄，随着水位升高到场底以上，和垃圾渗沥液混合，一并排入渗沥液调节池。

（2）防渗结构的类型

防渗结构的类型有单层防渗结构和双层防渗结构两种。单层防渗结构的层次从上至下为渗沥液收集导排系统、防渗层（含防渗材料及保护材料）、基础层、地下水收集导排系统。双层防渗结构的层次从上至下为渗沥液收集导排系统、主防渗层（含防渗材料及保护材料）、渗漏检测层、次防渗层（含防渗材料及保护材料）、基础层、地下水收集导排系统。

（3）防渗材料

填埋场所选用的防渗衬层材料通常可分为三类：

①天然和有机复合防渗材料，主要指聚合物水泥混凝土（PCC）防渗材料、沥青水泥混凝土材料。

②无机天然防渗材料，主要有黏土、亚黏土、膨润土等。

③人工合成有机材料，主要是塑料卷材、橡胶、沥青涂层等。垃圾填埋场防渗系统工程中应使用的土工合成材料主要有高密度聚乙烯（HDPE）膜、GCL、土工布、土工复合排水网等。

5.2.5　放射性固废的地质处置

1.中低放射性废物的浅地层埋藏

浅地层埋藏处置主要适于处置用容器盛装的中低放射性固体废物。

通常所说的核废料包括两大类,中低放射性核废料与高放射性核废料。具有中低放射性的危险废物包括反应堆、后处理厂、核研究中心和放射性同位素使用单位等被放射性污染而不能再用的物体,主要指核电站在发电过程中产生的具有放射性的废液、废物,占到了所有核废料的99%。中低放射性核废料的危害相对较低。

以秦山核电基地为例,截止2006年年底5台机组共产生可燃废物2100m³,可超级压缩废物230m³。此类危险废物不宜采用卫生填埋和安全填埋的方法处置。为了防止其对地球环境以及生物系统的污染,必须采取浅地层埋藏处置,以保证其安全级别。

根据GB 9132—1988《低中水平放射性固体废物的浅地层处置规定》,浅地层埋藏处置是指在浅地表或地下的,具有防护覆盖层的、有工程屏障或没有工程屏障的浅埋处置,埋深一般在地面以下50m内。浅地层埋藏处置分为沟槽式和混凝土结构式两种,操作中主要根据废物的特点及场地的条件来进行选用。

加拿大布鲁斯核电站处置场的上部土层为冰碛土。比利时曾利用其东北部有一定深度的黏土层来处置放射性废物。英国曾在埋藏区开挖深槽至黏土层,将废物填埋后,回填地表土和花岗岩片屑。国际上通行的做法是在地面开挖深约10~20m的壕沟,然后建好各种防辐射工程屏障,将密封好的核废料罐放入其中并掩埋。有时可借助上覆较厚的土壤覆盖层,既可屏蔽废物射线向外辐射,又能防止降水的渗入。

对浅地层埋藏处置的安全评价,涉及确定释放率的浸出试验、回填材料试验、水分运动试验,涉及核素在环境介质中的输送的核素迁移试验、分配系数测量。经历足够的衰变时间、稳定时间后,废料中的放射性物质衰变成了对人体相对无害的物质。

目前我国建成的两个低、中放废物处置场,一个是广东北龙中低放射性核废料处置场,容量6万m³,另一个是西北处置场,容量20万m³。急需在田湾、秦山、三门等核电基地所在地区建设相应的低、中放废物处置场。根据国务院文件,国家在原则上不批准核电站设置废液长期暂存罐,核电站产生的中低水平放射性废液应及时妥善固化。放射性同位素应用单位和其他核科研生产单位暂存的少量放射性废液,也应及时进行固化。核工业系统及其他部门30多年来暂存的中低水平放射性废液,应及时进行固化。

限制中低水平放射性废液固化体和中低水平放射性固体废物的暂存年限。核工业系统及其他部门的中低水平放射性废液固化体,暂存期限以能满足设施运行的要求为限;目前暂存的中低水平放射性固体废物,在处置场建成后必须迅速送处置场处置。城市放射性废物库暂存的少量含长半衰期核素的固体废物,在国家处置场建成后最终也应送处置场。

2.高放废物的深层处置

高放废物俗称为"高放废料",全称为"高水平放射性核废料"(high level radioactive waste)(HLW),是指从核电站反应堆芯中置换出来的燃烧后的核燃料,或者是乏燃料后处理产生的高放废液及其固化体,以及达到相应放射性水平的其他废物。其共性是放射性核素的含量或含量高,释热量大,毒性大,半衰期长达数万年到十万年不等,处理和处置难度大、费用高。

国际原子能机构按处置要求的分类标准把释热率大于 $2kw/m^3$,长寿命核素比活度大于短寿命低中放废物上限值的废物称为高放废物。GB 9133—1995《放射性废物的分类》规定:高放废液的放射性含量大于 $4×10^{10}$ Bq/L;含有半衰期大于 5a 且小于或等于 30a(包括核素铯-137)的放射性核素的高放固体废物,释热率大于 $2kw/m^3$,或比活度大于 $4~10^{10}$ Bq/kg。含有半衰期大于 30a 的放射性核素的废物(不包括仪废物)的高放固体废物,比活度大于 $4×10^{10}$ Bq/L,或释热率大于 $2kw/m^3$。

高放废料对人体危害巨大,如钚(Pu)只需 10mg 就能造成人死亡。受到核废料污染的水体生态环境在几万年内都无法恢复。因此,高放废物在操作和运输过程中需要特殊屏蔽,在核废料处置库建成之前,所有的高放射性核废料只能暂存在核电站的硼水池里。

经过多年的实验与研究,目前公认的处置高放射性核废料的最好方法仍是深地质处置法。其处置过程一般是先将高放废料进行玻璃固化,而后装入可屏蔽辐射的金属罐体中,放入位于地下深处 500~1000m 的特殊处置库内进行永久保存。我国基本选定以花岗岩作为主要的处置介质。国外的处置介质主要有凝灰岩(美国)、黏土岩(比利时)、盐岩(德国)、花岗岩(瑞典、瑞士等)等。

由于深地质处置所涉及的科学机理、社会问题极其复杂,世界各国的高放射性废物处置库选址、建设都很艰难。芬兰 1987 年开始选址,2000 年确定在芬兰西海岸的 Olkiluoto 建设处置国家核废料的埋藏地。存放核废料的铜密封罐将埋放到 400~700m 深的基岩中,岩体由片岩、片麻岩、花岗岩组成,能储存 9000t 的核废料,预计可使用 40 年。美国已经研究了 50 余年,1983 年开始选址,目前尤卡山厂址接近确定,尤卡山核废料处置库工程预算达 962 亿美元,预计 2020 年后开始运行。日本 1976 年开始选址,预计 2040 年后开始运行。图 5-2 所示为尤卡山核废料处置库示意图。

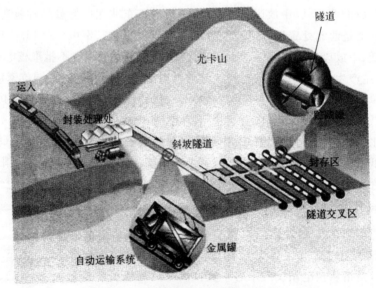

图 5-2 尤卡山核废料处置库示意图

5.3　电子废弃物资源化

5.3.1　电子废弃物概述

1.电子废弃物的来源

电子废弃物(waste electric and electronic equipment,WEEE)是指废弃的电子电气设备及其零部件,俗称电子垃圾。电子废弃物包括生产过程中产生的不合格设备及其零部件;维修过程中产生的报废品及废弃零部件;消费者废弃的设备如各种使用后废弃的通信设备、个人电脑、DVD机、音响、电视机、传真机、复印机等常用小型电子产品,洗衣机、电冰箱、空调等家用电子电器产品,以及程控主机、中型以上计算机、车载电子产品和电子仪器仪表等企事业单位淘汰的物品等。

随着社会和经济的快速发展及电子技术的广泛应用,电子产品已深入到人类生产活动和生活活动的各个领域、各个方面,并且还在不断延伸。数额巨大的各类电子电器产品的生产和使用,在满足社会经济发展和人类生活需求的同时,也消耗了大量不可再生资源,出现了数量增长极快的电子废弃物,对生态环境和人类可持续发展构成了严重威胁。

2.电子废弃物的特点

电子废弃物具有数量多、危害大、潜在价值高及处理困难等特点。

(1)数量多

目前,电子电器产品在人们的生产、生活中得到了广泛的应用。与此同时,电子废弃物的数量也越来越多,并正以惊人的速度增加。电子废弃物已成为城市垃圾中增长速度最快的固体废弃物之一。

20 世纪 90 年代以后,我国的家用电器、信息技术和通讯产品、办公设备等的社会保有量迅速增加。2006 年有关统计表明,我国电视机的社会保有量高达 4 亿台,电冰箱、洗衣机也分别达到 1.5 亿台和 1.9 亿台;电脑保有量约 2000 万台,手机近 4.6 亿部。根据中国家用电器研究所专家估计,电视机的使用寿命大约 7～8 年,电冰箱、洗衣机的使用寿命大约为 8～10年,空调器的使用寿命大约 10 年,目前生产的电脑的使用寿命大约 3 年。从 2003 年起,我国开始进入家电报废高峰期。据估算,从 2003 年起,中国每年至少有 500 万台电视机、400 万台冰箱、600 万台洗衣机要报废。以广东省为例,电冰箱、电视机、空调器、洗衣机、电脑的社会保有量合计达 6710 万台。根据测算,仅广东省近年淘汰报废的大件电器每年达 1450 万台,总重量达 35 万吨;2005 年后每年的淘汰报废量达到 1950 万台,总重量达 45 万～50 万吨。

除此之外,日本、美国、韩国等国电子废物的输入对我国环境产生了严重的负面影响。

电冰箱、洗衣机、电视机、空调器和电脑等社会保有量的增加和使用周期的缩短是家用电器与电子产品的一个总趋势,这意味着今后"电子垃圾"不仅总量达到相当水平,其增长速度也日渐加快。据 2006 年统计,电子废弃物以每 5 年增加 16%～28% 的速度递增,比总废物量的增长速度快 3 倍。

(2)危害大

电子废弃物多半以上材料含有有害物质,有的甚至含有剧毒。电子废弃物中的主要污染成分如表 5-2 所示。

表 5-2　电子废弃物中的主要污染成分

污染物	来　　源
卤素阻燃剂	线路板、电缆、电子设备外壳
氯氟碳化合物	冰箱
铅	阴极射线管、焊锡、电容器及显示屏
汞	显示器、开关
镍、镉	电池及某些计算机显示器
钡	阴极射线管、线路板
硒	光电设备
铬	金属镀层

例如,线路板中含有镍、铅、铬、镉等,显像管内含有重金属铅,电子废弃物中的电池和开关含有铬的化合物和汞。电子废弃物被填埋或者焚烧时,可能形成重金属污染,包括汞、镍、镉、铅、铬等的污染。重金属组分渗入土壤,或进入地表水和地下水,将会造成土壤和水体的污染,直接或间接地对人类及其他生物造成伤害。铅化合物会破坏人的神经、血液系统以及肾脏,影响幼儿大脑的发育;铬的化合物会透过皮肤,经细胞渗透,少量摄入便会造成严重过敏,更可能引致哮喘,破坏人体的 DNA;在微生物的作用下,无机汞会转变为甲基汞,若进入人的大脑会破坏神经系统,重者会引起人的死亡。卤素阻燃剂,主要存在于塑料电线皮、外壳、线路板基板等材料中,目的是为了防止电路短路引起材料着火。由于卤素阻燃剂在燃烧或加热过程中会成为潜在的二噁英的来源,因此,含有卤素阻燃剂的材料已经被一些国家确定为有毒污染物,需要特殊处理,以降低环境危害。含氯塑料低水平的填埋或不适当的燃烧和再生,将会排放有毒有害物质,对自然环境和人类造成危害。遗弃的空调和制冷设备中的制冷剂氯氟烃(CFC)和保温层中的发泡剂氢氯氟烃(HCFC)都属于损耗臭氧层物质,它们的释放会对臭氧层物的破坏产生作用。1973 年,美国马萨诸塞州发生聚溴联苯(PBB)污染事件,使人们进一步认识到电子废弃物对环境和健康的危害性。

电子废弃物属于人类最大的污染源之一,每年大约产生 5 亿多吨的危险的有毒废物。电子垃圾对人体健康的影响已经成为突出的社会问题,怎么有效处理不断增加的电子废弃物,成为世界各国共同关注的重要问题。

(3)潜在价值高

电子废弃物中含有大量可供回收利用的金属、玻璃及塑料等,从资源回收的角度分析,潜在的价值很高。按照循环经济的理念,处理电子废弃物,实现电子废弃物中有价物质的回收利用,可以大大减少废弃物的排放量,在最大程度上避免环境污染,具有很好的经济效益和社会效益。

例如,电子废弃物主要由金属、玻璃、陶瓷、橡胶、塑料、树脂纤维、半导体、复合材料等组成,几种典型的电子设备的成分见表 5-3。

表 5-3　几种典型电子设备的成分　单位:%

设备类型	黑色金属	有色金属	塑料	玻璃	线路板	其他
电脑	32	3	62	15	23	5
电视机	10	4	10	41	7	8
电话机	<1	4	69		11	16
洗碗机	51	4	15		<1	30

又如,废弃线路板中的典型成分见表 5-4。可以看出,废弃线路板中仅铜的含置就高达 20%,另外还含有铝、铁等金属及微量的金、银、铂等稀贵金属,这使得电子废弃物具有比普通城市垃圾高得多的价值。根据金属含量的不同,有研究估计,每吨电子废弃物价值达几万元人民币,若再考虑到电子废弃物中仍可继续使用的部分元器件,电子废弃物的回收利用价值确实是相当高的。大力发展电子废弃物的资源再生利用,不仅是解决固体废物问题、降低经济活动带来的环境影响的重要措施,也是促进社会可持续发展和增收节支的有效途径。

表 5-4　废弃线路板中的典型成分　单位:%

组成		含量
金属	铜	20
	锌	1
	铝	2
	铅	2
	镍	2
	铁	8
	锡	4
	其他金属	1
	金属合计	40
难熔氧化物	二氧化硅	15
	氧化铝	6
	碱土金属氧化物	6
	其他	3
	氧化物合计	30
塑料	含氮聚合物	1
	碳氢氧聚合物	25
	含卤素聚合物	4
	塑料合计	30

（4）处理困难

电子废弃物组分复杂、类型繁多，对于这样的"混合型"废弃物，获得较高的回收利用率是相当困难的。电子废弃物使用寿命各不相同，或长达数十年，或仅能用一次，这也给电子废弃物的回收及资源化带来了许多麻烦。更重要的是，电子废弃物虽然潜在价值非常高，但由于含有大量有毒、有害物质，实现电子废弃物的资源化、无害化，需要先进的技术、设备和工艺，也需要较高的投资。不认真对待这些问题，甚至处理不当，不但不能实现有效成分的全价回收，反而会造成更严重的二次污染。

电子废弃物的有效处理和资源化是一项世界性的研究开发课题。各个国家的科学工作者和工程技术人员投入了大量精力开展电子废弃物资源化的研究工作。目前，仍有许多问题期待解决，如含铅玻璃的资源化、无害化处理问题，印刷线路板的全价利用问题，回收过程中的二次污染的防治问题等等。开展电子废弃物的资源化研究工作，特别是其工程化研究工作，并把研究成果付诸实施，这对于保护生态环境、防治废物污染，有效地实现资源和能源的再生利用，确保电子行业健康发展，推进社会经济的可持续发展，具有重要的现实意义和应用价值。

3.电子废弃物的危害

电子废弃物由多种化学成分组成，其中毒性较强的成分主要有汞、铅、镉、铬、聚氯乙烯塑料、溴化阻燃物、油墨、磷化物及其他添加物等。这些电子废弃物如不经处理直接与城市生活垃圾一起填埋或焚烧，会对人类及周围环境造成极大的危害。例如，废弃家电产品中有对人体有害的重金属，它们一旦进入环境，将长期滞留在生态系统中，并随时都可能通过各种途径进入人体，给人类的健康带来极大的威胁。

电子废弃物对环境的危害，会因电子废弃物种类的不同、处理和利用的方式方法不同而产生不同的效果。丹麦技术大学的研究表明，1t随意收集的电子板卡中含有大约272kg塑料、29kg铅、130kg铜、0.45kg黄金、18kg镍、20kg锡、10kg锑等。正是由于电子废弃物回收处理的"利益驱动"，一些家庭作坊式拆解企业采用焚烧、简易酸浴等方法处理废弃电子产品。这种原始的拆解处理方法只回收了部分塑料，提取了部分易于回收的金属、贵金属，总利用率不足电子废弃物回收价值的30%，其余的都被当作垃圾丢弃。废弃家用电器及电子产品的处理和利用方式方法不当，对人类和环境造成的危害是十分严重的。烧烤线路板、焚烧电线、塑料垃圾会严重污染大气，影响人体健康；采用强酸溶解或电解回收重金属，会产生含重金属的废液、废气、废渣等，会严重污染土壤、河流和地下水；采用氰化物提取线路板等废物中的金、钯、铂等贵金属，废液排放直接造成生态环境的破坏。人员的身体健康造成了极大伤害。

5.3.2 电子废弃物的资源化

从电子废弃物全价利用的基本原则分析，资源化过程可以分为3步。

①对修理或升级后的整机或附属设备重新利用，最大限度地发挥废弃电子设备的功能。

②对可拆解的元件回收再利用，减少后续处理成本和再加工成本。

③对不可再利用的设备和元器件等电子废弃物进行回收利用，充分回收其中的有价物质，实现电子废弃物资源化的目的。

电子废弃物组成多样，而且不同厂家生产的同种功能产品从材料选择、工艺设计、生产过程上也不尽相同。通过电子废弃物资源化的拆解步骤,一般可拆分为印刷电路板、电缆电线、显像管等,其回收处理是一个相当复杂的问题。例如,20 世纪 70 年代以前,废弃电路板的回收技术主要着重于回收贵金属。随着技术的发展和资源再利用要求的提高,目前已发展为对铁磁体、有色金属、贵金属和有机物质等的全面回收利用。许多国家的科技工作者和工程技术人员对电子废弃物的处理处置做了大量的研究工作,开发出了很多的资源化处理处置工艺,以回收其中的有用组分,稳定或去除有害组分,减少对环境的影响。

图 5-3 归纳了电子废弃物资源化处理的典型工艺路线。该工艺技术路线的特点是电子废弃物经人工分选、手工拆解以后,可用的电子元件再利用;塑料直接回收;显象管单独进行破碎、重选和浮选处理,回收金属、玻璃和荧光物质。不可用的电子元件、线路板、电缆及其他物质进行破碎、重选,再将重选产生的重质组分进行磁选、涡电流分离,分别回收有色金属(铜、铅、锌、镍等)、黑色金属(铁)及贵金属(金、银、铂、钯等),将轻质组分进行风力分选,回收玻璃、塑料。最后产生的垃圾进行压缩、填埋处理,从而达到资源化、减量化、无害化处理、处置的目的。

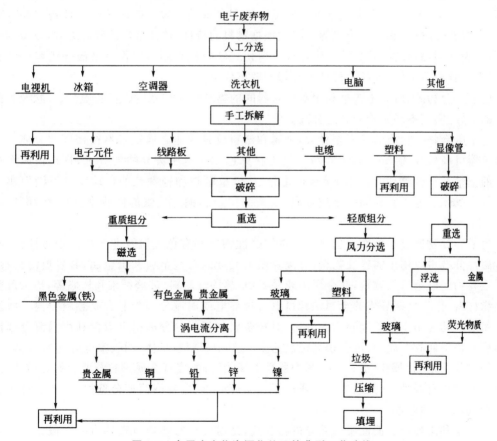

图 5-3　电子废弃物资源化处理的典型工艺路线

(引自:王湖坤,揭武.中国资源综合利用,2007,25(3):12~14.)

目前处理处置电子废弃物的方法主要有机械处理方法、化学处理方法、火法、电化学法或使用几种方法相结合。

1. 电子废弃物的机械处理方法

电子废弃物的机械处理是运用各组分之间物理性质差异进行分选的方法,包括拆卸、破碎、分选等步骤,对分选处理后的物质进行处理可分别获得金属、塑料、玻璃等再生原料。操作简单、成本低,二次污染少,易实现规模化等优势,是目前世界各国开发和使用最多的处理回收技术。

电子废弃物的拆卸工序通常是手工完成的,并回收其中经过检测有用的电子元器件。由于电子废弃物中电子元器件数量多,而且结合方式复杂,使手工处理的效率很低。日本 NEC 公司开发了一套自动拆卸废电路板中电子元器件的装置。这种装置主要利用红外加热和垂直和水平方向冲击去除的方式,使穿孔元件和表面元件脱落,且不对元器件造成任何损伤。德国的 FAPS 公司采用与电路板自动装配方式相反的原则进行拆卸,先将废电路板放入加热的液体中融化焊料,再用一种机械装置根据构件的形状不同分检出构件。

为了实现电子废弃物单体的分离,破碎是比较有效的方法。破碎的关键是破碎程度的选择,应既节约能耗,又提高后续工序的分选效率。破碎的方法主要有剪切破碎、冲击破碎、挤压破碎、摩擦破碎,从破碎条件来分还有低温破碎和湿式破碎等。常用的破碎设备主要有锤碎机、锤磨机、切碎机和旋转破碎机等。必须根据物料的特性,选择合适的破碎方式,以减少能源的消耗,为不同物料的有效分选提供保证。剪切式破碎机采用剪切作用来破碎废弃印刷线路板,减少了解离后金属的缠绕,得到了较好的解离效果。

电子废弃物的分选,主要是利用器件材料间的物理性质如密度、电性、磁性、形状及表面特性等的差异,实现不同物质的分选分离。

电子废弃物中物质的密度差异大,金属和塑料及其他非金属很容易按密度差分离。重介质旋流器可高效分选 2mm 以上颗粒。气力摇床已用于电子废弃物的分选,物料在床面孔隙吹入的空气及机械震动的作用下,流态化分层,依重颗粒和轻颗粒的运动轨迹不同而实现分离。气力摇床从电子废弃物中分选金属,重产品中金属铜、金、银的回收率分别为 76%、83% 和 91%。

电子废弃物通过弱磁性分选可以分选铁磁性物质和有色金属及非金属。强磁性分选、高梯度磁性分选可以用于弱磁性物料,分离亚微米尺度的有色金属和贵金属,其发展潜力很大。电子废弃物经磁选后的物料,非金属主要是 SiO_2 热固性塑料、玻璃纤维和树脂等,绝大部分属于绝缘材料,作为良好导体的金属颗粒可以通过静电或涡流分选与非金属颗粒分离。涡流分选技术已成功应用于电子废弃物的分选,对轻金属与塑料的分离很有效。利用涡流分选机从电脑废弃物中回收金属铝,可获得品位高达 85% 的金属铝富集体,回收率也可达到 90%。

静电分选是利用颗粒在高压电场中所受电场力不同,实现金属颗粒与非金属颗粒的分离。颗粒荷电方式有两种,一是通过离子或电子碰撞荷电,如电晕圆筒型分选机;二是通过接触和摩擦荷电,如摩擦电选。

浮选是利用颗粒表面性质的差异进行分选,是微细颗粒物料分选的有效手段。有机高分子物质颗粒的表面疏水性强,而金属颗粒的亲水性强,通过浮选很容易分离细颗粒级金属与塑料。另外,如果控制好过程的分散和团聚,浮选分离有色金属和贵金属将是很有发展前途的。

电子废弃物的机械处理方法的技术发展比较成熟,已广泛得到应用。机械处理方法可以使电子废弃物中的有价物质充分富集,减少了后续处理的难度,具有污染小、成本低、可对其中的金属和非金属等组分综合回收等优点。其不足之处是还需要后续处理才能获得相应的纯金属和非金属。

从技术经济角度考虑,电子废弃物中的金属多为金属单质,只是贵金属的颗粒粒度微细,但是,通过化学方法将其转化为化合物后再还原为单质,显然要消耗更多的能源。传统的物理分选对贵金属的回收率较低,品位不高,应当借鉴矿物加工的研究成果,加强微米甚至纳米尺度物料的物理分选技术的研究,形成经济有效和环境友好的电子废弃物资源化技术。近年来,随着对环境保护的重视及电子产品中贵金属的使用逐渐减少,电子废弃物的物理分选成为电子废弃物资源化和正规化工业处理的主要方法。

2.电子废弃物的其他处理方法

电子废弃物的化学处理方法也称湿法处理,包括浸出工序和提取工序。首先将破碎后的电子废弃物颗粒在酸性条件或碱性条件下浸出金属;然后浸出液再经过萃取、沉淀、离子交换、过滤、置换、电解等一系列单元操作,回收得到高品位的金属。电子废弃物的化学处理方法的缺点在于,部分金属的浸出率低,特别是金属被覆盖或敷有焊锡时较难浸出,而包裹在陶瓷材料中的贵金属更难浸出;浸出过程使用强酸和剧毒的氰化物等,产生的有毒废液,排放的有毒气体,对环境危害较大,其无害化成本比较高。

火法处理是将电子废弃物通过焚烧、熔炼去除塑料和其他有机成分富集金属的方法。火法处理会对环境造成危害,从资源回收、生态环境保护等方面分析,这些方法较难推广。

利用微生物浸取金等贵金属是在 20 世纪 80 年代开始研究的提取低含量物料中贵金属的新技术。利用微生物活动,金等贵金属合金中其他非贵金属氧化成为可溶物进入溶液,贵金属裸露出来,便于回收。生物技术提取金等贵金属,工艺简单、操作费用低。生物浸出的主要缺陷在于浸出时间过长,而且运行条件苛刻,使其应用受到很大限制。

第6章　环境污染物质的生物化学

6.1　生物圈、生态系统和生态平衡

6.1.1　生物圈

1. 生物圈组成与结构

生物圈是地球上出现并受到生命活动影响的地区,是地表有机体包括微生物及其自下而上环境的总称,是行星地球特有的圈层,也是人类诞生和生存的空间。

1375 年,奥地利地质学家休斯(E. Suess)首次提出了生物圈的概念,生物圈是指地球上有生命活动的领域及其居住环境的整体。它在地面以上达到大致 23km 的高度,在地面以下延伸至 12km 的深处,其中包括平流层的下层、整个对流层以及沉积岩圈和水圈。但绝大多数生物通常生存于地球陆地之上和海洋表面之下各约 100m 厚的范围内,这里是生物圈的核心。

生物圈主要组成为:生命物质、生物生成性物质和生物惰性物质。生命物质又称活质,是生物有机体的总和;生物生成性物质是由生命物质所组成的有机矿物质相互作用的生成物,如煤、石油、泥炭和土壤腐殖质等;生物惰性物质是指大气低层的气体、沉积岩、黏土矿物和水。

2. 生物圈的基本特征

生物圈是一个复杂的、全球性的开放系统,是一个生命物质与非生命物质的自我调节系统。它的形成是生物界与水圈、大气圈及岩石圈(土圈)长期相互作用的结果,生物圈存在的基本条件是:

①存在可被生物利用的大量液态水。几乎所有的生物都含有大量水分,没有水就没有生命。

②可获得来自太阳的充足光能。因一切生命活动都需要能量,而其基本来源是太阳能,绿色植物吸收太阳能合成有机物而进入生物循环。

③提供生命物质所需的各种营养元素。包括 O_2、CO_2、N、C、K、Ca、Fe、S 等,它们是生命物质的组成或中介。

④要有适宜生命活动的温度条件。在此温度变化范围内的物质存在气态、液态和固态三种变化。

总之,地球上有生命存在的地方均属生物圈。生物的生命活动促进了能量流动和物质循环,并引起生物的生命活动发生变化。生物要从环境中取得必需的能量和物质,就得适应环境,环境发生了变化,又反过来推动生物的适应性,这种反作用促进了整个生物界持续不断地变化。

6.1.2　生态系统

1.生态系统的概念

生态系统(ecosystem)是指在一定空间中共同栖居着的所有生物(即生物群落)与其环境之间由于不断地进行物质循环和能量流动过程而形成的统一、具有自我调节功能的自然整体。生态系统是自然界的一种客观存在的实体,是生命系统和无机环境系统在特定空间的组合。其定义可以描述为:生态系统是包括特定地段内的所有有机体与其周围环境相结合所组成的具有特定结构和功能的综合性整体。

生态系统空间边界模糊,通常可根据研究的目的和对象而定。小的如一滴水、一块草地、一个池塘都可以作为一个生态系统。小的生态系统联合成大的生态系统,简单的生态系统组合成复杂的生态系统,而最大、最复杂的生态系统是生物圈(biosphere)。生物圈也可看作全球生态系统,它包含地球上的一切生物及其生存条件。生态系统可以是一个很具体的概念,如一个具体的池塘或林地是一个生态系统,同时生态系统也可以是在空间范围上一个很抽象的概念,所以很难给它划定一个物理边界。

2.生态系统的类型

地球上的生态系统多种多样的,根据不同角度可以分成不同类型,常见的分类如下。

①根据生态系统的生物成分,可将生态系统分为植物生态系统,如森林、草原等生态系统;动物生态系统,如鱼塘、畜牧等生态系统;微生物生态系统,如落叶层、活性污泥等生态系统;人类生态系统,如城市、乡村等生态系统。

②根据环境中的水体状况,可将生态系统划分为陆生生态系统和水生生态系统两大类。陆生生态系统可进一步划分为荒漠生态系统、草原生态系统、稀树干草原生态系统和森林生态系统等。水生生态系统可进一步划分为淡水生态系统和海洋生态系统。而淡水生态系统又可划分为江、河等流水生态系统和湖泊、水库等静水生态系统;海洋生态系统则包括滨海生态系统和大洋生态系统等。

③根据人为干预的程度划分,可将生态系统分为自然生态系统、半自然生态系统和人工生态系统。自然生态系统指没有或基本没有受到人为干预的生态系统,如原始森林、未经放牧的草原、自然湖泊等;半自然生态系统是指虽受到人为干预,但其环境仍保持一定自然状态的生态系统,如人工抚育过的森林、经过放牧的草原、养殖的湖泊等;人工生态系统指完全按照人类的意愿,有目的、有计划地建立起来的生态系统,如城市、农业生态系统等。

3.生态系统的组分

任何一个生态系统,不论是陆地还是水域,或大或小,都是由生物和非生物环境两大部分组成的。或者分为生产者、消费者、分解者和非生物环境四种基本成分组成(见图6-1)。

作为一个生态系统来说,非生物成分和生物成分都是缺一不可的。如果没有非生物成分,生物就没有生存的场所和空间,就得不到物质与能量,也就难于生存下去;当然,仅有环境而没有生物成分也谈不上生态系统。

多种多样的生物在生态系统中扮演着不同的重要角色。根据生物在生态系统中发挥的作用和地位的不同,可以将其分为生产者、消费者和分解者,即三大功能类群。

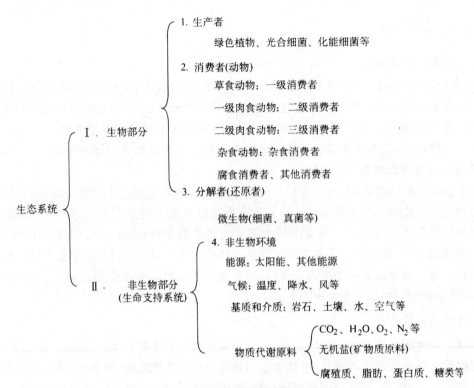

图 6-1　生态系统的结构与组成

（1）非生物环境

非生物环境或称环境系统是生态系统的物质和能量的来源，包括生物活动的空间和参与生物生理代谢的各种要素，如光、水、二氧化碳以及各种矿质营养物质。也包括生命系统中的植物、动物和微生物。驱动生态系统运转的能量主要是太阳能，它是所有生态系统、甚至整个地球气候变化的最重要的能源，它提供了生物生长发育所必需的热量。

（2）生产者

生产者是指用简单的无机物制造有机物的自养生物，主要指绿色植物，包括单细胞的藻类，也包括一些光合细菌类微生物。

生产者在生态系统中的作用是进行初级生产，合成有机物，并固定能量，不仅供自身生长发育的需要，也是消费者和还原者唯一的食物和能量来源。生产者决定着生态系统中生产力的高低，所以在生态系统中，生产者居于最重要的地位。

（3）消费者

消费者是生态系统中的异养生物，它们是不能用无机物质制造有机物质的生物，只是直接或间接地依赖于生产者所制造的有机物质，从其中得到能量。

其中动物可根据食性不同，区分为草食动物、肉食动物和杂食动物。草食动物是绿色植物的消费者，能利用植物体中有机物质的能量转换成自身的能量。肉食动物则取食其他动物，利用动物体中有机物质所含能量转换成肉食动物自身的能量。杂食动物以植物和动物作为食物来源均可，并从中获取能量。

根据食性，寄生在植物体内可看成草食动物，寄生在动物体内可看成肉食动物。腐食动物以腐烂的动植物残体为食,特殊的消费者,如蛆和秃鹰等。

将生物按营养阶层或营养级进行划分,生产者是第一营养级,草食动物是第二营养级,以草食动物为食的动物是第三营养级,依此类推,还有第四营养级、第五营养级等。而一些杂食性动物则占有好几个营养级。

消费者对初级生产物起着加工、再生产的作用,而且对其他生物的生存、繁衍起着积极作用。

(4)分解者

分解者也被称为还原者,属于异养生物,主要是细菌和真菌及一些土壤原生动物和腐食动物在生态系统中连续地进行分解,把复杂的有机物质逐步分解为简单的无机物质,及时分解动植物尸体,最终以无机物的形式回归到环境中,再被生产者利用。分解过程较为复杂且各个阶段由不同的生物去完成。整个生物圈就是依靠这些体型微小、数量惊人的分解者和转化者消除生物残体。

上述四种成分,根据其所处的地位和作用,又可分为基本成分和非基本成分。绿色植物固定光能进行初级生产、还原者的分解功能属于基本成分,是任何一个生态系统不可少的。植食者、寄生者和腐生者等属于非基本成分,它们不会影响生态系统的根本性质,但它们之间的关系是相互联系、相互制约的,如图 6-2 所示。

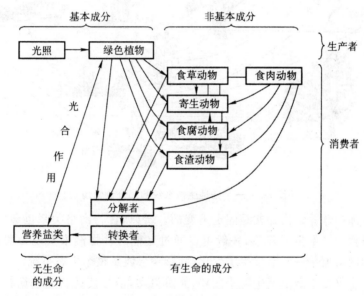

图 6-2　生态系统四个基本组分相互关系

4. 生态系统的营养结构

(1)食物链

生态系统中各种成分之间最基本的联系是通过营养关系实现的,是通过食物链把生物与非生物、生产者与消费者、消费者与消费者联系为一个整体的。食物链是指由生产者和各级消费者组成的能量运转序列,是生物之间食物关系的体现,即生物因捕食而形成的链状顺序关系,也是生态系统中物质循环和能量传递的基本载体。因此,环境科学研究中,对于污染物迁移、转化及其风险评价等研究都与食物链有关。

（2）食物网

在生态系统中,生物间的营养联系并不是一对一的简单关系。因此,不同食物链之间常常是相互交叉而形成复杂的网络式结构,即食物网。食物网形象地反映了生态系统内各类生物间的营养位置和相互关系。生物种类越丰富,食物网越复杂,生态系统就越稳定。一个陆地生态系统的部分食物网如图 6-3 所示。

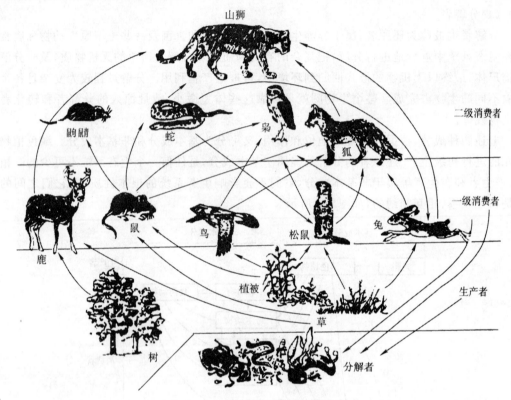

图 6-3　一个陆地生态系统的部分食物网

生态系统内部的营养结构并非是固定不变的。所以,食物网络关系也会发生变化。如果食物网中某一条食物链发生了障碍,一般可以通过其他的食物链来实现必要的调整和补偿。但有时营养结构网络上某一环节发生了变化,其影响会波及整个生态系统。

食物链(网)不仅是生态系统中物质循环、能量流动、信息传递的主要途径,也是生态系统中各项功能得以实现的重要基础。食物链(网)结构中各营养级生物种类多样性及其食物营养关系的复杂性,是维护生态系统稳定性和保持生态系统相对平衡与可持续性的基础。

（3）营养级和生态金字塔

食物链和食物网本质上是物种和物种之间的营养关系,而这种关系错综复杂,无法用图解的方法完全表示,为了便于对其进行定量的能量流动和物质循环研究,生态学家提出了营养级的概念。一个营养级是指处于食物链某一环节上的所有生物种的总和。例如,作为生产者的绿色植物和所有自养生物都位于食物链的起点,共同构成第一营养级。所有以生产者(主要是绿色植物)为食的动物都属于第二营养级,即植食动物营养级。第三营养级包括所有以植食动物为食的肉食动物。以此类推,还可以有第四营养级(即二级肉食动物营养级)和第五营养级。生态系统中的物质和能量就是这样通过营养级向上传递的。

但是,当能量在食物网中流动时,其转移效率是很低的。如果把通过各营养级的能流量,由低营养级到高营养级绘图,就成为一个金字塔形,称为能量锥体或金字塔,如图 6-4(c)所示。同样,如果以生物量或个体数目来表示,就能得到生物量锥体[图 6-4(a)(b)]和数量锥体[图 6-4(d)]。三类锥体合称为生态锥体。

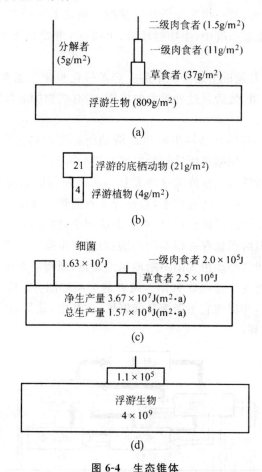

图 6-4　生态锥体

(a)生物量锥体;(b)生物量锥体(倒置);(c)能量锥体;(d)数量锥体

能量或生物量在通过各营养级时会急剧减少。因此,食物链的加长并不是无限的,通常只有 4~5 个链节(营养级),很少有超过 6 级的。实际上,这也是由于生态系统的能量流动是严格遵循热力学第一定律和第二定律所决定的。由此可见研究生态金字塔对提高生态系统每一营养级的转化效率和改善食物链上的营养结构,能够获得更多的生物产品具有指导意义。

5.生态系统的基本功能

生物生产、能量流动、物质循环和信息传递是生态系统的四大基本功能。

(1)生物生产

生物生产是指太阳能通过绿色植物的光合作用转换为化学能,再经过动物生命活动利用转变为动物能的过程。

生物生产包括初级生产和次级生产两个过程,前者是生产者(主要是绿色植物)把太阳能转化为化学能的过程,也称为植物性生产;后者是消费者(主要是动物)把初级生产品转化为动物能的过程,称为动物性生产。在生态系统中,这两个生产过程彼此联系,但又分别独立地进行物质和能量的交换。

(2)能量流动与物质循环

能量是生态系统的动力,是一切生命活动的基础。地球上一切生命都需要利用能量来进行生活、生长和繁殖。在生态系统中,生物与环境、生物与生物之间的密切联系,可通过能量的转化、传递来实现。

能量流动是指太阳辐射能被生态系统中的生产者转化为化学能并被贮藏在产品中,通过取食关系沿食物链逐渐利用,最后通过分解者的作用,将有机物的能量释放于环境之中的能量动态的全过程。

生态系统的物质循环,则是指维持生物生命活动所必需的各种营养元素(如 C、H、O、N 等)通过水循环、气态循环、沉积循环所进行的循环往复的运动。

在生态系统中,物质循环与能量流动这两大基本功能是密切相关的。能量蕴含于物质之中,在物质吸收、转移、储存与释放的过程中,总是伴随着能量的变化。而能量作为生物运动和生长的动力,又促使物质反复地循环。可见,在生态协调中,物质循环与能量流动同时进行,两者相互依存,不可分割。但两者也存在根本的差别:能量在生态系统中的流动是一种单项损失的过程,要保持体系的运转就必须由太阳不断地供给能量;而物质在生态系统中流动是一种周而复始的循环运动,物质能反复地吸收利用。两者的关系如图 6-5 所示。物质循环和能量流动维持着生态系统的平衡,并促使它不断演变和发展,这其中,最基本的、与环境污染密切相关的主要是水、碳、氮三大循环。

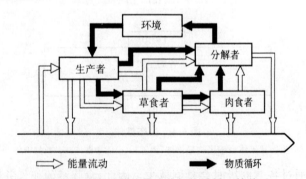

图 6-5　生态系统能量流动与物质循环的关系

①水循环。水循环分为大循环和小循环。水从海洋蒸发,被气流运送到陆地上空,经水(降雪和降雨等)返回地面,被植物吸收利用或以地表径流的形式,重新返回海洋之中。这种海陆之间水的往复运动过程称为水的大循环。水的大循环是全球性的水分运动。仅在局部地区(陆地和海洋)进行的水循环称为水的小循环。环境中水分的两者循环是同时发生的,并在全球范围内和地球上各个地区内不停地进行着。通过降水和蒸发这两种形式,使地球上的水分达到平衡。

水的自然循环是依靠其气、液、固三态易于转化的特性,借助太阳辐射和重力作用提供转化和运动能量来实现的,如图 6-6 所示。

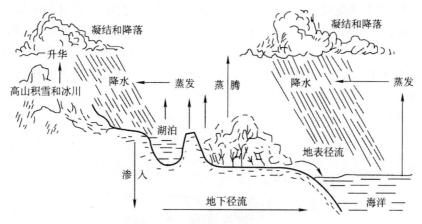

图 6-6　生态系统中的水循环

生态系统中所有的物质循环都是在水循环的推动下完成的,即没有水的循环就没有物质循环,就没有生态系统的功能,也就没有生命。

②碳循环。碳循环始于大气中的 CO_2,经过绿色植物的光合作用固定,以各种碳化物的形式储存,经过各营养级的传递、分解,有一部分经过动植物的呼吸作用及动植物尸体的分解转变成 CO_2,回归到大气中去,另一部分转入土壤及地下深层,经过漫长的演化转变为矿物质,如图 6-7 所示。在碳循环中,绿色植物起着十分重要的调节作用。

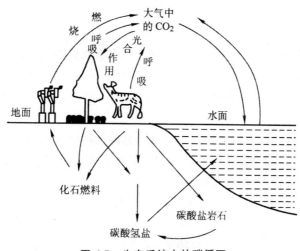

图 6-7　生态系统中的碳循环

但是,在全球碳循环中,人类活动的影响很大,主要是化石燃料的开采和利用时向大气中排放出大量的 CO_2,同时森林被大量砍伐,草原荒漠化严重,使每年排放到大气中的 CO_2 总量猛增,温室效应加剧,破坏了自然界原有的平衡,导致气候异常,全球变暖。

③氮循环。氮是构成蛋白质的基本元素之一,而所有生命有机体均有蛋白质,所以氮循环涉及生物圈的全部领域。自然界中氮主要以 N_2 形式存在于大气之中,含量十分丰富,但它只有被转变成氨、亚硝酸盐或硝酸盐之后,才能被植物吸收利用,并在生物圈中进行循环。土壤

中的氨在硝化细菌的作用下,转变为硝酸盐或亚硝酸盐,经植物吸收利用生成氨基酸,进而合成蛋白质和核酸,并和其他化合物进一步合成为植物有机体。另一方面,土壤中的一部分硝酸盐在反硝化细菌的反硝化作用下还原为游离氮或而返回大气,参与了氮的全球循环。

除生物能固氮以外,闪电和宇宙射线也能使氮气被氧化成硝酸盐。硝酸盐经雨水冲刷一起进入土壤。工业还可用化学合成的方法将氮合成氮肥,然后才能开始进行在生物圈中的循环,如图 6-8 所示。

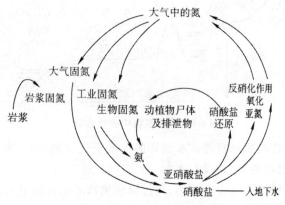

图 6-8　生态系统中的氮循环

但是,人类活动如矿物燃料的燃烧、汽车尾气的排放等产生的氮氧化物进入环境在阳光作用下引起光化学烟雾以及大量使用化肥、过量的硝酸盐排入水体,引起江河湖海水体富营养化,污染大气和水体环境。

(3)信息传递

生态系统的功能除了体现在生物生产、能量流动和物质循环以外,还表现在系统中各生命成分之间存在着信息传递。信息传递是生态系统的基本功能之一,在信息传递过程中伴随着一定的物质和能量的消耗。信息传递通常为双向的,有从输入到输出的信息传递,也有从输出向输入的信息反馈。

生态系统中有关信息流的特点:生态系统中信息的多样性,生态系统中生存着成千上万的生物,信息的形态也有很大差别,其所包含的信息量非常庞大;信息通讯的复杂性决定了传递方式的千差万别;信息类型多、贮存量越大。

生态系统中包含多种多样的信息,大致可以分为物理信息、化学信息、行为信息和营养信息。

总之,生态系统各组成部分通过自身功能,保持着生态系统内物质、能量、信息的交流与循环,从而形成一个不可分割的统一体。在这个有机统一的整体中,能量不断地流动,物质不断地循环,以维持生态系统的代谢过程和相对稳定,能在一定的范围内调节生物和环境的变化。

6.1.3　生态平衡

任何一个正常的生态系统中,总是不断进行着物质循环和能量流动,但在一定时期内,生产者、消费者、分解者以及环境之间保持着一种相对平衡状态,这种状态即为生态平衡。平衡的生态系统中,生物的种类和数量也相对稳定,系统的物质循环和能量流动在较长时间里保持稳定。

生态平衡是一种动态平衡是可以在平均数周围一定范围内波动的,这个变化的范围,有一界线,称为阈值。变化超过了阈值,就会改变、伤害以致破坏生态平衡。系统内部的因素和外界因素的变化,尤其是人为的因素,都可能对系统发生影响,引起系统的改变,甚至破坏系统的平衡。

在自然条件下,生态系统总是朝着种类多样化、结构复杂化和功能完善化的方向发展,直到使生态系统达到成熟的最稳定状态为止。

生态平衡的三个基本要素是系统结构的优化与稳定性、能流和物流的收支平衡以及自我修复和自我调节能力的保持。具体为:

①时空结构上的有序性。空间有序性是指结构有规则地排列组合,小至生物个体中各器官的排列,大至整个宏观生物圈内各级生态系统的排列,以及生态系统内部各种成分的排列都是有序的;时间有序性就是生命过程和生态系统演替发展的阶段性,功能的延续性和节奏性等。

②能流、物流的收支平衡。

③系统自我修复、调节功能的保持,抗逆、抗干扰、缓冲能力强。

自然界原有生态平衡的系统不一定能够适应人类的需求,但却是人类所必须的。它对于维持适宜人类居住的地球和区域环境,保护珍贵动植物种质资源和科学研究等方面都具有重要的意义。值得注意的是,生态平衡不只是一个系统的稳定与平衡,而是多种生态系统的配合、协调和平衡,甚至是指全球各种生态系统的稳定、协调和平衡。

6.2　生物膜的结构及透过方式

6.2.1　生物膜的结构

污染物质在生物体内的各个过程,大多数情况下必须首先通过生物膜,生物膜(图 6-9)是由磷脂双分子层和蛋白质镶嵌组成的流动变动复杂体。在磷脂双分子层中,亲水的极性基团排列于内外两侧,疏水的基团伸向内侧,这就使得在双分子层中央存在一个疏水区。生物膜是类脂层,在生物膜的双分子层上镶嵌着蛋白质分子,有的镶嵌在双分子层的表面,有的深埋在双分子层的内部或贯穿双分子层。这些蛋白质的生理功能各不相同,有的起催化作用,有的是

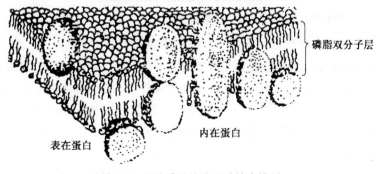

图 6-9　细胞膜结构的流动镶嵌模型

物质通过生物膜的载体。在生物膜上还布满了大量的小孔,我们称之为膜孔,水分子和其他的小分子或粒子可以自由通过膜孔进入生物体内部。污染物质或者是通过扩散作用经膜孔进入生物体或者是经过生物膜上的蛋白质分子的转运进入生物体内。不同的化学物质通过生物膜的方式不同。

6.2.2 生物膜的透过方式

生物膜的透过机理有很多种方式,概括起来讲有三种:被动输送(膜孔滤过、被动扩散、被动易化扩散)、主动输送以及胞吞和胞饮。

(1)被动输送

从热力学上讲,被动输送是指该物质沿其化学势减小的方向迁移的过程。例如膜孔滤过是直径小于膜孔直径的物质借助于渗透压透过生物膜。而被动扩散则是脂溶性物质从高浓度向低浓度方向沿浓度梯度扩散通过生物膜的方式。被动易化扩散是在高浓度侧与膜上特异性蛋白质分子相结合通过生物膜的方式。被动输送基本上不需要消耗能量。物质通过生物膜的速度取决于物质在膜层中的扩散速度。根据费克定律,单位时间内通过截面的物质的数量(扩散速度)

$$v = fDS(cme - cml)/L = fDS\left(K_1 c_W - \frac{1}{K_2}c_1\right)/L \tag{6-1}$$

式中,f 为膜机理常数;D 为膜内扩散系数;S 为膜的面积;L 为膜的厚度。

一般情况下脂/水分配系数越大,分子越小,或在体液 pH 条件下解离越少的物质,扩散系数也越大,而容易扩散通过生物膜。

(2)主动输送

在消耗一定的代谢能量下,一些物质可在低浓度侧与膜上高浓度特异性蛋白载体结合,通过生物膜,至高浓度侧解离出原物质,这一转运称为主动运输。所需代谢能量来自膜的三磷酸腺苷酶分解三磷酸腺苷(ATP)成二磷酸腺苷(ADP)和磷酸时所释放的能量。这种转运还与膜的高度特异性载体及其数量有关,具有特异性选择。

如图 6-10 所示,设水生生物的生物富集过程中,水中化合物 A 与生物膜中的载体 B 成可逆合,形成复合物 A·B,A·B 在膜内扩散,至生物体内后,解离成载体 B 和进入生物体的化合 A。

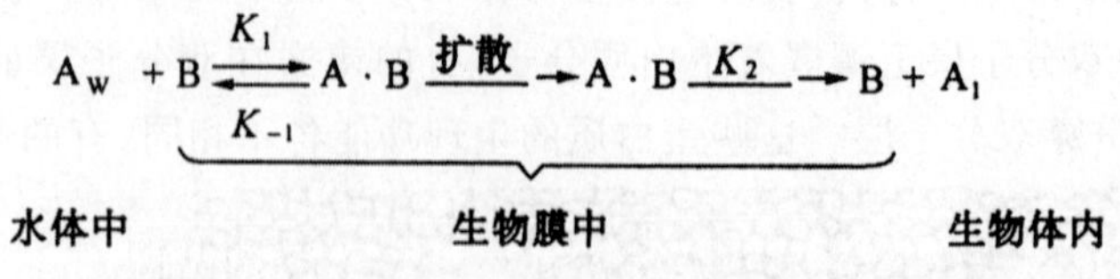

$$A_W + B \underset{K_{-1}}{\overset{K_1}{\rightleftharpoons}} A \cdot B \xrightarrow{\text{扩散}} A \cdot B \xrightarrow{K_2} B + A_1$$

水体中   生物膜中   生物体内

图 6-10　化合物通过主动输送透过生物膜的示意图

这种转运还与膜的高度特异性载体及其数量有关,具有特异性选择,类似物质竞争性抑制和饱和现象。如钾离子在细胞内的浓度远大于细胞外。这一奇特的浓度分布是由相应的主动输送造成的,即低浓度侧钾离子易与膜上磷酸蛋白 P 结合为 KP,而后在膜中扩散并与膜的三磷酸腺苷发生磷化,将结合的钾离子释放至高浓度侧。

(3)胞吞和胞饮

有一些物质与膜上的某种蛋白质有特殊的亲和力,当其与膜接触后,可改变这部分膜的表面张力,引起膜的外包或内陷而被包围进入膜内,固体按这种方式通过生物膜的叫胞吞,液体物质按这种方式通过生物膜的称为胞饮。

总之,物质以何种方式通过生物膜,主要取决于机体各组织生物膜的特性和物质的结构、理化性质。物质理化性质包括脂溶性、水溶性、解离度、分子大小等。被动输送和主动输送是物质及其代谢产物通过生物膜的主要方式。胞吞、胞饮在一些物质通过膜的过程中发挥着重要作用。

6.3　环境污染物质的生物富集、放大和积累

各种物质进入生物体内参加生物的代谢过程时,其中生命必需的部分物质参与了生物体的构成;多余的必需物质和非生命所需的物质中,易分解的经代谢作用很快排出体外,不易分解、脂溶性高、与蛋白质或酶有较高亲和力的,就会长期残留在生物体内。随着摄入量的增大,它在生物体内的浓度也会逐渐增大。污染物质被生物体吸收后,它在生物体内的浓度超过环境中该物质的浓度时,就会发生生物富集、生物放大和生物积累现象,这三个概念既有联系又有区别。

6.3.1　生物富集

生物富集是指生物机体或处于同一营养级上的许多生物种群,通过非吞食方式(如植物根部的吸收,气孔的呼吸作用而吸收),从周围环境中蓄积某种元素或难降解的物质,使生物体内该物质的浓度超过环境中浓度的现象。这一现象又称为生物学富集或生物浓缩。生物富集用生物浓缩系数(bioconcentration,BCF)表示,即生物机体内某种物质的浓度和环境中该物质浓度的比值。

$$BCF = C_b/C_e \tag{6-2}$$

式中,BCF 为生物浓缩系数;C_b 为某种元素或难降解物质在生物机体中的浓度;C_e 为某种元素或难降解物质在环境中的浓度。

同一种生物对不同物质的浓缩程度会有很大差异,不同种生物对同一种物质的浓缩能力也很不同。生物浓缩系数可以从个位数到上万,甚至更高。影响生物浓缩系数的主要因素是物质本身的性质以及生物因素、环境因素等。化学物质性质方面的主要因素是可降解性、脂溶性和水溶性。一般脂溶性高、水溶性低、难降解的物质,生物浓缩系数高;反之,水溶性好、脂溶性低、易降解的物质,生物浓缩系数低。例如,如虹鳟对 $2,2',4,4'$-四氯联苯的浓缩系数为 12400,而对四氯化碳的浓缩系数为 17.7。在生物特征方面的影响因素有生物种类、大小、性别、器官、生物发育阶段等。如金枪鱼和海绵对铜的浓缩系数分别是 100 和 1400。在环境条件方面的影响因素包括盐度、温度、水硬度、pH、氧含量和光照状况等。如翻车鱼对多氯联苯浓缩系数在水温 5℃时为 6.0×10^3,而在 15℃时为 5.0×10^4,水温越升高,相差越显著。一般,重金属元素和许多氯化烃类化物、稠环及杂环等有机化合物具有很高的生物浓缩系数。

生物富集对于阐明物质或元素在生态系统中的迁移转化规律,评价和预测污染物进入环境后可能造成的危害,有重要的意义。可以利用生物机体对化学性质稳定物质的富集性作为

对环境进行监测的指标,用以评价污染物对生态系统的影响。

6.3.2 生物放大

生物放大是指在同一个食物链上,高位营养级生物体内来自环境的某些元素或难以分解的化合物的浓度,高于低位营养级生物的现象。在生态环境中,由于食物链的关系,一些物质如金属元素或有机物质,可以在不同的生物体内经吸收后逐级传递,不断积聚浓缩;或者某些物质在环境中的起始浓度不很高,通过食物链的逐级传递,使浓度逐步提高,最后形成了生物富集或生物放大作用。例如,海水中汞的质量浓度为 $0.0001mg/L$ 时,浮游生物体内含汞量可达 $0.001\sim0.002mg/L$,小鱼体内可达 $0.2\sim0.5mg/L$,而大鱼体内可达 $1\sim5mg/L$,大鱼体内汞比海水含汞量高 1 万~6 万倍。生物放大作用可使环境中低浓度的物质,在最后一级体内的含量提高几十倍甚至成千上万倍,因而可能对人和环境造成较大的危害。DDT 等杀虫剂通过食物链的逐步浓缩,能充分说明它们对人类健康的危害。1962 年,美国的雷切尔·卡逊在其《寂静的春天》中充分描述了以 DDT 为代表的杀虫剂对环境、生物和人类健康的危害,甚至连美国的国鸟白头海雕也因杀虫剂的使用而几乎灭绝。但是,DDT 的生物放大危害作用并没有得到充分揭示。

一项研究结果表明,DDT 在海水中的浓度为 $5.0\times10^{-11}g/L$,而在浮游植物中则为 $4.0\times10^{-8}g/L$,在蛤蜊中为 $4.2\times10^{-7}g/L$,到达银鸥体内时就达 $75.5\times10^{-6}g/L$。DDT 从初始浓度到食物链最后一级的浓度扩大了百万倍,这就是典型的生物扩大作用。图 6-11 为农药 DDT 在环境中的迁移和生物放大作用。

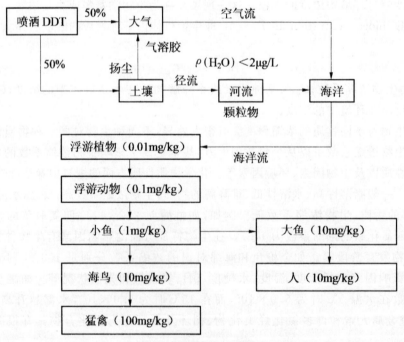

图 6-11 农药 DDT 在环境中的迁移和生物放大作用

中国科学院水生生物研究所的研究人员还发现,我国典型湖泊底泥中 19 世纪早期已存在微量二恶英,主要存在土壤的表层,一旦沉积,很难通过环境物理因素再转移,但却可通过食物链再传给其他生物,转移到环境中。因此,湖泊底泥中高浓度的二恶英可通过生物富集或生物放大对水生物和人类的健康产生极大威胁。通过实验还发现了二恶英在食物链中生物放大的直接证据,并提出了生物放大模型,从而否定了国际学术界过去一直认为二恶英在食物链中只存在生物积累而不存在生物放大的观点。

由于生物放大作用,杀虫剂及其他有害物质对人和生物的危害就变得十分惊人。一些毒素在身体组织中累积,不能变性或不能代谢,这就导致杀虫剂在食物链中每向上传递一级,浓度就会增加,而顶级取食者会遭受最高剂量的危害。

6.3.3　生物积累

生物放大或生物富集是属于生物积累的一种情况。所谓生物积累(Bioaccumulation)是指生物在其整个代谢活跃期内通过吸收、吸附、吞食等各种过程,从周围环境蓄积某种元素或难分解的化合物以致随生物的生长发育,富集系数不断增大的现象。生物积累程度也用富集系数表示。例如,有人研究牡蛎在 $50\mu g/L$ 氯化汞溶液中对汞的积累,在 7d、14d、19d 和 42d 时,富集系数分别为 500、700、800 和 1200,因此,任何机体在任何时刻,机体内某种元素或难分解化合物的浓度水平取决于摄取和排除两个过程的速率,当摄取量大于排除量时,就发生生物积累,表明在代谢活跃期内的生物积累过程中,富集系数是不断增加的。

环境中物质浓度的大小对生物积累的影响不大,但在生物积累过程中,不同种生物、同一种生物的不同器官和组织,对同一种元素或物质的平衡富集系数的数值,以及达到平衡所需要的时间可以有很大的差别。

综上所述,生物富集、生物放大及生物积累可在不同侧面为探讨污染物在环境中的迁移规律、污染物的排放标准和可能造成的危害,以及利用生物对环境进行监测和净化等提供重要的科学依据。

6.4　环境污染物质的生物转化

外来物质进入生物体后,在机体酶系统的代谢作用下转变成水溶性高而易于排出体外的化合物的过程称为生物转化。此过程包括氧化、还原、水解和结合等一系列化学反应。通过生物转化,污染物的毒性也随之改变。对于污染物在环境中的转化,微生物起关键作用。这是因为它们大量存在于自然界,生物转化呈多样性,又具有大的比表面积、繁殖迅速、对环境条件适应性强等特点。因此,了解污染物质的生物转化,尤其是微生物转化,有助于深入认识污染物质在环境中的分布与转化规律,为保护生态提供理论依据;并可有的放矢地采取污染控制及治理的措施,对开发无污染新工艺,具有重要的实用价值。

6.4.1　生物酶的基础知识

绝大多数的生物转化是在机体的酶参与和控制下进行的,酶是一类由细胞制造和分泌的、以蛋白质为主要成分的、具有催化活性的生物催化剂。依靠酶催化反应的物质叫底物;底物所发生的转化称为酶促反应。酶与底物结合形成酶—底物的复合物,复合物能分解成一个或多

个与起始底物不同的产物,而酶不变地被再生出来,继续参加催化反应。酶催化反应是可逆反应,化学反应的基本过程如下:

$$酶＋底物 \rightleftharpoons 酶－底物复合物 \rightleftharpoons 酶＋产物$$

酶催化作用的特点有四个。

①催化专一性高。各种酶都含有一个活性部位,活性部位的结构决定了该种酶能与什么样的底物相结合,即对底物具有高度选择性。如脲酶仅能催化尿素水解,但对包括结构与尿素非常相似的甲基尿素($CH_3NHCONH_2$)在内的其他底物均无催化作用。

②酶催化效率高。同一反应,酶催化反应的速度比一般催化剂催化的反应速度大$10^6 \sim 10^{13}$。

③酶催化需要温和的外界条件。酶的本质为蛋白质,对环境条件极为敏感,比化学催化剂更容易受到外界条件的影响,而变质失去催化效能。例如,高温、重金属、强酸、强碱等激烈的条件都能使酶丧失催化效能。

④酶催化作用一般要求温和的外界条件,如常温、常压、接近中性的酸碱度等。

酶的种类很多,根据起催化作用的场所,分为胞外酶和胞内酶两大类。这两类都在细胞中产生,但是胞外酶能通过细胞膜,在细胞外对底物起催化作用,通常是催化底物水解;而胞内酶不能通过细胞膜,仅能在细胞内发挥各种催化作用。

根据催化反应类型,酶分成六大类:水解酶、氧化还原酶、转移酶、裂解酶、异构酶、合成酶。酶按照成分分为单纯酶和结合酶两大类。单纯酶属于简单蛋白质,只由氨基酸组成,如脲酶、胃蛋白酶、核糖核酸酶。结合酶除含蛋白质外,还含有非蛋白质的小分子物质,后者一般称作辅酶。辅酶的成分是金属离子、含金属的有机化合物或小分子的复杂有机化合物。

农药或重金属等物质能使酶活性部位的结构发生改变,使酶变性,从而,抑制了它的催化作用。其他类似于天然底物结构的污染物质与酶结合,阻塞了这个活性部位,也会抑制酶的活性。环境对辅酶的损伤也同样地阻止酶发挥其催化功能。

6.4.2 生物转化的反应类型

环境化学物的生物转化过程主要包括四种类型:氧化反应、还原反应、水解反应和结合反应。前三种反应往往使分子上出现一个极性基团,使其易溶于水,并可进行结合反应。氧化、还原和水解反应是外源化学物经历的第一阶段反应(第一相反应),化学物最后经过结合反应,即第二阶段反应(第二相反应)后,再排出体外。

1.氧化反应

氧化反应可以分为两种:一种为微粒体混合功能氧化酶系催化;另一种为非微粒体混合功能氧化酶系催化。

所谓的微粒体并非独立的细胞器,而是内质网在细胞匀浆中形成的碎片。微粒体混合功能氧化酶系(MFOs)的特异性很低,进入体内的各种环境化学物几乎都要经过这一氧化反应转化为氧化产物。MFOs主要存在于肝细胞内质网中,粗面和滑面内质网形成的微粒体均含有MFOs,且滑面内质网形成的微粒体的MFOs活力更强。

此类氧化反应的特点是需要一个氧分子参与,其中一个氧原子被还原为H_2O,另一个与底物结合而使被氧化的化合物分子上增加一个氧原子,故称此酶为混合功能氧化酶或微粒体

单加氧酶,简称为单加氧酶,其反应式如下:

$$RH + NADPH + H^+ + O_2 \xrightarrow{MFOs} ROH + H_2O + NADP^+$$

底物　还原型辅酶Ⅱ　　　　　　氧化产物

MFOs 催化的氧化反应主要有以下几种类型:

(1)脂肪族羟化反应

脂肪族化合物侧链(R)末端倒数第一个或第二个碳原子发生氧化,形成羟基。如有机磷杀虫剂八甲磷经此反应生成羟甲基八甲磷,毒性增高;巴比妥也可发生此类反应。反应式如下:

$$RCH_3 \xrightarrow{[O]} RCH_2OH$$

(2)环氧化反应

烯烃类化学物质在双键位置加氧,形成环氧化物。环氧化物多不稳定,可继续分解。但多环芳烃类化合物,如苯并[a]芘,形成的环氧化物可与生物大分子发生共价结合,诱发突变或癌变。

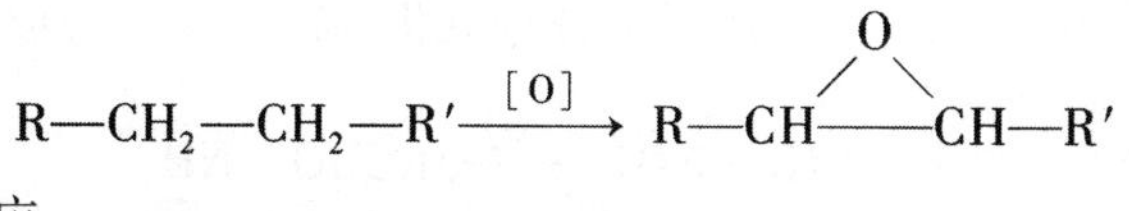

$$R-CH_2-CH_2-R' \xrightarrow{[O]} R-CH\overset{\displaystyle O}{\diagdown\diagup}CH-R'$$

(3)芳香族羟化反应

芳香环上的氢被氧化形成羟基。

$$C_6H_5R \xrightarrow{[O]} RC_6H_4OH$$

如苯可经此反应氧化为苯酚。苯胺可氧化为对氨基酚和邻氨基酚。萘、黄曲霉素等也可经此反应氧化。

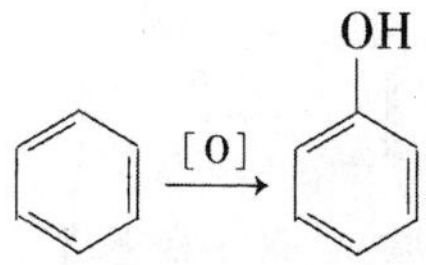

苯　　　　苯酚

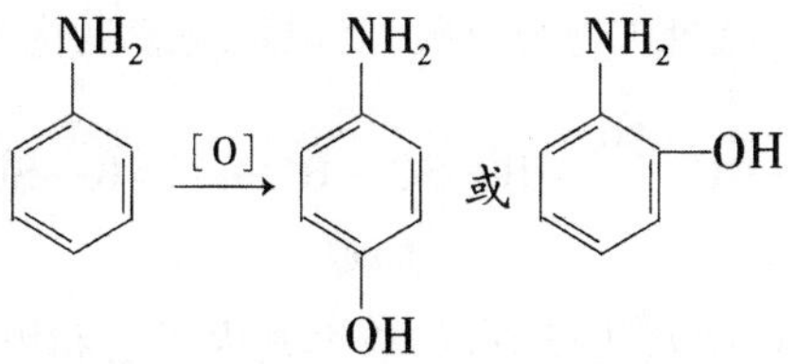

苯胺　　　对氨基酚或邻氨基酚

(4)氧化脱烷基反应

许多在 N—、O—、S—上带有短链烷基的化学物易被羟化,进而脱去烷基生成相应的醛和脱烷基产物。

$$R-CH_2-CH_2-R' \xrightarrow{[O]} \left[R-N\begin{matrix} CH_3 \\ CH_2OH \end{matrix} \right] \longrightarrow R-N\begin{matrix} CH_3 \\ H \end{matrix} + HCHO$$

$$\underset{\text{胺}}{RNH-R'-R''} \xrightarrow{[O]} RNH_2 + \underset{\text{酮}}{R'-CO-R''}$$

胺类化合物氨基 N 上的烷基被氧化脱去一个烷基,生成醛类或酮类。

O-脱烷基和 S-脱烷基反应与 N-脱烷基反应相似,氧化后脱去与氧原子或与硫原子相连的烷基。

$$R-O-CH_3 \xrightarrow{[O]} [R-O-CH_2OH] \longrightarrow ROH + HCHO$$

$$R-S-CH_3 \xrightarrow{[O]} [R-S-CH_2OH] \longrightarrow RSH + HCHO$$

某些烷基金属可进行脱烷基反应。四乙基铅[$Pb(C_2H_5)_4$]可在 MFOs 催化下脱去一个烷基,形成三乙基铅[$Pb(C_2H_5)_3$],毒性增大。三乙基铅可继续脱烷基形成二乙基铅。

(5)脱氨基反应

伯胺类化学物在邻近氮原子的碳原子上进行氧化,脱去氨基,形成醛类化合物。

$$R-CH_2-\dot{N}H_2 \xrightarrow{[O]} RCHO + NH_3$$

(6)N-羟化反应

外源化学物的$-NH_2$ 上的一个氢与氧结合的反应。苯胺经 N-羟化反应形成 N-羟基苯胺,可使血红蛋白氧化成为高铁血红蛋白。

$$R-NH_2 \xrightarrow{[O]} R-NH-OH$$

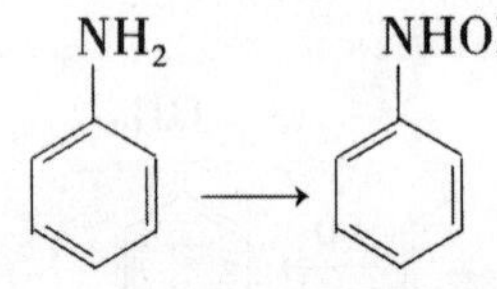

苯胺　N-羟基苯胺

(7)S-氧化反应

多发生在硫醚类化合物,代谢产物为亚砜,亚砜可继续氧化为砜类。

$$\underset{\text{硫醚}}{R-S-R'} \xrightarrow{[O]} \underset{\text{亚砜}}{R-SO-R'} \xrightarrow{[O]} \underset{\text{砜}}{R-SO_2-R'}$$

某些有机磷化合物可进行硫氧化反应,如杀虫剂内吸磷和甲拌磷等,氨基甲酸酯类杀虫剂如灭虫威和药物氯丙嗪等。

(8)脱硫反应

有机磷化合物可发生这一反应,使 P=S 基变为 P=O 基。如对硫磷可转化为对氧磷,毒性增大。

$$RO \diagdown \underset{\underset{OR'(或SR')}{|}}{\overset{\overset{S}{\|}}{P}} \quad \xrightarrow{[O]} \quad RO \diagdown \underset{\underset{OR'(或SR')}{|}}{\overset{\overset{O}{\|}}{P}}$$

$$C_2H_5O \diagdown \underset{\underset{O}{|}}{\overset{\overset{S}{\|}}{P}}-O-\langle\!\!\!\bigcirc\!\!\!\rangle-NO_2 \quad \longrightarrow \quad C_2H_5O \diagdown \underset{\underset{O}{|}}{\overset{\overset{O}{\|}}{P}}-O-\langle\!\!\!\bigcirc\!\!\!\rangle-NO_2$$

对硫磷   对氧磷

（9）氧化脱卤反应

卤代烃类化合物可先形成不稳定的中间代谢产物,即卤代醇类化合物,再脱去卤族元素。如 DDT 可经氧化脱卤反应形成 DDE 和 DDA。DDE 具有较高的脂溶性,占 DDT 全部代谢物的 60%。

$$R\!-\!CH_2X \xrightarrow{[O]} RXHOH \xrightarrow{\quad C \quad} RCHO + HX$$

具有醛、醇、酮功能基团的外源化学物的氧化反应是在非微粒体酶催化下完成的,这类酶主要包括醇脱氢酶、醛脱氢酶及胺氧化酶类。此类酶主要在肝细胞线粒体和胞液中存在,肺、肾也有出现。

（1）醇脱氢酶

此类酶可催化伯醇类,如甲醇、乙醇、丁醇,进行氧化反应形成醛类,催化仲醇类氧化形成酮类。在反应中需要辅酶Ⅰ（NAD）或辅酶Ⅱ（NADP）为辅酶。

$$\underset{醇类}{RCH_2OH} \underset{\quad}{\overset{NAD}{\rightleftharpoons}} \underset{醛类}{RCHO} + NADH + H^+$$

（2）醛脱氢酶

肝细胞线粒体和胞液中含有醛脱氢酶。醛类的氧化反应主要由肝组织中的醛脱氢酶催化。乙醇进入体内经醇脱氢酶催化而形成乙醛,再由线粒体乙醛脱氢酶催化形成乙酸。乙醇对机体的毒性作用主要来自于乙醛。如体内醛脱氢酶活力较低,可导致饮酒后乙醛聚积,引起酒精中毒。

$$\underset{醛类}{RCHO} \xrightarrow{NAD} \underset{酸类}{RCOOH}$$

（3）胺氧化酶

主要存在于线粒体中,可催化单胺类和二胺类氧化反应形成醛类。因底物不同可分为单胺氧化酶和二胺氧化酶。

2.还原反应

在污染物厌氧降解过程中,厌氧微生物细胞分泌产生各种还原酶,其中含有过渡金属组成的蛋白,例如,铁氧还原蛋白酶等,能够分别催化污染物的还原水解、产酸和产甲烷等一系列反应过程。

在厌氧降解过程中,一些氧化态比较高或者亲电性比较强的基团,包括磺酸基、硝基、偶氮基团、多取代的氯原子等能够起电子受体的作用,通过吸收厌氧过程释放的电子而得到还原。还原后生成的中间产物可以在厌氧过程继续降解,或者切换转入好氧生物过程,进行快速、彻底的好氧降解。

表 6-1 表示有机污染物在还原酶催化下的还原反应。

表 6-1　有机污染物的酶催化还原反应

还原类型	还原反应
可逆脱氢酶加氢还原	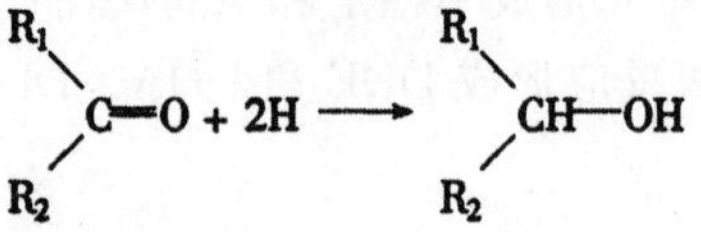
硝基还原酶还原	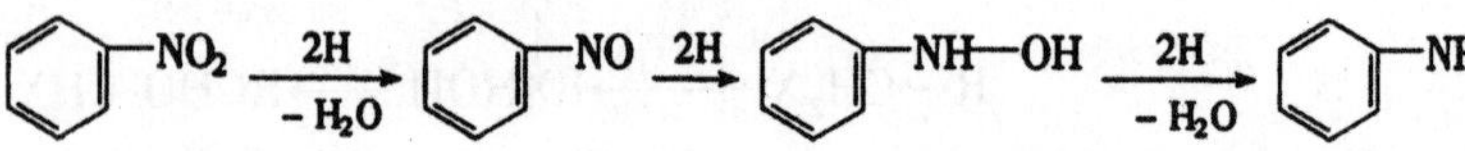
偶氮还原酶还原	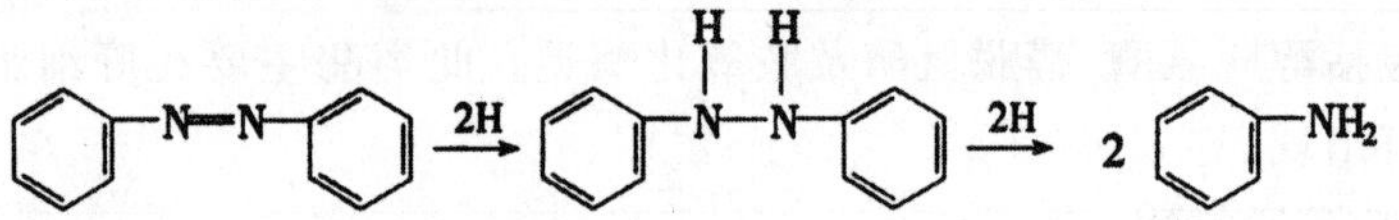
还原脱氢酶还原	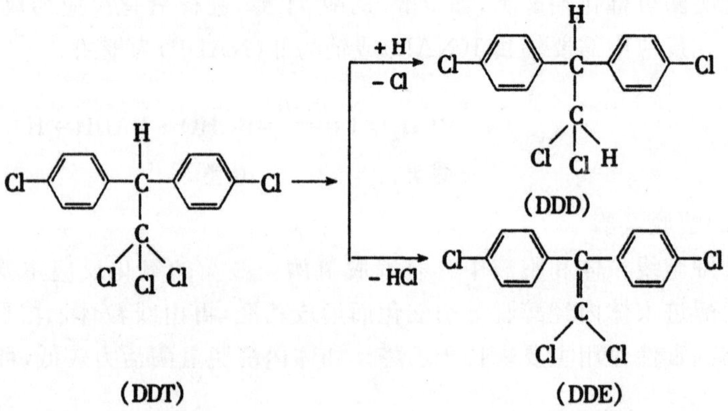

3.水解反应

羧酸酯酶、芳香酯酶、磷脂酶、酰胺酶等可分别催化脂肪族酯、芳香族酯、磷酸酯、酰胺的水解反应,如表 6-2 所示。

表 6-2　有机污染物的酶催化水解反应

水解类型	水解反应
羧酸酯酶水解	$RCOOR' + H_2O \longrightarrow RCOOH + R'OH$

水解类型	水解反应
芳香酯酶水解	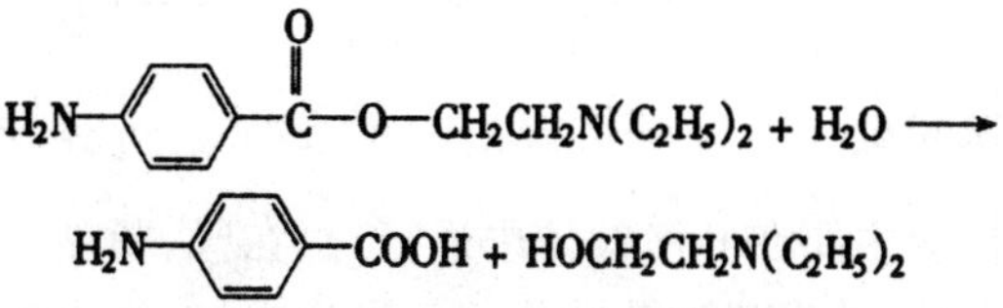 $H_2N-\text{（苯环）}-\overset{O}{\underset{}{C}}-O-CH_2CH_2N(C_2H_5)_2 + H_2O \longrightarrow$ $H_2N-\text{（苯环）}-COOH + HOCH_2CH_2N(C_2H_5)_2$
磷脂酶水解	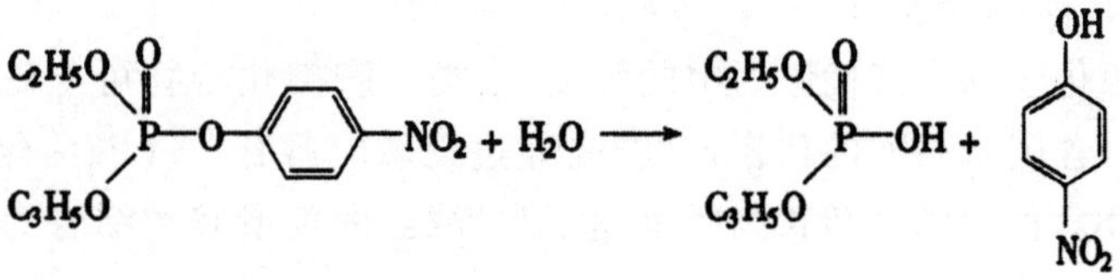 $\begin{array}{c}C_2H_5O \\ C_3H_5O\end{array}\overset{O}{\underset{}{P}}-O-\text{（苯环）}-NO_2 + H_2O \longrightarrow \begin{array}{c}C_2H_5O \\ C_3H_5O\end{array}\overset{O}{\underset{}{P}}-OH + HO-\text{（苯环）}-NO_2$
酰胺酶水解	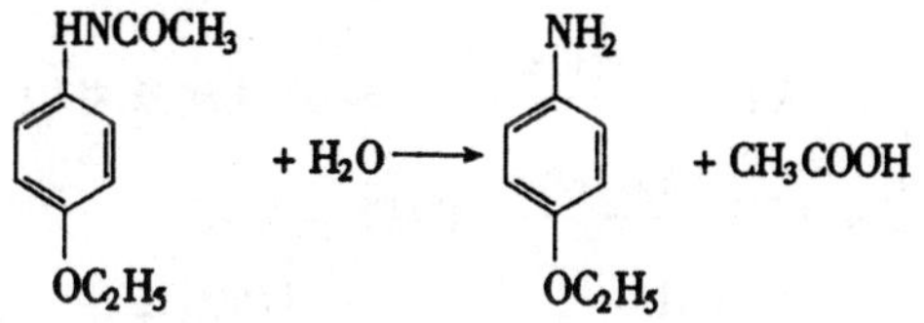 $\text{HNCOCH}_3-\text{（苯环）}-OC_2H_5 + H_2O \longrightarrow \text{NH}_2-\text{（苯环）}-OC_2H_5 + CH_3COOH$

4. 结合反应

(1)葡萄糖醛酸结合反应

葡萄糖醛酸结合在结合反应中占有最重要的地位。许多外源化学物如醇类、硫醇类、酚类、羧酸类和胺类等均可进行此类反应。几乎所有的哺乳动物和大多数脊椎动物体内均可发生此类结合反应。

葡萄糖醛酸的来源：糖类代谢中生成尿苷二磷酸葡萄糖（UDPG）。UDPG 被氧化生成的尿苷二磷酸葡萄糖醛酸（UDPGA）是葡萄糖醛酸的供体，在葡萄糖醛酸基转移酶的催化下能与外源化学物及其代谢物的羟基、氨基和羧基等基团结合，反应产物是 β-葡萄糖醛酸苷。直接从体外输入的葡萄糖醛酸不能进行此结合反应。

$$\text{尿苷三磷酸} + \text{葡萄糖} - 1 - \text{磷酸} \xrightarrow{\text{UDPG 焦磷酸化酶}} \text{UDPG} + \text{焦磷酸盐}$$

$$\text{UDPG} + 2\text{NAD} \xrightarrow{\text{UDPG 脱氢酶}} \text{UDPGA} + 2\text{NADH}_2$$

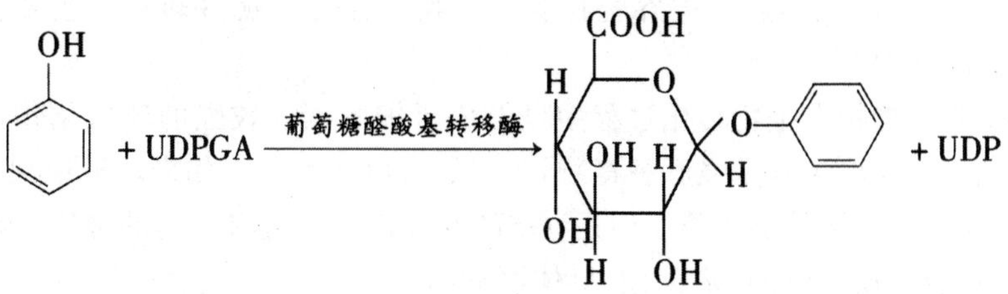

辅酶 I 还原辅酶 I

苯基－β－葡萄糖醛酸苷　　尿苷二磷酸

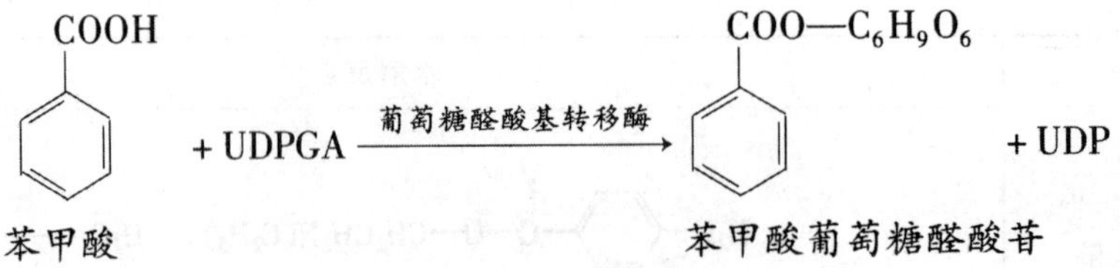

$$\text{苯甲酸} \quad + \text{UDPGA} \xrightarrow{\text{葡萄糖醛酸基转移酶}} \text{苯甲酸葡萄糖醛酸苷} \quad + \text{UDP}$$

此类结合反应主要在肝微粒体中进行,也在肾、肠黏膜和皮肤中。结合物可随胆汁进入肠道,在肠菌群的 β-葡萄糖醛酸苷酶作用下发生水解,被重吸收,进入肠肝循环。

(2)硫酸结合反应

外源化学物及其代谢物中的醇类、酚类或胺类化合物可与硫酸结合形成硫酸酯。内源性硫酸来自含硫氨基酸的代谢产物,先经过三磷酸腺苷(ATP)活化,成为 3′-磷酸腺苷-5-磷酸硫酸(PAPS),再在磺基转移酶的催化下与醇类、酚类或胺类结合为硫酸酯。苯酚与硫酸结合反应是常见的硫酸结合反应。

$$SO_4^{2-} + ATP \xrightarrow{\text{硫酸化酶}} 5′-\text{磷酰硫酸腺苷(APS)} + \text{焦磷酸(PPi)}$$

$$APS + ATP \xrightarrow{\text{磺基转移酶}} PAPS + ADP$$

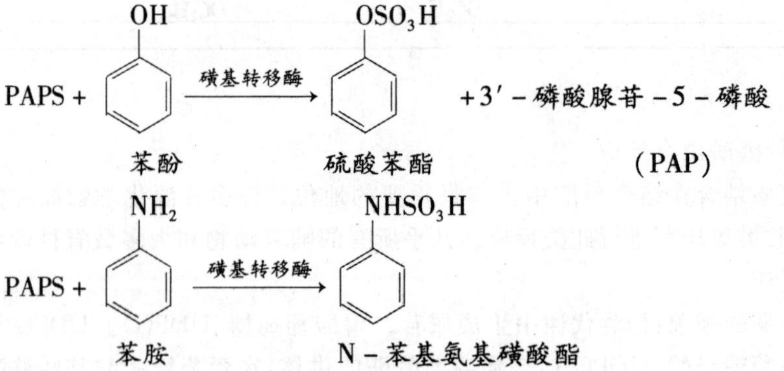

$$PAPS + \text{苯酚} \xrightarrow{\text{磺基转移酶}} \text{硫酸苯酯} + 3′-\text{磷酸腺苷}-5-\text{磷酸(PAP)}$$

$$PAPS + \text{苯胺} \xrightarrow{\text{磺基转移酶}} N-\text{苯基氨基磺酸酯}$$

硫酸结合反应多在肝、肾、胃肠等组织中进行。由于体内硫酸来源有限,故此类反应较少。硫酸结合反应一般可使外源化学物毒性降低或丧失,但有的外源化学物经此类反应后,毒性反而增强,如芳香胺类的一种致癌物 2-乙酰氨基芴(FAA 或 AAF)在体内经 N-羟化反应后,其羟基可与硫酸结合形成致癌作用更强的硫酸酯。

(3)谷胱甘肽结合反应

环氧化物卤代芳香烃、不饱和脂肪烃类及有毒金属等在谷胱甘肽-S-转移酶的催化下,均能与谷胱甘肽(GSH)结合而解毒,生成谷胱甘肽结合物。谷胱甘肽-S-转移酶主要存在于肝、肾细胞的微粒体和胞液中。

许多致癌物和肝脏毒物在生物转化过程中可形成对细胞毒性较强的环氧化物,如溴化苯经环氧化反应生成的环氧溴化苯是强肝脏毒物,可引起肝脏坏死。但如果环氧溴化苯与 GSH 结合,其毒性能够降低并易于排出体外。但是,GSH 在体内的含量有一定的限度,若短时间内形成大量环氧化物,会导致 GSH 耗竭,引起机体严重损害。

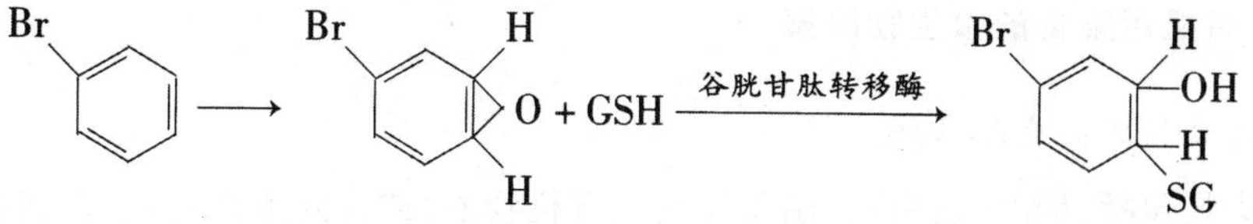

（4）乙酰结合反应

乙酰辅酶 A 是糖、脂肪和蛋白质的代谢产物。在 N-乙酰转移酶的催化下，芳香伯胺、肼、酰肼、磺胺类和一些脂肪胺类化学物可与乙酰辅酶 A 作用生成乙酰衍生物。N-乙酰转移酶主要分布在肝及肠胃黏膜细胞中，也存在于肺、脾中。许多动物体内具有乙酰结合能力，如鼠、豚鼠、兔、马、猫、猴及鱼类。

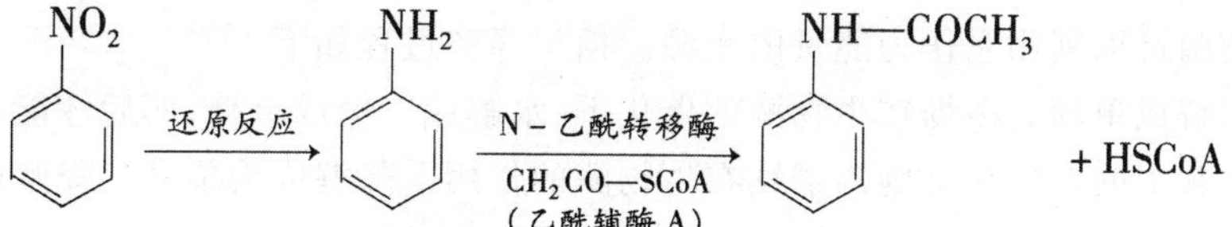

（5）氨基酸结合反应

含有羧基（—COOH）的外源化学物可与氨基酸结合，反应的本质是肽式结合，以甘氨酸结合最多见。如苯甲酸可与甘氨酸结合形成马尿酸而排出体外；氢氰酸可与半胱氨酸结合而解毒，并随唾液和尿液排出体外。

$$C_6H_5COOH + NH_2CH_2COOH \longrightarrow C_6H_5CONHCH_2COOH + H_2O$$

　　苯甲酸　　　　甘氨酸　　　　　　马尿酸

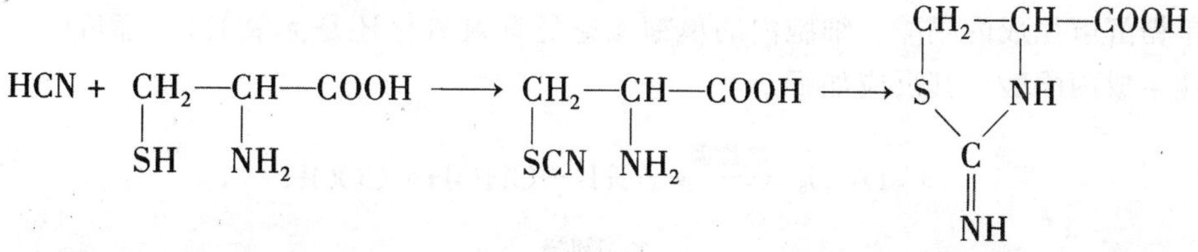

氢氰酸　　半胱氨酸　　　　　　　　　　　　亚氨噻唑烷－4－羧酸

（6）甲基结合反应

各种酚类（如多羟基酚）、硫醇类、胺类及氮杂环化合物（如吡啶、喹啉、异吡唑等）在体内可与甲基结合，也称甲基化。甲基化一般是一种解毒反应，是体内生物胺失活的主要方式。除叔胺外，甲基化产物的水溶性均比母体化合物低。甲基主要由 S-腺苷蛋氨酸提供，也可由 N5-甲基四氢叶酸衍生物和维生素 B_{12} 衍生物提供。蛋氨酸的甲基经 ATP 活化，成为 S-腺苷蛋氨酸，再由甲基转移酶催化，发生甲基化反应。

微生物中金属元素的生物甲基化普遍存在，如铅、汞、铂、锡、铊、金以及类金属如砷、硒、碲和硫等，都能在生物体内发生甲基化。金属生物甲基化的甲基供体是 S-腺苷蛋氨酸和维生素 B_{12} 衍生物。

6.4.3 有机污染物的微生物降解

1. 耗氧污染物的微生物降解

耗氧污染物包括：糖类、蛋白质、脂肪及其他有机物质（或其降解产物）。在细菌的作用下，耗氧有机物可以在细胞外分解成较简单的化合物。耗氧有机物质通过生物氧化以及其他的生物转化，可以变成更小更简单的分子的过程称为耗氧有机物质的生物降解，如果有机物质最终被降解成为 CO_2、H_2O 等无机物质，我们说有机物质被完全降解，否则我们称之为不彻底降解。

（1）糖类的微生物降解

糖类包括单糖、二糖和多糖。糖类是由 C、H、O 等三种元素构成。糖是生物活动的能量供应物质。细菌可以利用它作为能量的来源。糖类降解过程如下。

①多糖水解成单糖。多糖在生物酶的催化下，水解成二糖或单糖，而后才能被微生物摄取进入细胞内。其中的二糖在细胞内继续在生物酶的作用下降解成为单糖。降解产物最重要的单糖是葡萄糖。

$$(C_6H_{10}O_5)_n + \frac{n}{2}H_2O \longrightarrow \frac{n}{2}C_{12}H_{22}O_{11}$$

$$淀粉 \xrightarrow[水解]{淀粉糖化酶} 乳糖$$

$$纤维素 \xrightarrow[水解]{纤维素水解酶} 纤维二糖$$

$$C_{12}H_{22}O_{11} + H_2O \longrightarrow 2C_6H_{12}O_6$$

$$纤维素 \xrightarrow{水解酶} 葡萄糖$$

②单糖酵解生成丙酮酸。细胞内的单糖无论是有氧氧化还是无氧氧化，都可经过一系列酶促反应生成丙酮酸。其反应如下：

$$C_6H_{12}O_6 \xrightarrow{乳酸菌} 2CH_3-CHOH-COOH$$

$$CH_3-CHOH-COOH \xrightarrow[[O]]{酶和辅酶} CH_3COCOOH + H_2O$$

③丙酮酸的转化。在有氧氧化的条件下，丙酮酸能被乙酰辅酶 A 作用，经三羧酸循环（图 6-12），最终氧化成 CO_2 和 H_2O。在无氧氧化条件下丙酮酸往往不能氧化到底，只氧化成各种酸、醇、酮等。这一过程称为发酵。糖类发酵生成大量有机酸，使 pH 值下降，从而抑制细菌的生命活动，属于酸性发酵，发酵具体产物决定于产酸菌种类和外界条件。化学反应式如下：

$$CH_3COCOOH + 2[H] \xrightarrow[乳酸菌]{厌氧} CH_3CH(OH)COOH$$

$$CH_3COCOOH \longrightarrow CO_2 + CH_3CHO$$

$$CH_3CHO + 2[H] \longrightarrow CH_3CH_2OH$$

总反应式：　　$CH_3COCOOH + 2[H] \xrightarrow[\text{酵母菌}]{\text{兼性厌氧}} CO_2 + CH_3CH_2OH$

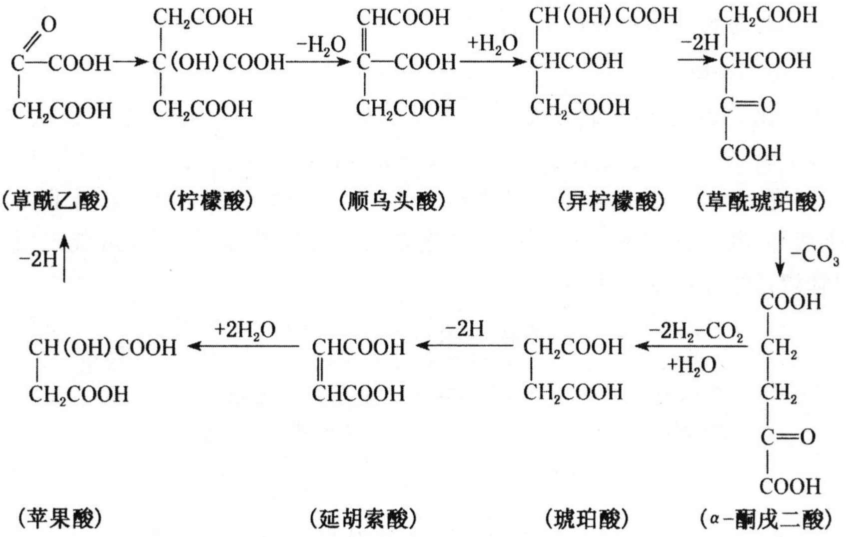

图 6-12　三羧酸循环

（2）脂肪和油类的微生物降解

脂肪由脂肪酸和甘油合成的酯。常温下呈固态是脂,多来自动物;而呈液态的是油,多来自植物。微生物降解脂肪的基本途径如下:

①脂肪和油类水解成脂肪酸和甘油。脂肪和油类首先在细胞外经水解酶催化水解成脂肪酸和甘油。

②甘油和脂肪酸转化。甘油在有氧或无氧氧化条件下,均能被一系列的酶促反应转变成丙酮酸。丙酮酸则可经三羧酸循环,在有氧的条件下最终生成 CO_2 和 H_2O,而在无氧的条件下通常转变为简单的有机酸、醇和 CO_2 等。

脂肪酸在有氧氧化条件下,β-氧化途径进入三羧酸循环,最后完全氧化成 CO_2 和 H_2O。在无氧的条件下,脂肪酸通过酶促反应,其中间产物不被完全氧化,形成低级的有机酸、醇和 CO_2。

（3）蛋白质的微生物降解

蛋白质的主要组成元素是 C、H、O 和 N,有些还含有 S、P 等元素。微生物降解蛋白质的途径是:

①蛋白质水解成氨基酸。蛋白质由胞外水解酶催化水解成氨基酸。随后进入细胞内部。

②氨基酸转化成脂肪酸。氨基酸在细胞内经不同酶的作用和不同的途径转化成脂肪酸。随后脂肪酸经前面所讲述的过程进行转化。

总而言之,蛋白质通过微生物的作用,在有氧的条件下可彻底降解成为二氧化碳、水和氨。而在无氧氧化下通常是酸性发酵,生成简单有机酸、醇和二氧化碳等,降解不彻底。

在无氧氧化条件下糖类、脂肪和蛋白质都可借助产酸菌的作用降解成简单的有机酸、醇等化合物。如果条件允许,这些有机化合物在产氢菌和产乙酸菌的作用下,可被转化成乙酸、甲酸、氢气和二氧化碳,进而经产甲烷菌的作用产生甲烷。复杂的有机物质这一降解过程,称为甲烷发酵或沼气发酵。在甲烷发酵中一般以糖类的降解率和降解速率最高,其次是脂肪,最低的是蛋白质。

2.有毒有机物的生物转化和微生物降解

(1)烃类的微生物降解

在解除碳氢化合物环境污染方面尤其是从水体和土壤中消除石油污染物具有重要的作用。

碳原子>1 的正烷烃,其最常见降解途径是:通过烷烃的末端氧化,或次末段氧化,或双端氧化,逐步生成醇、醛及脂肪酸。而后经 β-氧化进入三羧酸循环,最终降解成二氧化碳和水。末端氧化的降解过程如图 6-13 所示。

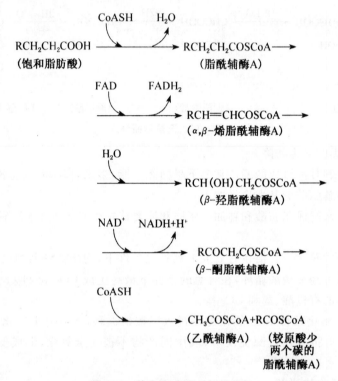

图 6-13　饱和脂肪酸 β-氧化途径

烯烃的微生物降解途径主要是烯的饱和末端氧化,再经与正烷烃相同的途径成为不饱和脂肪酸。或者是不饱和末端双键氧化成为环氧化合物,然后形成饱和脂肪酸,β-氧化进入三羧酸循环,最终降解成二氧化碳和水。以上过程如图 6-14 所示。

苯的降解途径如图 6-15 所示。

(2)农药的生物降解

农药的生物降解对环境质量十分重要,并且农药的生物降解变化很大。用于控制植物的除草剂和用于控制昆虫的杀虫剂,通常对微生物没有任何有害影响。有效的杀菌剂则必然具有对微生物的毒害作用。农药的微生物降解可由微生物以各种途径的催化反应进行。

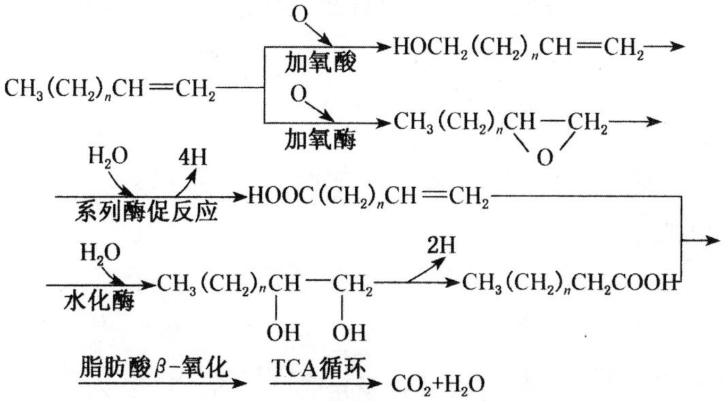

图 6-14　饱和脂肪酸 β-氧化途径

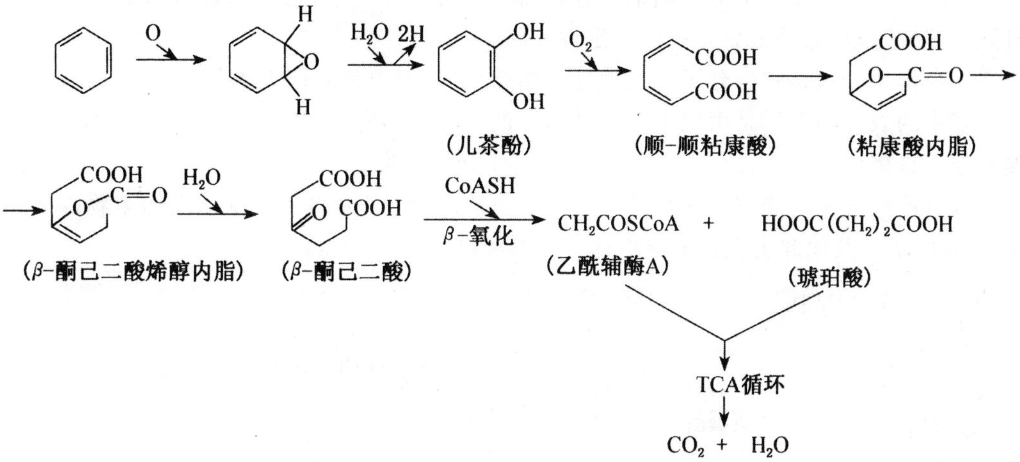

图 6-15　苯的降解途径

现就这些反应逐一加以举例说明。

①氧化作用。氧化是通过氧化酶的作用进行的,例如微生物催化转化艾氏剂为狄氏剂就是生成环氧化物的一个例子。

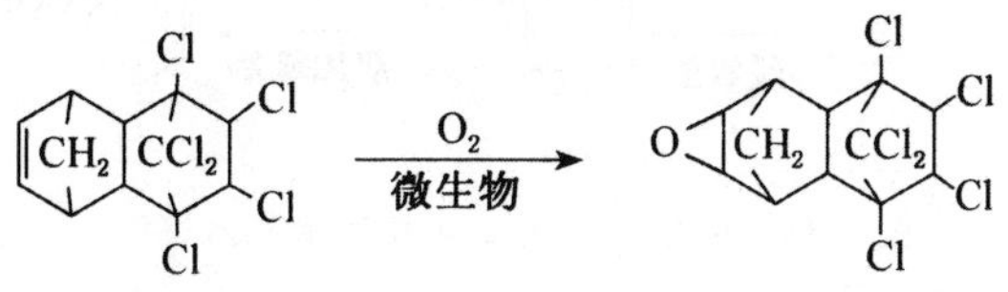

艾氏剂　　　　　　　　　　狄氏剂

②还原作用。主要是把硝基还原成氨基的反应。

③水解作用。是农药进行生物降解的第三种重要的步骤,酯和酰胺常发生水解反应。

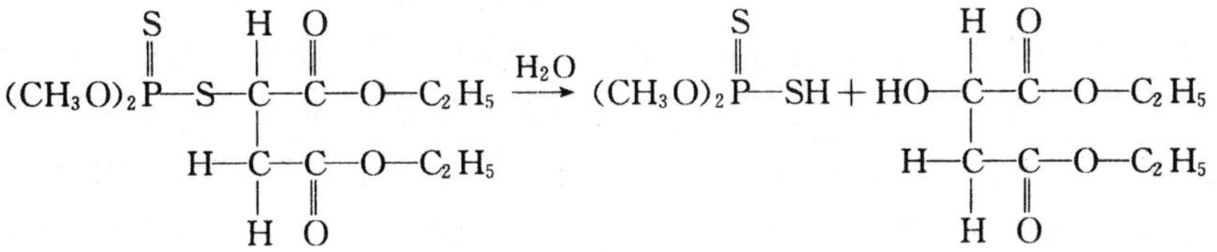

④脱卤作用。主要是一些细菌参与的—OH 置换卤素原子的反应。

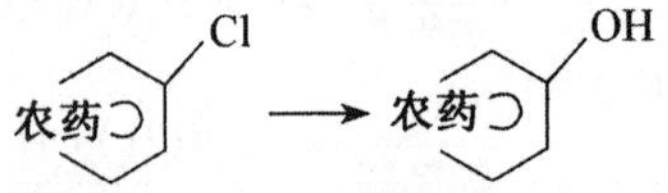

⑤脱烃作用。脱烃反应可以去除与氧、硫或氮原子连着的烷基。

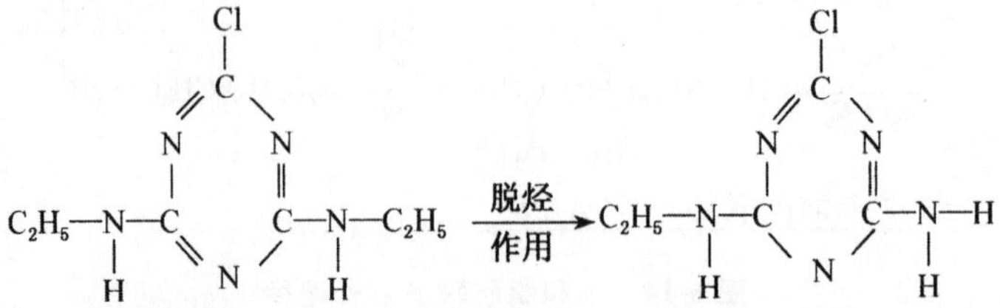

⑥环的断裂。首先是单加氧酶催化作用加上一个—OH 基,再由二加氧酶的催化作用使环打开,它是芳香烃农药最后降解的决定性步骤。

⑦缩合作用。这是农药分子与其他分子结合反应,可以使农药失去活性。

环境中的农药的降解是由以上的各种途径的一种或多种完成的。现就一些典型的农药降解途径作一具体说明。

①苯氧乙酸的生物降解。苯氧乙酸是一大类除草剂,其中的 2,4-D 乙酯的生物降解途径如图 6-16 所示。其他此类农药的降解途径与其类同。

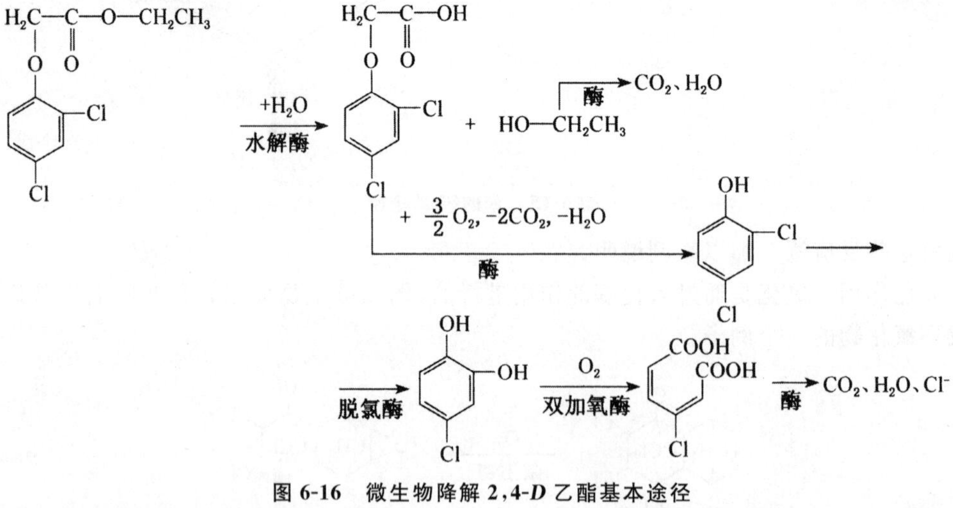

图 6-16 微生物降解 2,4-D 乙酯基本途径

②DDT 农药的生物降解。DDT 是一种人工合成的高效广谱有机氯杀虫剂,广泛用于畜牧业、农业、林业及卫生保健事业。1874 年由德国化学家宰特勒首次合成,直到 1939 年才有瑞士人米勒发现其具有杀虫性能。第二次世界大战后,其作为强力杀虫剂在世界范围内广泛的使用,为农业丰产和预防传染疾病等方面作出了重大贡献。

人们一直以为 DDT 之类的有机氯农药是低毒安全的,后来发现它的理化性质稳定,在食品和自然界中可以长期残留,在环境中通过食物链能大大浓集;进入生物体后,因脂溶性强,可长期在脂肪组织中蓄积。因此,对使用有机氯农药所造成的环境污染和对人体健康的潜在危险才日益引起人们的重视。此外,由于长期使用,一些虫类对其产生了抗药性,导致使用剂量越来越大。造成了全球性的环境污染问题。鉴于此,DDT 已经被包括我国在内的许多国家禁止使用,但在环境中仍然有大量的残留。

　　DDT 虽然有较为稳定的理化性质,氮在环境中和生物体内仍然可以进行生物降解,其降解途径如图 6-17 所示。

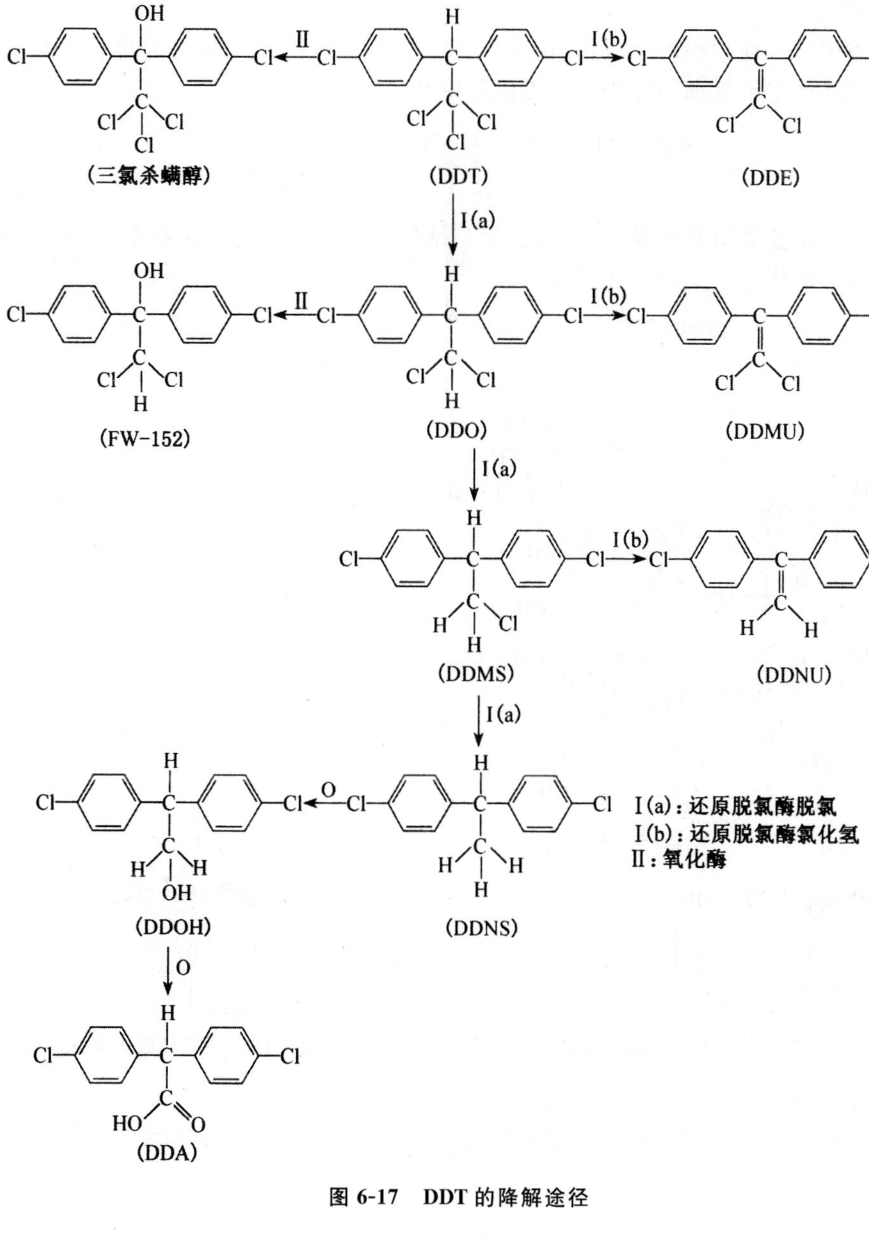

I(a):还原脱氯酶脱氯
I(b):还原脱氯酶氯化氢
Ⅱ:氧化酶

图 6-17　DDT 的降解途径

6.4.4　微生物对重金属元素的转化作用

1. Hg 的微生物降解

汞在环境中的存在形态有金属汞、无机汞和有机汞化合物三种,各形态的汞一般具有毒性。但毒性大小不同,其毒性大小的顺序可以按无机汞、金属汞和有机汞的顺序递增。烷基汞是已知的毒性最大的汞化合物,其中甲基汞的毒性最大,甲基汞脂溶性大,化学性质稳定,容易被生物吸收,难以代谢消除,能在食物链中逐级传递放大,最后由鱼类进入人体。

汞的微生物转化主要方式是生物甲基化和还原作用。

(1)汞的甲基化

排入水体中的毒性较小的无机汞,在微生物作用下可转化成毒性较大的甲基汞。甲基汞的形成是由于环境中厌氧细菌作用而使无机汞甲基化:

$$Hg^{2+} + 2R-CH_3 \longrightarrow CH_3Hg^+$$
$$R-CH_3 \rightarrow (CH_3)_2Hg$$

甲基汞是在甲基钴氨素的参与下形成,甲基钴氨素结构式及简式如图 6-18、图 6-19 所示。甲基钴氨素在辅酶作用下反应生成甲基汞。

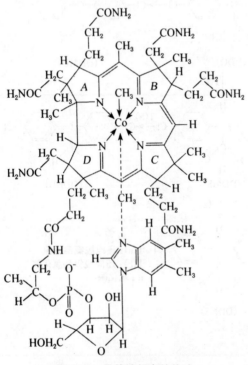

图 6-18　甲基钴氨素结构式

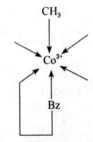

图 6-19　甲基钴胺素简式

汞的完整甲基化途径如图 6-20 所示。

汞不仅可以在微生物的作用下进行甲基化,而且也能在乙醛、乙醇和甲醇的作用下进行甲基化。

(2)还原作用

在水体的底质中还可能存在一类抗汞微生物,能使甲基汞或无机汞变成金属汞。这是微生物以还原作用转化汞的途径,如:

$$CH_3Hg^+ + 2H \longrightarrow Hg + CH_4 + H^+$$
$$HgCl_2 + 2H \longrightarrow Hg + 2HCl$$

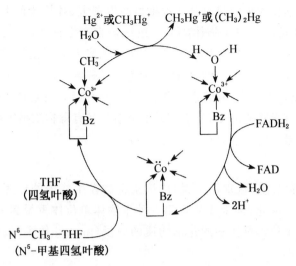

图 6-20　甲的汞基化途径

汞的还原作用反应方向恰好与汞的生物甲基化方向相反,故又称为生物去甲基化。常见的抗汞微生物是假单胞菌属。

2. As 的微生物降解

砷能使人与动物的中枢神经系统中毒,使细胞代谢的酶系统失去作用,还发现砷具有致癌作用,因而它是一种毒性很强的元素,已知亚砷酸盐比砷酸盐毒性更大,而且易挥发的甲基胂也对人类有毒害作用。

6.5　环境污染物的生物毒效应

6.5.1　污染物的毒性

1. 毒物和毒性

毒物(toxicant)是指在一定条件下,较小剂量就能对机体产生损害作用或使机体出现异常反应的化学物质。毒物进入生物机体后能使其体液和组织发生生物化学反应,干扰或破坏生物机体的正常生物功能,引起暂时性或持久性的病理损害,甚至危及生命。

毒物的种类很多,包括无机化合物、有机化合物、有机金属化合物、金属、各种形式的痕量元素及来自于植物或动物的化合物。

毒物和非毒物没有绝对的界限。某种化学物质在某一特定条件下可能是有毒的,而在另一条件下却可能是无毒的。毒性的定义受到很多限制性因素的影响,必须充分考虑生物体接触的剂量、接触的途径及生物的种类等。环境毒物是指残留在环境中的对生物和人体有害的化学物质。

毒性(toxicity)是指一种物质对生物体易感部位产生有害作用的性质和能力。毒性越强的化学物质,导致机体损伤所需的剂量就越小。多数化学物质对机体的毒性作用是具有一定的选择性的。一种化学物质可能只对某一种生物产生毒害,对其他种类的生物不具有损害作用;或者一种化学物质可能只对生物体内某一组织器官产生毒性,对其他组织器官无毒性作用。这种毒性称为选择毒性,受到损害的生物或组织器官称为靶生物或靶器官。人体的每一部位对于毒物的损害都是敏感的。例如,呼吸系统可因有毒气体(如 Cl_2 或 NO_2 等)的吸入而受到损害;有机磷酸酯杀虫剂和"神经毒气"能干扰中枢神经系统功能,急性中毒可以致死;肝脏和肾脏特别容易受有毒物质的损害,敏感的生殖系统受有毒物质损害后,会造成生殖能力丧失或新生儿畸形等后果。

2. 剂量

剂量(dose)是一种数量,从理论上说,应该指毒物在生物体的作用点上的总量。但这个"总量"难以定量求得。因此,剂量往往采用一种生物体单位体重暴露的有毒物的量来表示。剂量的单位通常是以单位体重接触的化学物质的数量(mg/kg 体重)或机体生存环境的浓度(mg/m^3 空气,mg/L 水)来表示。

同一种化学物质的剂量不同,对机体造成的损害作用的性质和程度也不同,因此,剂量的概念必须与损害作用的性质和程度相联系。毒理学中常用的剂量包括如下的概念。

(1)致死剂量

致死剂量(lethal dose,LD)是指以机体死亡为观察指标的化学物质的剂量。按照可引发的受试生物群体中死亡率的不同,致死剂量又分为不同的概念。绝对致死量(absolutelethal dose,LD_{100})是指能引起观察个体全部死亡的最低剂量,或在实验中可引起实验动物全部死亡的最低剂量。半数致死量(half lethal dose,LD_{50})是指在一定时间内引起受试生物群体半数个体死亡的毒物剂量。

与 LD_{50} 相似的概念还有半数致死浓度(half lethal concentration,LC_{50}),即能引起观察个体的 50% 死亡的最低浓度,一般以 mg/m^3 或 mg/L 为单位来表示空气中或水中化学物质的浓度。在实际工作中,LC_{50} 是指受试群体接触化学物质一定时间(2~4 小时)后,并在一定观察期限内(一般为 14 天)死亡 50% 个体所需的浓度。

最小致死量(minimum lethal dose,MLD)是指引起受试群体中个别个体死亡的化学物质最低剂量。

最大耐受量(maximal tolerance dose,MTD 或 LD_0)是指受试群体中不出现个体死亡的最高剂量,接触此剂量的个体可出现严重的中毒反应,但不发生死亡。

(2)半数效应剂量

半数效应剂量(median effective dose,ED_{50})是指化学物质引起机体某项生物效应(常指非死亡效应)发生 50% 改变所需的剂量。

(3)最小有作用剂量

最小有作用剂量(minimal effectlevel,MEL)是指化学物质按一定方式或途径与机体接触时,在一定时间内,能使机体发生某种异常生理、生化或潜在病理学改变的最小剂量。

(4)最大无作用剂量

最大无作用剂量(maximal no-effect level,MNEL)是指化学物质在一定时间内按一定方式或途径与机体接触后,未能观察到对机体有任何损害作用的最高剂量。

（5）安全浓度

安全浓度（safe concentration，SC）是指通过整个生活周期甚至持续数个世代的慢性实验，对受试生物确无影响的化学物质浓度。

6.5.2　剂量-效应（响应）关系曲线

毒物对生物体的效应差异很大。这些差异包括能观察到的毒性发作的最低水平，机体对毒物增量的敏感度，大多数生物体发生最终效应（特别是死亡）的水平等等。生物体内的一些重要物质，如营养性矿物质，存在最佳的量范围，过高或过低都可能有害。

毒物学中的重要概念，剂量-效应（响应）关系，可以用来描述以上因素的影响。定义剂量-效应（响应）关系，需要指定一种特别的效应，如生物体的死亡；需要指定观察到该效应的条件，如承受剂量的时间长度；需要指定观察效应的毒物受体为一群同类生物体等等。在相对低的剂量水平下，该类生物群体没有响应（如全部活着），而在更高的剂量水平，所有生物体均表现出响应（如全部死亡）。在这两种情况之间，存在一个剂量范围，可以获得一条剂量-效应（响应）曲线。

图 6-21 给出了典型的剂量-效应（响应）曲线。用相同方式将某一毒物对同一群实验动物投入不同的剂量，用累积死亡率对剂量的常用对数作图，就能得到剂量-响应曲线。S 形曲线的中间点对应的剂量是 50% 目标生物体死亡的统计估计剂量，即 LD_{50}。实验生物体死亡 5%（LD_5）和 95%（LD_{95}）的估计剂量通过在曲线上的 5% 死亡率和 95% 死亡率的剂量水平得到。S 形曲线较陡，表明 LD_5 和 LD_{95} 的差别相对较小。

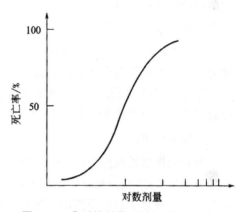

图 6-21　典型的剂量-效应（响应）曲线

建立化学物质的剂量-效应（响应）曲线是十分重要的。例如，根据药物的性质，药物的毒副作用及潜在危害几乎总是存在的。建立药物剂量-效应（响应）曲线主要是为了控制剂量，使之具有良好的治疗效果而不产生副作用。实验中通过逐渐加大药物剂量，从无作用水平到有作用水平、有害水平、甚至到致死量水平。如果该药物剂量-响应曲线的斜率低，则表示该药物具有较宽的有效剂量范围和安全范围。这样的结果用在其他物质中，如进行杀虫剂设计时，希望在杀死目标物种和危害有益物种之间有很大的剂量差异。

如果两种化学物质对同一生物受体的 LD_{50} 值存在实质性的差异，那么可以说具有较低 LD_{50} 的物质毒性更大。当然，这样的比较必须假定两种物质的剂量-响应曲线具有相似的斜率。

剂量-效应（响应）关系受到毒物因素（毒物化学结构，毒物溶解性、分散度、挥发性等，毒物侵入机体方式及途径）、机体因素（生物种类、应变能力、组织类型等）、环境因素（多种毒物联合作用、温度、湿度、气压等）的影响。

6.5.3　有毒物联合作用

生物体可能受到多种有毒物质侵害，这些有毒物对机体同时产生的毒性，有别于其中任一单个有毒物对机体引起的毒性。多种（两种或两种以上）有毒物，同时作用于机体所产生的综合毒性作用称为有毒物的联合作用，包括协同作用、相加作用和对抗（拮抗）作用等。下面以死亡率作为毒性指标分别进行讨论。假定两种有毒物单独作用的死亡率分别为 M_1 和 M_2，则联合作用的死亡率为 M。

1. 协同作用

多种有毒物联合作用的毒性，大于其中各个有毒物成分单独作用毒性的总和。在协同作用中，其中某一毒物成分能促进机体对其他毒物成分的吸收加强、降解受阻、排泄迟缓、蓄积增多或产生高毒代谢物等，使混合物毒性增加，如四氯化碳与乙醇、臭氧与硫酸气溶胶等。两种有毒物协同作用的死亡率为 $M>M_1+M_2$。

2. 相加作用

多种有毒物联合作用的毒性，等于其中各毒物成分单独作用毒性的总和。在相加作用中，其中各毒物成分之间均可按比例取代另一毒物成分，而混合物毒性均无改变。当各毒物成分的化学结构相近、性质相似、对机体作用的部位及机理相同时，其联合的结果往往呈现毒性相加作用，如丙烯腈与乙腈、稻瘟净与乐果等。两种有毒物相加作用的死亡率为 $M=M_1+M_2$。

3. 对抗（拮抗）作用

多种有毒物联合作用的毒性小于其中各毒物成分单独作用毒性的总和。在对抗作用中，其中某一毒物成分能促进机体对其他毒物成分的降解加速、排泄加快、吸收减少或产生低毒代谢物等，使混合物毒性降低，如亚硝酸与氰化物、二氯乙烷与乙醇、硒与汞、硒与锡等。两种有毒物对抗作用的死亡率为 $M<M_1+M_2$。

4. 独立作用

当两种化学物的作用部位和机理不同时，联合作用于生物体，彼此互无影响。如果观察的毒性指标是死亡，则两种化学物的联合毒性，相当于经过第一种化学物的毒作用后存活的动物再受到第二种化学物的毒作用。这种"联合"作用的死亡率为：

$$M=M_1+M_2(1-M_1) \text{ 或 } M=1-(1-M_1)(1-M_2)$$

外来化学物的联合作用是一个复杂而又非常重要的问题，在实际工作中，应注意外来化学物对机体的联合作用，联合作用的评定方法和作用机理还有待进一步研究。

6.5.4　毒性作用的生物化学机制

环境中的污染物质或者其代谢产物对生物机体的毒性抑制作用一般要经历以下三个过程：

①毒物被机体吸收进入体液之后，经分布、代谢转化并有一定程度的排泄。靶器官是毒物首先在机体中到达毒作用临界浓度的器官。受体是靶器官中相应毒物分子的专一性作用部位。受体成分几乎都是蛋白质类分子，通常是酶。显然这一过程对毒物毒作用具有重要影响。

②毒物或活性代谢产物与其受体进行原发反应，使受体改性，随后引起生物化学效应。如酶活性受到抑制等。

③引起一系列病理生理的继发反应，出现在整体条件下可观察到的毒作用的生理和（或）行为的反应，即致毒症状。

由此可见,毒物及其代谢活性产物与机体靶器官中受体之间的生物化学反应及机制,是毒作用的启动过程,在毒理学和毒理化学中占有重要地位。

1. 酶活性的抑制

毒物对酶活性的抑制可能发生在酶的合成阶段,也可能发生在酶的反应阶段或其他相关的部分。毒物对酶的抑制可以分为不可逆抑制和可逆抑制。

(1)不可逆抑制

有些毒物通常以比较牢固的共价键与酶蛋白中的基团结合而使之失活。这种结合往往是通过酶活性内羟基来进行的。一个典型的例子是有机磷酸酯和氨基甲酸酯对胆碱酯酶的结合,即

$$(C_3H_7O)_2-\overset{\displaystyle O}{\underset{\displaystyle \|}{P}}-F \ + \ HO-E \ \longrightarrow \ HF + \ (C_3H_7O)_2-\overset{\displaystyle O}{\underset{\displaystyle \|}{P}}-OE$$

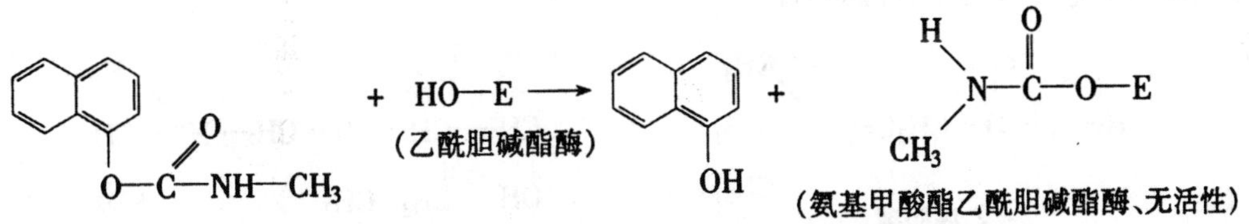

（二异丙基磷酰氟）　　（乙酰胆碱酯酶）　　　　　（磷酰化的乙酰胆碱酯酶、无活性）

所在化学式下方标注（如图示结构，萘基甲酸酯）

$$+ \ HO-E \ \longrightarrow \ (萘酚结构) \ + \ \overset{\displaystyle O}{\underset{\displaystyle \|}{C}}$$

（乙酰胆碱酯酶）　　　　　　　　　　　　（氨基甲酸酯乙酰胆碱酯酶、无活性）

这一结合对乙酰胆碱酯酶活性造成不可逆的抑制,再也不能执行原有催化乙酰胆碱水解的功能。乙酸胆碱是一种神经传递物质,在神经冲动的传递中起着重要作用。在正常的神经冲动中,需要通过下式水解乙酰胆碱。

$$(CH_3)_3N^+CH_2CH_2O-\overset{\displaystyle O}{\underset{\displaystyle \|}{C}}CH_3 + H_2O \ \xrightarrow{\text{乙酰胆碱酯酶}} \ (CH_3)_3\overset{+}{N}CH_2CH_2OH + CH_3COOH$$

（乙酰胆碱）　　　　　　　　　　　　　　　　　（胆碱）

$$(CH_3)_3N^+CH_2CH_2O-\overset{\displaystyle O}{\underset{\displaystyle \|}{C}}CH_3 + H_2O \ \xrightarrow{\text{乙酰胆碱酯酶}} \ (CH_3)_3N^+CH_2CH_2OH + CH_3COOH$$

（乙酰胆碱）　　　　　　　　　　　　　　　　　（胆碱）

所以,有机磷酸酯和氨基甲酸酯对乙酰胆碱酯酶的活性抑制所造成的乙酰胆碱积累,将使神经过分刺激,而引起机体痉挛、瘫痪等一系列神经中毒病症,甚至死亡。

(2)可逆抑制

在可逆抑制作用中,抑制剂与酶蛋白的结合是可逆的,抑制解除后,酶的活性得以恢复。可逆抑制剂与游离状态的酶之间存在着一个平衡。

竞争性抑制是最常见的一种可逆抑制作用。参与竞争的抑制剂具有与底物类似的结构,所以二者都有可能与酶的活性中心结合。然而,酶的活性中心不能既与抑制剂结合,同时又与废物结合,只能二者择其一。抑制剂可以与酶形成可逆的复合物,但此复合物不能发挥正常作用,酶的活性因此受到抑制作用。如果增加底物的浓度,则抑制可以解除。

对氨基苯甲酸是叶酸的一部分,叶酸和二氢叶酸则是核酸的嘌呤核苷酸合成中的重要辅酶四氢叶酸的前身,因而是正常细胞分裂和繁殖必不可少的物质。人体能直接利用食物中的叶酸,而某些细菌则不能直接利用外源的叶酸,只能在二氢叶酸合成酶的作用下,利用对氨基苯甲酸合成二氢叶酸。磺胺类药物与对氨基苯甲酸的竞争,抑制了二氢叶酸合成酶的活性,从而影响二氢叶酸的合成。

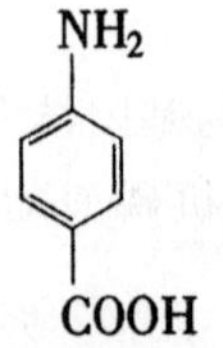

对氨基苯甲酸 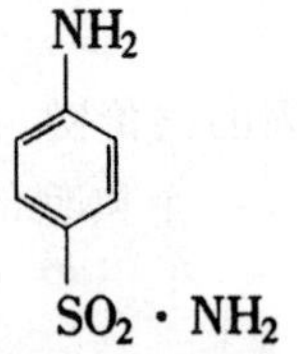　　　　对氨基苯磺胺

胆碱酯酶也能与竞争性抑制剂作用而降低活性。这类抑制剂的结构类似于正常底物乙酰胆碱。胆碱酯酶的这类竞争性抑制剂种类很多,如覃毒碱和毒扁豆碱等都含有甲基化的季胺基团或碱性氮原子或类似的酯键,即

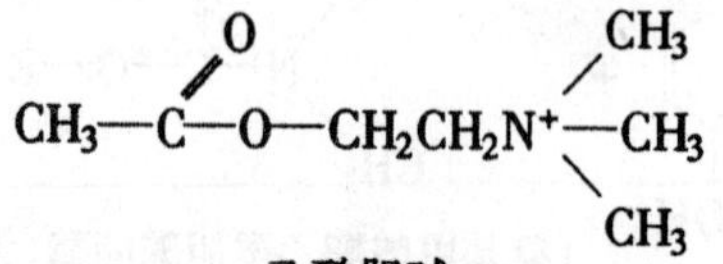

乙酰胆碱　　　　　　　覃毒碱

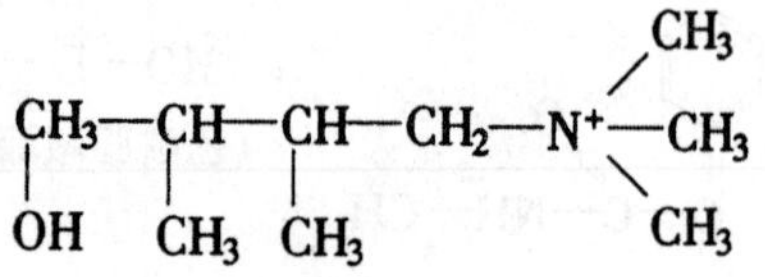

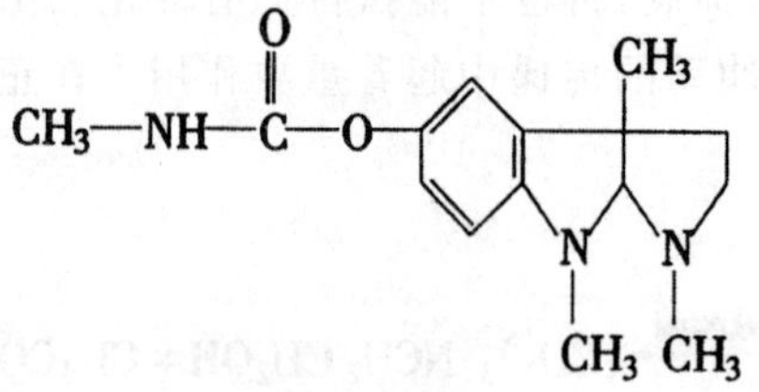

毒扁豆碱

在非竞争性抑制作用中,酶可以同时与底物及抑制剂结合,两者之间没有竞争。如果酶已与抑制剂结合,还可以与底物结合。另一方面,如果酶已与底物结合,还可以与抑制剂结合。但是,无论哪一种情形,其中间产物均不能进一步分解为产物,因而酶活性降低。这类抑制剂与活性中心以外的基因相结合,其结构可能与底物毫无相似之处。

2.致突变作用

致突变就是使父本或母本配子细胞中的脱氧核糖核酸(DNA)结构发生根本变化,这种突变可遗传给后代。具有致突变作用的污染物质称为致突变物。致突变作用分为基因突变和染色体突变两种。突变的结果不是产生了与意图不符的酶,就是导致酶的基本功能完全丧失。突变可以使个体生物之间产生差异,有利于自然选择和最终形成最适宜生存的新物种。然而大多数的突变是有害的,因此可以引起突变的致突变物受到了特殊的关注。

为了了解突变,我们先来了解一些关于脱氧核糖核酸(DNA)的知识。DNA 是存在于细胞核中的基本遗传物质,DNA 分子是由单糖、胺类和磷酸组成的。单糖即脱氧核糖,其结构是:

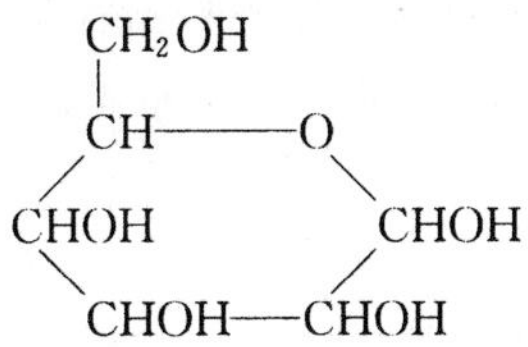

$$CH_2OH$$
$$CH-O$$
$$CHOH \quad CHOH$$
$$CHOH-CHOH$$

DNA 包含的四种胺均呈环状，叫做腺嘌呤（A）、鸟嘌呤（G）、胞嘧啶（C）和胸腺嘧啶（T）。如图 6-22 所示。

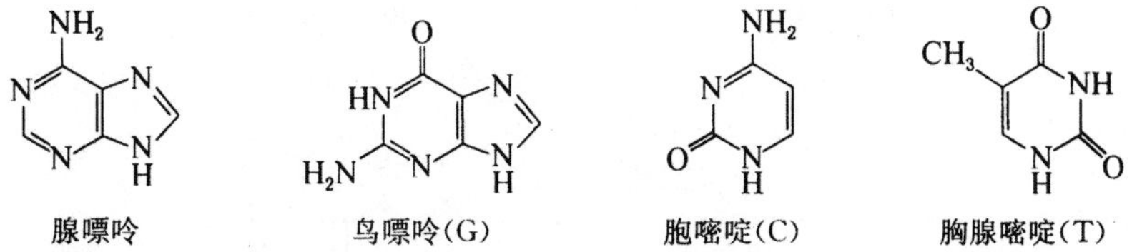

| 腺嘌呤 | 鸟嘌呤(G) | 胞嘧啶(C) | 胸腺嘧啶(T) |

图 6-22　DNA

如果 DNA 中脱氧核糖被核糖所代替，胸腺嘧啶被尿嘧啶所代替（图 6-23），可得到一种与 DNA 密切相关的物质即核糖核酸（RNA），其功能是协同 DNA 合成蛋白质。

图 6-23　尿嘧啶

基因突变是 DNA 碱基对的排列顺序发生改变。包括碱基对的转换、颠倒、插入和缺失四种类型。如图 6-24 所示。

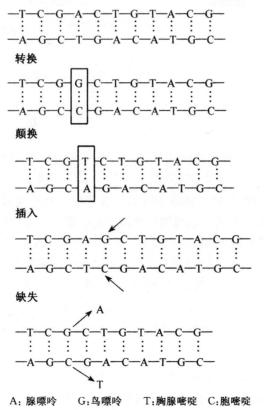

A：腺嘌呤　　G：鸟嘌呤　　T：胸腺嘧啶　　C：胞嘧啶

图 6-24　基因突变的类型

转换是同种类型的碱基对之间的置换，即嘌呤碱被另一种嘌呤碱取代，嘧啶碱被另一种嘧啶碱取代。如亚硝酸可以使带氨基的碱基 A、G 和 C，脱氨而变成带酮基的碱基，如图 6-25 所示。

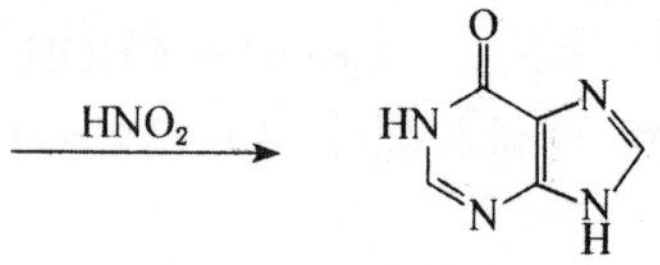

（腺嘌呤）　　　　　　　　（次黄嘌呤HX）

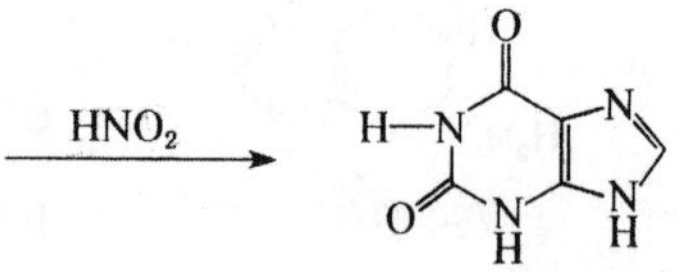

（鸟嘌呤）　　　　　　　　（黄嘌呤）

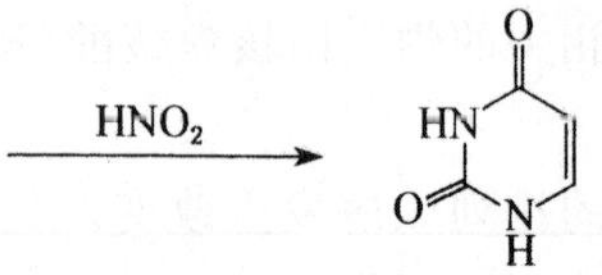

（胞嘧啶）　　　　　　　　（尿嘧啶）

图 6-25　亚硝酸引起的碱基转换

其中，HX 为次黄嘌呤。

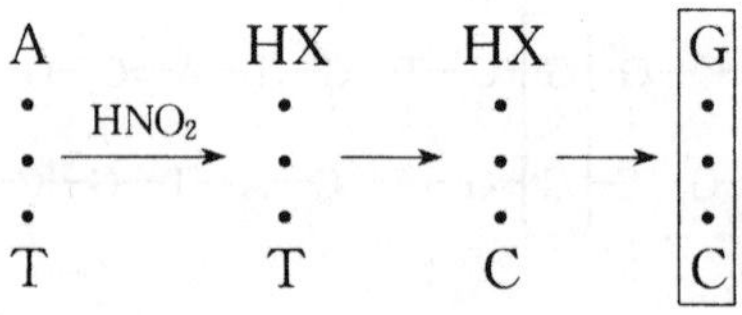

颠倒是异型碱基之间的置换，就是嘌呤碱基为嘧啶碱基取代或反之，颠倒和转换统称为碱基置换。

插入和缺少分别是 DNA 碱基对顺序中增加或减少一对碱基或几对碱基，是遗传代码格式发生改变，自该突变点之后的一系列遗传密码都发生错误。这两种突变统称为移码突变。

细胞内染色体是一种复杂的核蛋白结构，主要成分是 DNA。在染色体上排列着很多基因。如果染色体的结构和数目发生改变，我们则称之为染色体畸变。

染色体畸变属于细胞水平的变化，这种改变可以用普通的光学显微镜直接观察。基因突变属分子水平的变化，不能用上述方法直接观察而要用其他方法来鉴定。一个常用的鉴定基因突变的实验，是鼠伤寒沙氏菌—哺乳动物肝微粒体酶试验（艾姆斯试验）。

3. 致畸作用

具有致畸作用的有毒物质称为致畸物。人或动物胚胎发育过程中由于各种原因所形成的形态结构异常，称为先天性畸形或畸胎。遗传因素、物理因素（如电离辐射）、化学因素、生物因素（如某些病毒），母体营养缺乏营养分泌障碍等都可引起先天性畸形，并称为致畸作用。

到 20 世纪 80 年代初期,已知对人的致畸物约有 25 种,对动物的致畸物约有 800 种。其中,社会影响最大的人类致畸物是"反应停"(酞胺哌啶酮)。它曾于 20 世纪 60 年代初在欧洲及日本被用于妊娠早期安眠镇静药物,结果导致约一万名产儿四肢不完全或四肢严重短小。另外,甲基汞对人致畸作用也是大家熟知的。不同的致畸物对于胚胎发育各个时期的效应,往往具有特异性。因此,它们的致畸机制也不完全相同。一般认为致畸物生化机制可能有以下几种:致畸物干扰生殖细胞遗传物质的合成,从而改变了核酸在细胞复制中的功能;致畸物引起了染色体数目缺少或过多;致畸物抑制了酶的活性;致畸物使胎儿失去必需的物质(如维生素),从而干扰了向胎儿的能量供给或改变了胎盘细胞壁的通透性。

4. 致癌作用

癌就是体细胞失去控制的生长,在动物和人体中能引起癌症的化学物质叫致癌物。通常认为致癌作用与致突变作用之间有密切的关系。实际上,所有的致癌物都是致突变剂,但尚未证实它们之间能够互变。因此,致癌物作用于 DNA,并可能组织控制细胞生长物的合成。据估计,人类癌症 80%～90% 与化学致癌物有关,在化学致癌物中又以合成化学物质为主,因此,化学品与人类癌症的关系密切,受到多门学科和公众的极大关注。

化学致癌物的分类方法很多,根据性质划分可以分为化学性致癌物、物理性致癌物(如 X 射线、放射性核素氡)和生物性致癌物(如某些致癌病毒)。按照对人和动物致癌作用的不同,可以分为确证致癌物、可疑致癌物和潜在致癌物。确证致癌物是经人群流行病调查和动物试验均已证实确有致癌作用的化学物质;可疑致癌物是已确定对实验动物致癌作用,而对人致癌性证据尚不充分的化学物质;潜在致癌物是对实验动物致癌,但无任何资料表明对人有致癌作用的化学物质。目前确定为动物致癌的化学物达到 3000 多种,认为对人类有致癌作用的化学物有 20 多种,如苯并[a]芘、二甲基亚硝胺等。根据化学致癌物的作用机理可以分为遗传性致癌物和非遗传性致癌物。遗传性致癌物细分为:直接致癌物,即能直接与 DNA 反应引起 DNA 基因突变的致癌物,如双氯甲醚;间接致癌物,它们不能与 DNA 反应,而需要机体代谢活化转变,经过近致癌物至终致癌物,才能与 DNA 反应导致遗传密码的修改,如苯并[a]芘、二甲基亚硝胺、砷及其化合物等。

非遗传致癌物不与 DNA 反应,而是通过其他机制,影响或呈现致癌作用的物质。包括促癌物,可以使已经癌变的细胞不断增殖而形成瘤块,如巴豆油中的巴豆醇二酯、雌性激素己烯雌酚等。助致癌物可以加速细胞癌变和已癌变细胞增殖成瘤块,如二氧化硫、乙醇、十二烷、石棉、塑料、玻璃等。此外还有其他种类的化合物,如铬、镍、砷等若干种单质及其无机化合物对动物是致癌的,有的对人也是致癌的。

化学致癌物的致癌机制非常复杂,仍在研讨之中。关于遗传性致癌物的致癌机制,一般认为有两个阶段:第一是引发阶段,即致癌物与 DNA 反应,引起基因突变,导致遗传密码改变。第二是促长阶段,主要是突变细胞改变了遗传信息的表达,增殖成为肿瘤,其中恶性肿瘤还会向机体其他部位扩展。

第7章 重要化学元素的生物地球化学循环

7.1 碳的生物地球化学循环

7.1.1 碳的地球化学特征

碳无疑是地球上最重要的元素,它是构成生命的重要元素,同时也是对全球变暖有主要贡献的元素,全球碳循环是重要的生物地球化学循环之一。碳位于元素周期表的第二周期第Ⅳ族,它与硅、锗、锡、铅共同组成第Ⅳ主族,也称碳族。碳在地壳中的丰度是 0.027%,位列第15。从数量上看,它比氧、硅、铝等元素的丰度低得多,是比较次要的微量元素。然而碳是地球上存在形式最为复杂的元素,它是构成生命的最主要元素,已知的碳化合物有 100 多万种,因此,碳地球化学循环的研究具有极为重要的意义。

碳的电子构型为 $2s^2 2p^2$。由于碳原子 2s 轨道上的一个电子可被激发到 2p 轨道上,形成 4个等同的新轨道。因此,在碳的主要化合物中,一方面形成 $s^2 p^2$ 形式的共价键,产生三角形配位体,另一方面又可形成 $s^1 p^3$ 形式的杂化共价键,产生四面体的配位。碳的这种电子构型决定了自然界中碳元素可以含 $+4,+2,0$ 和 -4 等多种化合价。

碳的单质有金刚石和石墨两种同质异形体。金刚石产于某些超基性岩中,是深成结晶作用的产物。特别是在来自地球深处的金伯利岩中常见金刚石产出,从而证实金刚石是在岩石圈深处的高压条件下形成的。石墨则主要见于伟晶岩和热液作用的产物中,有时沉积岩中的碳质物质经变质作用也能形成石墨变质岩。从数量上看,碳单质在碳的地球化学作用中所占的地位并不重要。

碳的 $+4$ 价化合物主要有 CO_2 和碳酸盐。CO_2 是大气中的微量组分,平均体积分数约为 0.03%,然而它却是重要的温室气体,其含量的波动会直接引起全球气候的变化。CO_2 也是海水中最重要的溶解性气体,它在海水中的溶解度与温度成反比,与压力成正比。极地冷水比赤道暖水含有更多的 CO_2,处于较高压力下的大洋深水比大洋表层水含有较多的 CO_2。溶于海水的 CO_2 与水作用形成碳酸的同时,还可解离为 HCO_3^- 和 CO_3^{2-} 两种络阴离子,具体的化学过程为

$$CO_2 + H_2O \rightleftharpoons H_2CO_3$$
$$H_2CO_3 \rightleftharpoons HCO_3^- + H^+$$
$$HCO_3^- \rightleftharpoons CO_3^{2-} + H^+$$

这三种形式的溶解碳构成特征的二氧化碳-碳酸根体系:$CO_2 - HCO_3^- - CO_3^{2-}$。该特征体系是造成海水缓冲条件的重要因素,从而使海洋环境保持在一定的 pH 值范围内,为海洋小生命的繁衍提供有利的生态条件。

碳酸盐主要形成于海洋中。海水中的溶解碳和钙离子被有孔虫、珊瑚和软体动物所吸收,

构成它们的甲壳或骨骼,最后沉积在海底。这些碳酸盐沉积物经沉积成岩作用而成碳酸盐沉积岩。碳酸盐矿物也可以形成于岩浆作用中。碳酸岩就是一种富含碳酸盐的岩石,是由碳酸盐岩浆结晶生成的。这种侵入的碳酸岩与超基性-碱性岩共生,具有与大洋拉斑玄武岩相似的 Sr 同位素组成,显示出来源于地壳深处或地幔的特点。

碳可以和 O、H、N、S 等形成有机化合物,如石油、天然气、煤和油页岩。甲烷(CH_4)就是一种典型的天然有机化合物,目前大气 CH_4 含量的急剧增加已对全球气候变化产生了重大影响。

碳有 7 种同位素(^{10}C,^{11}C,^{12}C,^{13}C,^{14}C,^{15}C,^{16}C),其中^{12}C 和^{13}C 是稳定同位素,其余的均是放射性同位素。在放射性同位素中只有^{14}C 的半衰期(5726a)足够长,人们可以感觉到它的存在,其他同位素由于半衰期太短(如^{16}C 只有 0.74s)而用处不大。对于碳循环而言,有意义的是稳定同位素^{12}C 和^{13}C 以及放射性同位素^{14}C。

自然界中最丰富的碳同位素是^{12}C,约占全部碳的 98.89%,^{13}C 约占 1.11%,^{13}C 和^{12}C 的含量比为 0.0112246。然而,在地球的各个碳库中该比值并非处处相等,而是存在着微小的但是有意义的差别。例如,在大气圈中^{13}C 和^{12}C 的含量比为 0.0112371,海相碳酸盐中^{13}C和^{12}C 的含量比为 0.0112372。为了比较上的方便,人们定义 δ 值来描述同位素组成上的变化。

对^{14}C 而言,组成分布上的差别是因放射性衰变造成的。^{14}C 主要形成于大气圈上部,由宇宙射线中的慢中子与^{14}N 核反应而成,核反应方程为:

$$^{14}_{7}N + ^{1}_{1}n \rightarrow ^{14}_{6}C + ^{1}_{1}H$$

形成的^{14}C 化合而成 CO_2,继而经光合作用和沉淀反应进入到生物圈和水圈及沉积物中。以生物体为例,活着时因与大气圈平衡,体内保持平衡的^{14}C 量。死亡后,停止了补给^{14}C,形成一个相对封闭的体系。其中的^{14}C 因 β^- 衰变反应:

$$^{14}_{6}C \rightarrow ^{14}_{7}N + \beta^-$$

而呈指数减少。可以预料,越是年代久远的物体,其中^{14}C 放射性含量就越低。据此建立了^{14}C 测年法。

由于地球的历史太悠久,很多储库中^{14}C 均已衰变殆尽(如碳酸盐岩),^{14}C 的分布主要用在生物圈的研究中。例如,测定有机质的年龄,利用如下公式:

$$t = -\frac{1}{\lambda} \ln\left(\frac{A}{A_0}\right) = -19.035 \times 10^3 \log\left(\frac{A}{A_0}\right)$$

式中,A 为样品中放射性比度(单位是每分钟每克 C 衰变数,dpm/g);A_0 为样品活着时的放射性,取

$$A_0 = (13.56 \pm 0.07)\text{dpm/g}$$

^{14}C 含量以及参数 δ 值在估计碳库之间交换速率方面有很重要的应用。

7.1.2　碳的循环

1.碳流动的主要过程

碳循环是一个以"二氧化碳-有机碳-碳酸盐"为核心的运动,碳循环的流动有三个主要过

程:陆地范围的碳流动过程、海洋范围的碳流动过程和人类活动范围内碳的流动过程。

(1)陆地范围内的碳流动过程

陆地内碳的流动有以下主要途径:

①光合成。

②植物呼吸作用。

③落叶和 litter fall and below-ground addition。

④土壤的呼吸作用。

⑤径流作用。

(2)海洋范围内的碳流动过程

海洋内的碳流动过程有以下主要途径:

①海洋-大气交换。

②海水的碳酸盐化学。

③海洋-大气。

④表层水平对流。

⑤海洋生物区交换-生物泵。

⑥下降流。

⑦上升流。

⑧沉积作用。

⑨火山活动与岩石变质作用。

(3)人类活动范围内碳的流动过程

人类活动范围内碳的流动过程主要有以下途径:

①化石燃料燃烧。

②土地使用的改变。

2.全球碳循环模型

碳循环是碳元素在地球各圈层的流动过程,是一个"二氧化碳-有机碳-碳酸盐"系统,它主要包括生物地球化学过程,是维系生命不可或缺者。生物体所含有的碳元素来自于空气或水中的藻类和绿色植物通过光合作用将 C 固定,形成碳水化合物,除一部分用于新陈代谢,其余以脂肪和多糖的形式贮藏起来,供消费者利用,再转化为其他形态。呼吸作用则是生物将 CO_2 作为代谢产物排出体外。生物体及其残余物等物质最终会被分解,释放 CO_2 和 CH_4。但有一部分生物体在适当的外界条件下会形成化石燃料、石灰石和珊瑚礁等物质而将碳固定下来,使该部分碳暂时退出碳循环。严格地说,碳循环还包括甲烷等有机物。

对于碳循环的认识,目前还有许多不确定性,如主要贮库中的贮存量,不同的文献会给出有一定误差的数据。再如,对全球碳汇及其机制现在仍有许多问题未认识。碳在地球系统的主要贮库和全球流通量可见表7-1和表7-2所示。

表 7-1　碳的主要贮库　单位:10^{15} g

贮库	数量	贮库	数量
大气圈		储地生物群和土壤	
二氧化碳	729	生物群	560
甲烷	3.4	枯枝落叶	60
一氧化碳	0.2	土壤	1500
大气圈总计	733	泥炭	160
		大陆总计	2280
海洋		岩石圈	
溶解的无机碳	37400	沉积物	56000000
溶解的有机碳	1000	岩石	9600000
颗粒态有机碳	30	岩石圈总计	66000000
生物群	3		
海洋总计	38400		

表 7-2　碳的全球流动　单位:10^{15} g/a

	数量		数量
大气到陆地		海洋到大气	
大气到绿色植物(净流入)	55	表层水到大气	90.0
陆地到大气		海洋内部交换	
土壤呼吸	55	生物周转	40
矿物燃料的燃烧(1979~1982)	5.1~5.4	来自表层水的碎屑	4
砍伐森林(净值)	0.9~2.5	从表层水至深层水的循环	38
河流搬运(无机碳)	0.7	从深层水至表层水的循环	40
河流搬运(有机碳)	0.5		
大气到海洋		海洋到岩石圈	
大气到表层水	92.5	沉积(无机碳)	0.15
		沉积(有机碳)	0.04

7.2　氮的生物地球化学循环

7.2.1　氮的地球化学特征

氮是元素周期表中第二周期第 V 主族的元素,在地壳中氮的丰度是 5×10^{-14}%,位列第31。它以双原子分子 N_2 存在于大气中,约占大气总体积的 78% 和质量的 75%。除了大气是氮的储库外,氮也以化合态形式存在于很多无机物(如硝酸盐)和有机物(如蛋白质和核酸,两者都是形成生命的重要物质)中。

自然界中,氮有两个稳定同位素,其中 ^{14}N 的含量为 99.63%, ^{15}N 相对比较稀少。此外,还有一个放射性同位素 ^{13}N,它的半衰期为 $10.1 \times 10^6 a$。在岩石中 ^{15}N 的含量有随着地质年龄的增长而增加的趋向,这可能是由于较同位素优先扩散的结果。

氮的电子构型为 $2s^2p^3$,原子核外有 5 个价电子,这种电子构型决定了氮具有从 -3 价到 $+5$ 价的各种氧化态,可以形成各种不同的化合物。其中有几种化合物如 N_2,N_2O,NH_3 和 HNO_3 在氮地球化学循环过程中有特别重要的意义。

氮是生命的基础物质——蛋白质和核酸的组成成分,又是氨基酸、酰胺、氮碱(如嘌呤、嘧啶)、酶蛋白、叶绿素、维生素(维生素 B_1、维生素 B_2、维生素 B_6 等)、生物碱(烟碱、茶碱、咖啡因等)、植物激素(生长素、细胞分裂素)等重要化合物的必要成分。因此,氮素是地球生命系统中最重要的元素之一。氮的自然循环一般不会导致环境问题,但人类活动对氮的生物地球化学循环干扰强烈:一方面为了满足生产生活需要,人们通过化学工业大大增加了对分子态氮的固定,通过氮肥的施用和化石燃料的燃烧,改变了自然环境的氮素平衡,加速了氮素循环速度和通量;另一方面,过量地使用氮素,导致其成为污染物质,影响大气环境、水环境质量和农产品安全品质。

7.2.2 氮的循环

1. 全球氮循环

氮是生命必需的元素,同时也是对全球变化影响较大的元素。氮循环是重要的生物地球化学循环,在循环过程中,涉及氮元素多种不同化学形态,如气体 N_2,N_2O,NO,NO_2 等,离子 NH_4^+,NO_2^-,NO_3^-,有机氮等。全球氮循环见表 7-3 和表 7-4。

2. 氮循环的主要化学过程

如上所述,氮在自然界中以多种形态存在,这些形态处于不断的循环转化之中。大气中的 N_2 通过某些原核微生物的固氮作用合成为化合态氮;化合态氮可进一步被植物和微生物的同化作用转化为有机氮;有机氮经微生物的氨化作用释放出氨,氨在有氧条件经微生物的硝化作用氧化为硝酸,在厌氧条件下厌氧氧化为 N_2;硝酸和亚硝酸又可在无氧条件下经微生物的反硝化作用,最终变成 N_2 或 N_2O,返回至大气中,如此构成氮素生物地球化学循环,如图 7-1 所示,为由微生物推动的氮素循环。

(1)氨化作用

所谓氨化作用,是指含氮有机物经微生物分解产生氨的过程。这个过程又称为有机氮的矿化作用。来自动物、植物、微生物的蛋白质、氨基酸、尿素、几丁质以及核酸中的嘌呤和嘧啶等含氮有机物,均可通过氨化作用而释放氨,供植物和微生物利用。

表 7-3　氮在全球各圈层的贮存

贮　　　存	10 亿吨氮量	占总数百分比
大气圈		
分子态氮（N_2）	3900000	＞99.999
氧化亚氮（N_2O）	1.4	＜0.0001
氨（NH_3）	0.0017	＜0.0001
铵盐（NH_4^+）	0.00004	＜0.0001
氧化氮＋二氧化氮（NO_2）	0.0006	＜0.0001
硝酸盐（NO_3^-）	0.0001	＜0.0001
有机氮	0.001	＜0.0001
海洋		
植物生物量	0.3	0.001
动物生物量	0.17	0.0007
微生物生物量	0.02	0.0006
死亡有机体（溶解态）	530	2.3
死亡有机体（颗粒态）	3～240	0.01～1.0
分子氮（溶解态）	22000	95.2
氧化亚氮	0.2	0.009
硝酸盐	570	2.5
亚硝酸盐	0.5	0.002
氨基	7	0.003
陆地生物圈		
植物生物量	11～14	2.6
动物生物量	0.2	0.04
微生物生物量	0.5	0.1
杂乱废物	1.9～3.5	0.5
土壤:有机物	300	63
无机物	160	34
岩石圈		
岩石	190000000	99.8
沉积物	400000	0.2
煤矿床	120	0.00006

表 7-4　氮的全球流动

部分流动类型	估测范围（每年百万吨氮量）
固氮作用	
生物的	
陆地	44～200
海洋	1～130
工业的	90
NO₂ 的形成作用	
闪电	<10
土壤释放	10～15
矿物燃料燃烧	22
生物质燃烧	7～12
N₂O 的形成作用	
海洋	1～3
热带和亚热带	
森林及林地	3.4～11.4
施肥农田	0.4～1.2
燃烧：矿物燃料	3～5
生物质	0.5～0.9
沉降作用	
NO（干和湿）	40～116
NH₃/NH₄（干和湿）	110～240
入海河流径流	26

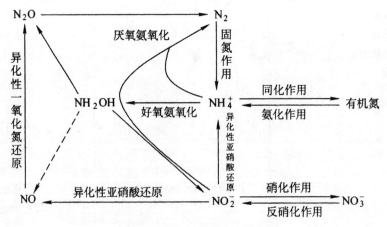

图 7-1　由微生物推动的氮素循环

（2）固氮作用

通过固氮微生物的固氮酶催化作用，把分子氮转化为氨，进而合成有机氮化合物的过程称为固氮。此时,氨不释放到环境中,而是继续在机体内进行转化,合成氨基酸,组成自身蛋白质等。固氮必须在固氮酶催化下进行,其总反应可表示为:

$$3CH_2O + 2N_2 + 3H_2O + 4H^+ \longrightarrow 3CO_2 + 4NH_4^+$$

豆科植物中的根瘤菌是最重要的固氮细菌,它们生存于豆科植物根部的根瘤中,根瘤与植物的维管束循环系统直接相连,当植物提供能量去破坏氮分子的强三键,根瘤菌就可以转变氮为能够所吸收的还原形式。当豆科植物死亡和腐烂时,释放的 NH_3 由微生物转化为易被其他植物所吸收的硝酸盐,其中一部分 NH_4^+ 和 NO_3^- 离子可能被携带到天然水体中。除根瘤菌等这类共生固氮微生物外,还有一类自生固氮微生物。如厌氧的梭状芽孢杆菌属,是土壤某些厌氧区中主要的固氮者;光合型固氮微生物中的蓝细菌,在光照厌氧条件下能进行旺盛的固氮作用,是水稻土及水体中的重要固氮者。

厌氧固氮菌是通过发酵碳水化合物至丙酮酸,为丙酮酸磷酸解过程中合成 ATP 提供固氮所需。好氧固氮菌则是通过好氧呼吸由三羧酸循环产生 $FADH_2$、$NADH_2$ 等经电子传递链产生 ATP。

微生物的固氮作用为农业生产提供了丰富的氮素营养,在维持全球氮良性循环方面具有独特的生态学意义。但是合成无机氮肥的大量使用,在促进农业迅速发展的同时,由于施入土壤的氮肥约有 1/3 以上的氮素未被植物利用而进入生物圈,这就严重干扰了氮的自然循环,给环境带来不利影响。如过量的无机氮经地表或地下水进入水体,造成不少水体富营养化和硝酸盐污染;地表高水平硝酸盐经反硝化产生的过剩氧化二氮,使一些环境科学家担心其上升至平流层中的同温层,可能会引起大气臭氧层的耗损。

(3)硝化作用

硝化作用是氮通过微生物作用氧化成亚硝酸,再进一步氧化成硝酸的过程。这是水及土壤中很普遍也很重要的过程。硝化分两个阶段进行,即:

$$2NH_3 + 3O_2 \longrightarrow 2H^+ + 2NO_2^- + 2H_2O + 能量$$
$$2NO_2^- + O_2 \longrightarrow 2NO_3^- + 能量$$

上述第一个反应式主要由亚硝化单胞菌属(Nitrosomonas)、亚硝化球菌属(Nitrosococcus)等引起,第二个反应式主要由硝化杆菌属(Nitrobacter)、硝化球菌属(Nitrococats)引起。这些细菌为分别从氧化氨至亚硝酸盐和氧化亚硝酸盐至硝酸盐过程中取得能量,均以二氧化碳为碳源进行生活的化能自养型细菌。它们对环境条件呈现高度敏感性:严格要求高水平的氧;最适宜温度为 30℃,低于 5℃ 或高于 40℃ 时便不能活动;需要中性至微碱性条件,当 pH 在 9.5 以上时,硝化细菌受到抑制,亚硝化菌却十分活跃,可造成亚硝酸盐积累;而当 pH 在 6.0 以下时,亚硝化细菌被抑制。参与硝化的微生物虽为自养型细菌,但在自然环境中必须在有机物质存在的条件下才能活动。

硝化在自然界中很重要。因为植物摄取的氮主要是硝酸盐。当肥料以铵盐或氨形态施入土壤时,上述微生物将它们转变成一般植物可利用的硝态氮。

(4)氨的厌氧氧化

在氨厌氧氧化过程中,氨作为电子供体,而亚硝酸、硝酸盐则可作为电子受体,厌氧氨氧化菌首先将 NO_2^- 转化成 NH_2OH,再以 NH_2OH 为电子受体将 NH_4^+ 氧化成 N_2H_4,N_2H_4 进一步转化成 N_2,并为 NO_2^- 还原成 NH_2OH 提供电子,如图 7-2 所示。

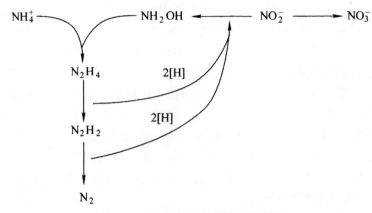

图 7-2　氨厌氧氧化代谢的可能途径

（5）反硝化作用

在厌氧条件下，通过微生物作用使硝酸盐化合物中的高价态氮还原为较低氧化态氮的过程称为反硝化。反硝化通常有三种情形：

①大多数细菌、放线菌及真菌利用硝酸盐为氮素营养，通过硝酸还原酶的作用将硝酸还原成氨，进而合成氨基酸、蛋白质和其他物质。

$$HNO_3 \xrightarrow[2H]{-H_2O} HNO_2 \xrightarrow[2H]{-H_2O} HNO \xrightarrow{H_2O} NH(OH)_2 \xrightarrow[2H]{-H_2O} NH_2OH \xrightarrow[2H]{-H_2O} NH_3$$

如：

$$2NO_3^- + 3CH_2O + 6H^+ \longrightarrow 2NH_3 + 3CO_2 + 3H_2O$$

②反硝化细菌（兼性厌氧菌）在厌氧条件下，将硝酸还原成氮气或氧化亚氮。

$$2HNO_3 \xrightarrow[-2H_2O]{4H} 2HNO_2 \xrightarrow[-2H_2O]{4H} 2HNO \begin{cases} \xrightarrow[-2H_2O]{2H} N_2 \uparrow （逸至大气） \\[2ex] \xrightarrow[-H_2O]{2H} N_2O \uparrow （逸至大气） \end{cases}$$

如：

$$4NO_3^- + 5CH_2O + 4H^+ \longrightarrow 2N_2 + 5CO_2 + 7H_2O$$

③硝酸盐还原成亚硝酸。

$$HNO_3 + 2H \longrightarrow HNO_2 + H_2O$$

$$2NO_3^- + CH_2O \longrightarrow 2NO_2^- + CO_2 + H_2O$$

反硝化过程中所形成的 N_2、N_2O 等气态无机氮的情况是造成土壤氮素损失、土肥力下降的重要原因之一。但在污水处理工程中却常增设反硝化装置使气态无机氮逸出，以防止出水硝酸盐含量高而在排入水体后引起水体富营养化。

微生物进行反硝化的重要条件是厌氧环境，环境氧分压越低，反硝化越强。其他条件是：需丰富的有机物作为碳源和能源；硝酸盐作为氮源；pH 一般是中性至微碱性；温度多为 25℃左右。

在生物法处理废水时，往往因碳源不足达不到反硝化的效果。

7.3 磷的生物地球化学循环

7.3.1 磷的地球化学特征

磷(P)在地壳中的丰度为 0.09％,位列第 11 位。磷由 H. Brand 发现于 1669 年。1771 年,KW Schelle 在燃烧过的骨灰中发现了磷的存在,从而首次确定了它在活体中的存在。磷在大多数有机体中的质量分数仅为 1‰左右,但它在细胞的能量储存、传输和利用等方面起着关键作用。另外,它还制约着生态系统尤其是水生生态系统的光合生产力。因此,磷循环是实现生物圈功能的重要基础。

磷位于元素周期表第三周期第 VA 族,与氮同属典型的非金属元素。由于磷易被氧化,自然界中并没有单质态的磷,主要以磷酸盐的形式存在。磷矿物主要有磷酸钙矿(主要成分 $Ca_3(PO_4)_2$)和磷灰石(主要成分 $Ca_5F(PO_4)_3$)等,其中磷灰石包含了地壳中 95％的磷,这两种矿是制造磷肥和一切磷化合物的原料。

植物的光合作用和呼吸作用控制着磷对生物圈的输入和输出。陆地生态系统中,几乎所有的生物可利用态磷都是通过含磷矿物的风化产生的。促进风化的因子(如植物根系的活动、根瘤菌的作用)都可提高土壤中的有效磷含量。一般来说,矿物中的磷含量并不高,并且风化的量不足以提供足够多的植物可利用态磷,从而大多数土壤都多多少少地出现缺磷现象。因此,施用磷肥可显著提高作物的产量。

7.3.2 磷的循环

1. 全球磷循环

磷对生命体而言也是非常重要的,它在有机体内提供能量。在自然界中,磷有 4 种价态:−3,0,+3 和+5。如图 7-3 所示,包括 PH_3(−3 价)、P_4(0 价,常以无定型形式存在)、亚磷酸盐及其他衍生物(H_3PO_3、$H_2PO_3^-$、HPO_3^{2-},+3 价)、磷酸及其他衍生物(H_3PO_4、$H_2PO_4^-$、HPO_4^{2-}、PO_4^{3-},+5 价)。

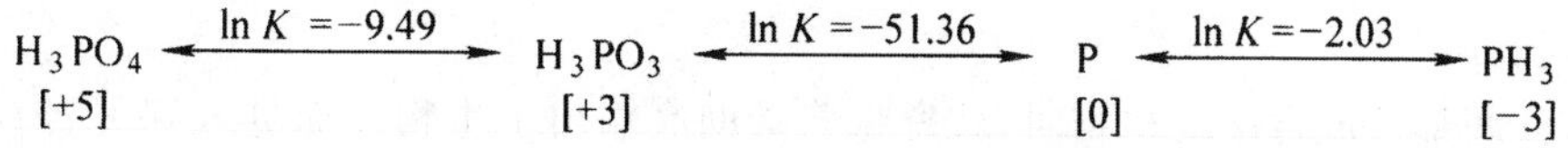

$$H_3PO_4 \xrightarrow{\ln K = -9.49} H_3PO_3 \xleftarrow{\ln K = -51.36} P \xrightarrow{\ln K = -2.03} PH_3$$
$$[+5] \qquad\qquad [+3] \qquad\qquad [0] \qquad\qquad [-3]$$

图 7-3 不同价态的磷的相互转化

在图 7-3 中,K 为两化合物之间的氧化-还原反应平衡常数。

在这些含磷化合物中,只有以+5 价态的磷酸及其化合物在自然界中才是稳定的,因此,在讨论全球磷循环时,也主要以+5 价态的磷为主,其地球化学过程表现为各种磷酸盐之间的相互转化,即磷的生物地球化学循环实质上是磷酸盐之间的循环。在环境中,磷酸盐的存在形式基本上可以分为三大类,即可溶性磷、颗粒磷和有机磷。全球磷循环如图 7-4 所示。

2. 磷循环的主要反应过程

(1)生物圈

生物圈中磷的输入与输出,主要受制于光合作用过程和呼吸作用过程。其中,光合作用是把无机磷转化为有机磷的过程，其一发生在海洋分室中：

$$106CO_2 + 64H_2O + 16NH_3 + H_3PO_4 + h\nu \longrightarrow C_{106}H_{179}O_{68}N_{16}P + 106O_2$$

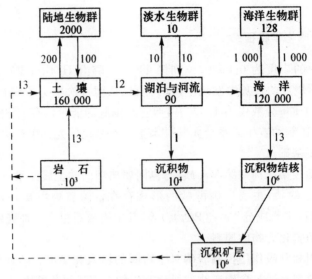

图 7-4　环境中磷的量及其年自然流动量（单位：百万吨）

另一则发生在陆地系统：

$$830CO_2 + 600H_2O + 9NH_3 + H_3PO_4 + h\nu \longrightarrow C_{830}H_{1230}O_{604}N_9P + 830O_2$$

相反，呼吸作用或腐解作用是指把有机磷重新转化为无机磷的过程。有关的反应式也可写成上述两方程的逆反应。

从上述第一个方程可以看出，磷在调控海洋初级生产力中起着关键的作用。在深海中，可溶性磷的总浓度大约为 2×10^{-6} mol/L，可溶性氮的浓度大约为 3.5×10^{-5} mol/L。因此，深海中 N：P 的比值约 17：1。由上述第一个方程可知海洋生物中的 N：P 比值为 16：1。可见，它们之间非常近似。这一相似性，并不是简单的巧合，而是说明：只要海洋中存在着有效态的磷，固氮作用就不会停止；相反，一旦光合作用耗竭了所有的磷，固氮作用就会中止。在这种意义上，磷起着限制海洋生产力的说法是成立的。

（2）岩石圈

当海洋底部形成含磷沉积物时，就意味着磷彻底输出了生物圈而进入到了岩石系统。相反，当这些含磷沉积物被带到地表，并就地风化或被侵蚀，表明磷流出了岩石循环。这些可逆过程，可以用下述形成羟基磷灰石的方程式表示：

$$5Ca^{2+} + 3HPO_4^{2-} + 4HCO_3^- \rightleftharpoons Ca_5(PO_4)_3(OH) + 3H_2O + 4CO_2$$

反应从左到右，为沉积过程；从右至左，为风化和侵蚀过程。这一反应的一个重要特征，就是与碳循环相耦合：在形成 1mol $Ca_5(PO_4)_3(OH)$ 的同时，游离出 4mol CO_2 进入大气分室；相反，在 1mol $Ca_5(PO_4)_3(OH)$ 发生风化时，则需要消耗大气分室中 4mol CO_2。

（3）水圈

在沉积物-水系统或土壤-水系统中，磷最为活跃的作用，是通过沉淀、溶解反应，与水的循环过程。尤其是当外界环境条件发生改变时，如酸沉降，可以导致铁磷酸盐、钙磷酸盐、镁磷酸盐和锰磷酸盐等矿物的溶解。有关的反应可表示如下：

$$FePO_4 \cdot 2H_2O(红磷铁矿) + 2H^+ \Longrightarrow H_{2PO_4}^- + Fe^{3+} + 2H_2O$$

$$CaHPO_4 \cdot 2H_2O(二水磷酸氢钙) + H^+ \Longrightarrow H_2PO_4^- + Ca^{2+} + 2H_2O$$

$$Ca_5(PO_4)_3F(氟磷灰石) + 6H^+ \Longrightarrow 3H_2PO_4^- + 5Ca^{2+} + F^-$$

$$MgNH_4PO_4 \cdot 6H_2O(鸟粪石) + 2H^+ \Longrightarrow H_2PO_4^- + Mg^{2+} + NH_4^+ + 6H_2O$$

$$MnHPO_4(晶) + 4H^+ \Longrightarrow H_2PO_4^- + Mn^{2+}$$

其中，产生的磷酸根，易于在水体中发生迁移并被生物体吸收，参与水的生物地球化学循环。

（4）络合-聚合作用过程

在生物-非生物复合系统中，磷酸盐的络合作用可能是非常重要的过程之一。当环境介质（土壤、水和沉积物）的 pH 小于 4.0 时，生物-非生物复合系统中亚铁磷酸盐络合物迅速增加：

$$Fe^{2+} + H_2PO_4^- \Longrightarrow FeH_2PO_4^+$$

当环境介质（土壤、水和沉积物）pH 大于 7.8 时，Ca、Mg 的络合物则显得相当重要，这是因为：

$$Ca^{2+} + H_2PO_4^- \Longrightarrow CaH_2PO_4^+$$

$$Ca^{2+} + H_2PO_4^- \Longrightarrow CaHPO_4 + H^+$$

$$Ca^{2+} + H_2PO_4^- \Longrightarrow CaPO_4^- + 2H^+$$

$$Mg^{2+} + H2PO_4^- \Longrightarrow MgHPO_4^+ + H^+$$

当环境介质含有过多的磷酸盐，则发生以下聚合反应：

$$2H_3PO_4 \Longrightarrow H_4P_2O_7 + H_2O$$

在 Ca^{2+} 存在下，可进一步形成络合物：

$$Ca^{2+} + P_2O_7^{4-} \Longrightarrow Ca_2P_2O_7^{2-}$$

$$Ca^{2+} + H^+ + P_2O_7^{4-} \Longrightarrow CaHP_2O_7^-$$

$$Ca^{2+} + H_2O + P2O_7^{4-} \Longrightarrow Ca(OH)P_2O_7^{3-} + H^+$$

由于这些过程中基本上涉及 Ca、Mg 这两个元素，因而在一定程度上反映了与 Ca 和 Mg 循环的耦合关系。

7.4　硫的生物地球化学循环

7.4.1　硫的地球化学特征

硫（S）是一种分布范围较广的元素，它在地壳中的丰度为 0.05%，并有 4 个稳定的同位素 $_{16}^{32}S$、$_{16}^{33}S$、$_{16}^{34}S$ 和 $_{16}^{36}S$。其中，相对丰度最大的是 $_{16}^{32}S$，占 95.0%；其次是 $_{16}^{34}S$，占 4.22%；再次是 $_{16}^{33}S$，占 0.76%；最小的是 $_{16}^{36}S$，仅占 0.02%。同 P 相似，S 在生物体中的含量低，仅为 0.25% 左右，但对大多数生物的生命过程至关重要。S 在很多自然水体中，存在大量的可溶态，因此，作为养分元素，它很少成为限制因子。从全球变化的角度，人们关心 S 循环是因为它是酸雨和大气气溶胶的主要成分。

在自然界中，硫能以单质硫和化合态硫两种形式存在。其价态从 −2 价到 +6 价，但在地球系统中，常常只发现 6 种氧状态，如表 7-5 所示。

表 7-5　自然界中的重要硫化物及其氧化状态

价态	大气圈		水圈	岩石圈		生物圈
	大气	颗粒物		土壤	石佃	
-2	H_2S、RSH、RSR、OCS、CS_2	—	H_2S、HS^-、S^{2-}、RS^-	H_2S、HS^-、S^{2-}	H_2S、S^{2-}、MS	蛋氨酸 胱氨酸
1	$RSSR$		$RSSR$	S_2^{2-}	FeS_2	RNA
O	CH_3SOCH_3	—	—	S_g		—
$+2$	—	—	$S_2O_3^{2-}$	—	—	—
$+4$	SO_2-	$SO_2 \cdot H_2O$ CH_3SOOH	H_2SO_3、HSO_3^-、SO_3^{2-}	SO_3^{2-}	—	—
$+6$	SO_3	H_2SO_4 NH_4HSO_4 $(NH_4)_2SO_4$ Na_2SO_4* CH_3SO_3H	H_2SO_4 HSO_4^- SO_4^{2-} S	$CaSO_4$	$CaSO_4 \cdot 2H_2O$ $MgSO_4$	—

注:分子式中的"R"表示烷基(如$-CH_3$),"M"表示金属离子。

在这些氧化物中,含 S 最为丰富的是黄铁矿(FeS_2),它是地球上最大的 S 元素来源。

硫也是蛋白质和氨基酸的基本成分,是生物必需营养元素,同时又是化学污染元素(如大气环境中的 SO_2、H_2S、二甲基硫、甲基硫醇等)。生物及其群落的生存和演替与硫的生物地球化学循环密切相关。然而,工业革命以来,由于人类活动的强烈干预,使硫的自然循环受到严重破坏,导致 SO_2、H_2S、二甲基硫、甲基硫醇等有毒硫化物大量进入大气环境,造成酸雨、硫酸型烟雾等大气环境问题,对自然环境和人类及生物产生危害。

7.4.2　硫的循环

1. 全球硫循环

硫的生物地球化学循环是生物圈最复杂的循环之一,它包括了气体型循环和沉积型循环两个重要的生物地球化学过程。这是由硫的生物地球化学基本特征所决定的,也是其地球化学与生态化学过程(包括侵蚀、沉积、淋溶、降水和向上的提升作用)和生物学过程(包括合成、降解、吸收、代谢和排泄作用)相互作用的结果。

如图 7-5 所示是全球硫循环示意图。硫循环既属沉积型,也属气体型。与氮循环类似,硫循环中包括一个重要的大气组分如 SO_2,其在大气中含量很低,但是起着相当重要的作用;与磷一样,硫的主要储库是地壳中的岩石如石膏及黄铁矿等矿物。海水、沉积物、岩石是硫元素最大的储存库,大气中仅存在很少量的硫。在数个世纪以前,生物圈可利用态硫主要来源于沉积硫铁矿的风化。一旦风化,硫通过水文运输在地球系统中运动或作为一种含硫气体和含硫颗粒释放到大气中。工业革命以前,大约每年有 100Tg 的硫元素以溶解硫酸盐的形式迁移,通过河流运输到海岸或者开阔的海洋中。

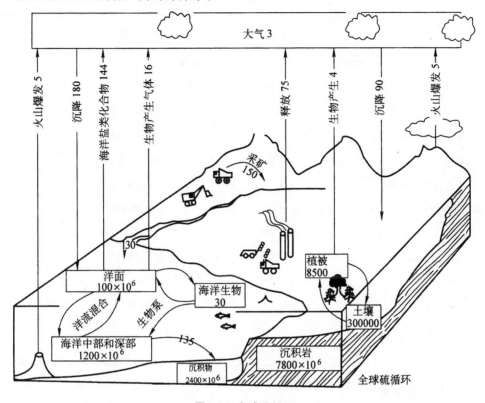

图 7-5　全球硫循环

注:图中方框代表碳磷循环中重要的库,单位:Tg;箭头代表通量,单位:Tg/a。

表 7-6 和表 7-7 分别给出了硫在各圈层的贮量和年流通量。

表 7-6　硫在全球各圈层的质量

圈层	估计质量(10^{20}g)	圈层	估计质量(10^{20}g)
大气圈	40	岩石圈	3000
对流层的质量(至11公里)	52	沉积物	29000
总质量		沉积岩	76200
	16	变成岩	189300
土壤圈		火成岩	
水圈	2		
河流和湖泊			
地下水	81		
两极冰帽、冰山、冰河	278		
海洋	13480		

表 7-7　环境中硫的年流通量　Tg/a

硫的来源	估计值	硫的来源	估计值
陆地生物过程(H_2S、SO_2、有机硫)	3～110	隆起地壳地热水活动(SO_4^{2-})	129
海洋生物过程(H_2S、有机硫)	30～170	黄铁矿浸蚀	11～69
污染(SO_2、SO_4^{2-})	40～70	$CaSO_4$ 浸蚀	25～69
海洋溅沫(SO_4^{2-})	40～44	肥料的使用	10～69
火山排放至大气(H_2S,SO_2)	1～3	大气平衡	
火山排放至土壤圈	5	陆地至海洋	-10～20
海洋上空降雨(SO_2、SO_4^{2-})	60～165	海洋至陆地	4～17
陆地上空降雨(SO_2、SO_4^{2-})	43～165	大气圈内的平衡	-1～20
陆地上空干沉降(SO_4^{2-})	10～165	土壤圈内的平衡	-1～110
海洋吸收(SO_2)	10～100	水圈内的平衡	0～117
植物吸收(H_2S、SO_2、SO_4^{2-})	15～75	岩石圈内的平衡	-139～-8
河流径流(SO_4^{2-})	73～136		
沉积(黄铁矿)	7～36		

2.硫循环的重要反应

硫的生物地球化学循环是伴随着一系列不同形态硫化合物之间的转化而实现的。在生物和非生物作用下所发生的硫的各种氧化还原反应是硫循环的关键反应,通过-2价到+6价氧化态之间的相互转化,硫在各种关键的氧化还原反应中起着电子受体或电子供体的作用。

(1)硫的氧化反应

①大气中硫的氧化。大气中的硫化物主要包括 SO_x、硫化氢(H_2S)、甲硫醇(CH_3SH)、硫化羰(COS)、二甲硫(DMS)、二硫化碳(CS_2)等。对于还原性硫化物在大气中的转化过程的研究不像 SO_x 那样深入,一般认为·OH 自由基在这些化合物的氧化中发挥关键作用:

$$H_2S + \cdot OH \longrightarrow HS \cdot + H_2O$$
$$HS \cdot + [O] \longrightarrow SO + H \cdot$$
$$SO + [O] \longrightarrow SO_2$$

上述反应中·OH 从 H_2S 中取得一个氢原子是关键的反应,由此氧化反应决定的 H_2S 在大气对流层中的平均滞留期为16h。甲硫醇(CH_3SH)、硫化羰(COS)、二甲硫(DMS)、二硫化碳(CS_2)的平均滞留期分别为 0.2d,60d,3d 和 40d。

从生物圈释放进入大气的挥发性还原态硫化物,通过上述化学氧化过程,最终被氧化为 SO_x、硫酸根或甲基磺酸盐的形态,这些形态的含硫化合物可通过干沉降和湿沉降的方式进入地表。

②水体中硫化物的氧化。以 H_2S 为代表的还原性硫化物通常存在于厌氧环境,然而硫化物和氧在水溶液中可能同时存在相当长的时间。在 pH 等于 8 的氧饱和海水中的硫化物,其

生存期为若干小时。对于硫化物在水中的自动氧化机理目前尚无统一的认识。

③岩石圈中硫的氧化。黄铁矿(FeS_2)的风化是岩石圈中最重要的硫氧化过程,反应可表示为:

$$4FeS_2 + 8H_2O + 15O_2 \longrightarrow 2Fe_2O_3 + 8SO_4^{2-} + 16H^+$$

或

$$4FeS_2 + 14H_2O + 15O_2 \longrightarrow Fe(OH)_3 + 8SO_4^{2-} + 16H^+$$

上述反应是一慢反应过程。在海洋沉积物中,黄铁矿的氧化需要上万年才能发生。但在缺氧或厌氧环境中,由于三价铁的存在,水分子中的氧可使 FeS_2 迅速氧化,反应步骤为:

$$FeS + 6Fe^{3+} + 3H_2O \longrightarrow 7Fe^{2+} + S_2O_3^{2-} + 6H^+$$
$$S2O_3^{2-} + 8Fe^{3+} + 5H_2O \longrightarrow 8Fe^{2+} + 2SO_4^{2-} + 10H^+$$

总反应方程为:

$$FeS_2 + 14Fe^{3+} + 8H_2O \longrightarrow 15Fe^{2+} + 2SO_4^{2-} + 16H^+$$

人类活动或者其他过程将黄铁矿从岩石或沉积圈转移至地表后,便可进行上述风化作用,其结果是使硫进入地表循环,同时风化过程产生质子,可使局部环境酸化。煤矿排水对环境的酸化就是由于其中的黄铁矿氧化的结果。

从全球范围来看,黄铁矿的风化在过去的数百万年中消耗掉大量的大气氧。然而,海洋中的部分硫酸盐被光合生物同化还原成有机物。在此还原过程中释放出的 CO_2 可以通过光合作用再次恢复大气中的氧含量。

④微生物对 H_2S 的氧化作用。微生物对 H_2S 的氧化作用可发生在水体、土壤或沉积物环境中,它们可使 H_2S 氧化成较高价的氧化态。例如,好氧的无色硫细菌利用 O_2 氧化 H_2S、硫代硫酸根离子:

$$2H_2S + O_2 \longrightarrow 2S + 2H_2O$$
$$2S + 2H_2O + 3O_2 \longrightarrow 4H^+ + 2SO_4^{2-}$$
$$S_2O_3^{2-} + H_2O + 2O_2 \longrightarrow 2H^+ + 2SO_4^{2-}$$

在自然界中,H_2S 的氧化作用意义重大。它不仅可以减缓 H_2S 对动植物的毒害作用,并且可以增加可给态硫的含量,有利于生物生长。当把微生物氧化 H_2S 为单质的硫加入至相当碱的土壤时,由于微生物进一步氧化为硫酸,使土壤 pH 值下降,从而使土壤中一些不溶的无机盐类转变为能被植物利用的可溶性状态的盐类。单质 S 作为粒子能够沉积在紫色硫细菌和无色硫细菌的细胞内,还可沉积在绿色硫细菌的细胞外。这个过程是单质硫沉积的重要来源。实践中还有将氧化硫的细菌应用于冶金上,称为冶金细菌,但这类细菌也是造成矿山产生硫酸性硫矿水污染的重要原因,尤其是露天煤矿,甚至可使 pH 值降至 2 以下。

(2)硫的还原反应

在有氧环境中以六价态的硫最稳定,因此,SO_4^{2-} 是氧化性水体或土壤中最主要的形态。水圈或土壤圈的硫以可挥发态进入大气,首先需要通过还原作用将 SO_4^{2-} 还原成挥发性硫化物,在生物作用下的这种还原过程是硫进入大气的驱动力。其中,最重要的生物化学过程是硫酸盐的异化还原和同化还原作用。

①同化还原作用。硫酸盐的同化还原是硫参与生物体内循环,并在生物体内行使其重要生理功能的基本过程,也是无机硫转化为有机硫的基本途径。除动物不能直接利用硫酸盐外,

细菌、藻类和高等植物均可利用硫酸盐作为生长所需要的唯一的硫源。它们在细胞内将它还原为 H_2S，并以巯基取代丝氨酸或高丝氨酸中的羟基而从前者形成半胱氨酸。半胱氨酸作为生物体内硫代谢的初始化合物，可进一步通过一系列复杂的反应形成蛋氨酸及其他含硫化合物。某些微生物不能同化硫酸盐，但需要硫化物或硫的中间氧化态形式，例如硫代硫酸盐或亚硫酸盐。另外一些微生物甚至直接需要含硫的辅助因子或氨基酸。

细胞内还原的硫绝大部分被同化固定，只有很少部分以气态挥发性硫化物的形式散失。只有当生物死亡后，机体中的含硫化合物才在多种微生物的作用下降解。含硫有机物的嫌气降解产生的还原态的硫化物（主要为 H_2S，也包括其他有机硫化物），可散发进入大气；然而还原态硫化物在有氧环境中不稳定，可被重新氧化为硫酸盐。

②异化还原作用。硫酸盐的异化还原发生在严格的厌氧环境中。硫酸还原细菌利用 SO_4^{2-} 作为其呼吸作用的终端电子受体，在将有机物氧化降解为 CO_2 并获取化学能的同时，氧化态的 SO_4^{2-} 或其他硫氧化物被还原为 H_2S。

$$SO_4^{2-} + 2\text{``}CH_2O\text{''} + 2H^+ \longrightarrow H_2S + 2CO_2 + 2H_2O + 能量$$

厌氧微生物把硫酸根还原为硫化氢，以及硫化氢的氧化作用，构成了硫的一个极其封闭式的循环。它酷似光合作用与呼吸作用构成的循环。正是由于这个特点，加上在全球范围内只涉及光合作用所产生的一小部分碳，因而它的这一循环在全球水平上并不特别重要。但是，若含赤铁矿的海洋沉积物中出现上述硫酸根的厌氧微生物还原，则意味着开始了具有全球意义的生物地球化学循环。在这些沉积物中，所谓的"无色细菌"在对有机化合物进行氧化的同时，能把赤铁矿中的 Fe 以及硫酸根中的 S 进行还原。

$$8SO_4^{2-} + 2Fe_2O_3 + 15\text{``}CH_2O\text{''} + 16H^+ \longrightarrow 4FeS_2(s) + 15CO_2 + 23H_2O$$

在这个过程中，产生的不溶性化合物在海洋沉积物中逐渐积累，形成具有经济意义的黄铁矿。当人类活动或者其他过程把黄铁矿提到地表并进行有关的风化作用，便完成了一个循环。

③石膏的形成反应。石膏（$CaSO_4 \cdot 2H_2O$）矿是硫的主要储存库之一，它可广泛用于建材工业、造纸、油漆工业、医药、土壤改良等。因此，其形成和开采利用对于硫的全球循环具有重要意义。石膏的形成是在氧化环境中，通过 Ca^{2+} 与 SO_4^{2-} 的均匀成核反应，或通过 SO_4^{2-} 取代方解石中的 CO_3^{2-} 的非均匀成核反应沉积而成。其反应为：

$$Ca^{2+} + SO_4^{2-} + 2H_2O \longrightarrow (CaSO_4 \cdot 2H_2O)(s)$$

$$CaCO_3(s) + H^+ + SO_4^{2-} + 2H_2O \longrightarrow (CaSO_4 \cdot 2H_2O)(s) + HCO_3^-$$

前一反应需要结晶核的形成，因而是一个相对缓慢的过程。后一反应可将海洋沉积物（方解石）中固定的 CO_3^{2-} 置换到海水中，可以为光合浮游生物利用，促进了大气氧气的产生。因此，该循环过程对大气圈中氧气的含量具有潜在的影响。

当石膏矿因地壳运动或人为开采利用被带到地球表面后则可进行风化作用，从而完成了一个完整的循环。

$$(CaSO_4 \cdot 2H_2O)(s) \longrightarrow Ca^{2+} + SO_4^{2-} + 2H_2O$$

④硫的甲基化反应。硫的甲基化产生二甲基硫，它是硫生物地球化学循环中最重要的挥发性硫化物，它广泛分布于土壤、大气、海洋和淡水分室中，而尤以表面水体（如大陆架和海洋水体）中的含量最大。导致这一现象产生的原因，可能主要是因为红藻参与硫的甲基化反应：

$$(CH_3)_2SCH_2CH_2OO^- + H_2O \longrightarrow (CH_3)_2S + CH_3CH_2COO^- + OH^-$$

二甲基硫的氧化产物二甲基氧化硫$[(CH_3)_2SO]$也是一个重要的硫化物,它也主要与表面水体中浮游植物的活动有关。目前,水分室(包括海洋表面水体、河流、湖泊等)中二甲基氧化硫的浓度已达到 $19 \sim 109nmol/L$。

此外,硫还参与其他有毒元素的甲基化作用的过程。例如,硫离子参与三甲基铅进一步甲基化的催化功能,是通过形成中间产物$[(CH_3)_3Pb]S$ 来实现的;硫促进甲基汞向二甲基汞转化以及促进三甲基锡转化;其他生物起源的有机硫化物(如蛋氨酸和辅酶 M)则作为甲基供体,参与砷和硒的甲基化作用。特别是,甲基碘也可作为甲基供体,使硫转化为二甲基硫。

总之,硫在甲基化过程中起着十分重要的调控作用,从而可能支配其他有毒元素(包括 Pb,Hg,Sn,As,Se 等)的生物地球化学循环。

第8章 典型污染物在环境各圈层中的转归与效应

8.1 重金属污染物

8.1.1 汞污染

1.环境中汞的来源和分布

汞在自然界的含量不高,但分布很广。地球岩石圈内汞的丰度为 $0.03\mu g/g$。汞在自然环境中的本底值不高,在森林土壤中为 $0.029\sim0.10\mu g/g$,耕作土壤中为 $0.03\sim0.07\mu g/g$,黏质土壤中为 $0.030\sim0.034\mu g/g$。水体中汞的含量更低,例如,河水中约为 $1.0\mu g/L$,海水中约为 $0.3\mu g/L$,雨水中约为 $0.2\mu g/L$,某些泉水中可达 $80\mu g/L$ 以上。但是,受污染的水中浓度往往很高。大气中汞的本底值为 $(0.5\sim5)\times10^{-3}\mu g/m^3$。

造成汞环境污染的来源主要是天然和人为释放两个方面。从局部污染来看,人为污染是非常重要的。19 世纪以来,随着工业的发展,汞的用途越来越广,生产量急剧增加,从而使大量汞进入环境。汞的人为来源主要是汞矿和其他金属的冶炼,氯碱工业和电器工业中的使用以及矿物燃料的燃烧。其中,由于煤炭燃烧造成全世界每年从煤炭中逸出的汞占人类活动所释放汞的较大部分。据统计,全球每年向大气中排放的汞的总量约为 5000t,其中 4000t 是人为的结果。以美国为例,美国每年汞的排放量占世界总排放量的 3%,大约为 158t,其中份额较大的来源是燃烧行业,约占 87%,10% 来源于制造行业,3% 来源于其他方面。在燃烧行业中,燃煤汞排放量所占的比例最大,达到 33%,生活垃圾焚烧炉年排放量约占 19%,工业锅炉汞排放量比例约占 18%,医疗垃圾焚烧约占 10%。2000 年我国燃煤电站向大气中排放汞为60.34t,排入灰渣或洗煤废渣的汞为 18.88t。

2.汞及其化合物的性质

与其他重金属相比,汞的主要特点体现在能以零价形态存在于大气、土壤和天然水中。由于汞的电离势很高以及汞及其化合物非常容易挥发,所以汞转化为其他离子的趋势低于其他离子。汞有 $0,+1,+2$ 三种价态,其化合物主要有一价和二价无机汞化合物(如 $HgCl_2$,HgS)以及二价有机汞化合物(如 CH_3Hg^+,$C_6H_5Hg^+$ 等)。与同族元素相比,汞具有以下的特殊性质。

汞及其化合物非常容易挥发。汞的挥发程度与其化合物形态及其在水中的溶解度、表面吸附和大气的相对湿度(RH)等因素密切相关,如表 8-1 所示。

单质汞是金属元素中唯一在常温下呈液态的金属。由表 8-1 可以看出,无论汞以何种形态存在,都非常容易挥发。一般来讲,有机汞的挥发性大于无机汞,而有机汞中又以甲基汞(CH_3Hg^+)和苯基汞($C_6H_5Hg^+$)的挥发性最大,无机汞中以碘化汞(HgI_2)挥发性最大,硫化汞（HgS）挥发性最小。另外，挥发性随湿度增大而增大。

表 8-1　汞化合物的挥发性

化合物	条件	大气中汞浓度/(μg/m³)
硫化物	干空气中，RH≤1%	0.1
	湿空气中，RH≤接近饱和	5.0
氯化物	干空气中，RH≤1%	2.0
碘化物	干空气中，RH≤1%	150
氟化物	干空气中，RH≤1%	8
	RH＝70%的空气中	200
氯化甲基汞（液）	0.06%的 0.1mol/L 的磷酸盐缓冲液中，pH＝5	900
双氰胺甲基汞（液）	0.04%的 0.mol/L 的磷酸盐缓冲液中，pH＝5	140
醋酸苯基汞（固体）	干空气中，RH＜10%	22
	RH＝30%的空气中	140
硝基苯基汞（固体）	干空气中，RH≤1%	4
	湿空气中，RH 饱和	27

　　汞化合物的溶解度差别较大。在 25℃汞元素在纯水中的溶解度为 60μg/L，在缺氧水体中约为 25μg/L。汞易与配位体形成配合物。Hg^{2+} 在水体中易形成配位数为 2 或 4 的配合物，同时，Hg_2^{2+} 形成配合物的倾向小于 Hg^{2+}。在天然水中，Hg^{2+} 可与 Cl^- 形成相当稳定的配合物，如图 8-1 所示。

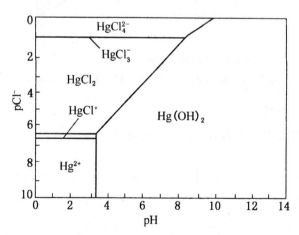

图 8-1　pH 值和 Cl^- 浓度对水体中 Hg 存在形态的影响

　　汞能与各种有机配位体形成稳定的配合物。例如，与含硫配位体的半胱氨酸形成稳定性极强的有机汞配合物，与其他氨基酸及含－OH 或－COOH 基的配位体形成相当稳定的配合物。此外，汞还能与微生物的生长介质强烈结合，这表明 Hg^{2+} 能进入细菌细胞并生成各种有机配合物。

如果环境中存在着亲和力更强或者浓度更大的配位体,汞的重金属难溶盐就会发生转化。相关研究数据表明,在 $Hg(OH)_2$ 与 HgS 溶液中,若水体中 Hg 的总浓度为 0.039mg/L,则当环境中 $[Cl^-]=0.001mol/L$ 时,$Hg(OH)_2$ 和 HgS 的溶解度分别增加 44 倍和 408 倍;当 $[Cl^-]=1mol/L$ 时,由于高浓度的 Cl^- 与 Hg^{2+} 发生了较强的配合作用,其溶解度分别增加 10^5 倍和 10^7 倍。所以,河流中的汞进入海洋后浓度会发生变化,使得河口沉积物中汞含量明显降低。

另外,汞在环境中的存在和转化与环境(特别是水环境)中的氧化-还原电位 E_h 值和 pH 值有关。从图 8-2 中可以看出,液态汞和某些无机汞化合物如(Hg^{2+},$Hg(OH)_2$ 等),在较宽的 pH 值和氧化-还原电位条件下是稳定的。

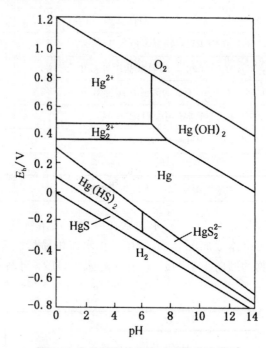

图 8-2 各种形态的汞在水中的稳定范围

(25℃,$1.013×10^5$ Pa,水中含 $36\mu g/L Cl^-$ 和 $96\mu g/L SO_4^{2-}$)

3.汞的迁移转化与循环

我们从以下几个方面来讨论汞的迁移转化与循环。

(1)汞的吸附作用

进入生态系统的汞处于吸附和解吸的动态平衡中,这种平衡控制着其在环境中的浓度、活性、生物有效性或毒性在生态系统中的迁移和在食物链中的传递。同时环境因子的类型、组分和性质以及汞本身的化学特性与环境中汞的吸附解吸动态有密切的关系,并直接影响到汞的环境风险。如汞可以和水中的各种胶体进行强烈的吸附反应;汞在土壤中的积累、迁移和转化受制于其在土壤体系中的生物、物理过程和氧化还原、沉淀溶解、吸附解吸、络合螯合和酸碱反应等化学过程。

(2)汞的配合反应

有机汞离子和 Hg^{2+} 可与多种配位体发生配合反应:

$$Hg^{2+} + nX^- \longrightarrow HgX_n^{2-n}$$
$$RHg^+ + X^- \longrightarrow RHgX$$

式中,X^- 为任意可提供电子对的配位基,如 Cl^-、Br^-、OH^-、NH_3、CN^- 和 S^{2-} 等;R 为有机基团,如 $-CH_3$、苯基等。另外,S^{2-}、HS^-、CN^- 及含有 $-HS$ 的有机化合物对汞离子的亲和力也很强,形成的化合物很稳定。

（3）汞的甲基化

1953 年日本熊本县水俣湾发现中枢神经性疾病,经过十多年分析研究,确认为由乙醛生产过程中排放的含汞废水造成的,即被称为世界八大环境公害事件之一的水俣病,这是世界上首次出现的重金属污染事件。

汞在特定的条件下（水体、沉积物、土壤及生物体中）,可发生汞的甲基化。汞的甲基化产物有一甲基汞和二甲基汞。通过甲基钴氨素进行非生物模拟试验表明,一甲基汞形成速率是二甲基汞形成速率的 6000 倍。但是在硫化氢存在条件下,可以提高汞的完全甲基化。汞的甲基化反应使汞在环境中的迁移转化变得复杂。

（4）甲基汞脱甲基化

湖底沉积物中甲基汞可被某些微生物转化为甲烷和汞,也可将 Hg^{2+} 还原为金属汞,此过程为脱甲基化,可去除甲基汞的毒性。

$$CH_3Hg^+ + 2H \longrightarrow Hg + CH_4 + H^+$$
$$HgCl_2 + 2H \longrightarrow Hg + 2HCl$$

这些微生物经鉴定为假单胞菌属。日本分离得到的 K-62 假单胞菌是典型的抗汞菌。我国吉林医学院等单位从第二松花江底泥中也分离出三株可使甲基汞脱甲基化的细菌,其清除氯化甲基汞的效率较高,对 1mg/L 和 5mg/L 的 CH_3HgCl 的清除率为 100%。

（5）汞的全球循环

汞在自然环境中的迁移与转化是非常复杂的,通过多年的研究,目前对汞的全球循环有了一定了解。如图 8-3 所示给出了全球汞的收支。汞的生物地球化学循环涉及多种物理、化学和生物过程。

4. 汞的生态环境效应

汞是环境中分布比较广泛并且毒性很高的元素。但人类对汞及其化合物的应用却十分广泛,世界上约有 80 多种工业生产需要用汞作为原料。目前全世界每年开采应用的汞在 1×10^4 t 以上,每年散失在环境中的汞估计达 5×10^3 t。现代人为活动大大加速了汞的循环,使大量汞进入土壤、水和大气环境。尽管近些年来汞的人为排放有一定程度的减少,但已经污染地区仍然会持续向地表水体、地下水和大气中释放一定量的汞,估计目前大气中汞的负荷是工业革命前的 2～5 倍。

汞的环境效应主要源于其很高的生物毒性。其生物毒效应已在前面作了讨论。此外,汞进入土壤中,可以使细菌数量降低,而且可以使固氮菌、解磷菌、纤维素分解菌、枯草杆菌、木霉等受到抑制。汞对土壤中酶的活性具有一定的抑制作用。汞对脲酶的抑制作用最大,其次为转化酶、磷酸酶、过氧化氢酶。如 Mateos Perez M 等 1993 年的研究表明,汞使土壤中过氧化氢酶的活性降低到对照的 89.6%,使土壤中脱氢酶活性降低为对照的 12.2%。其原因在于汞

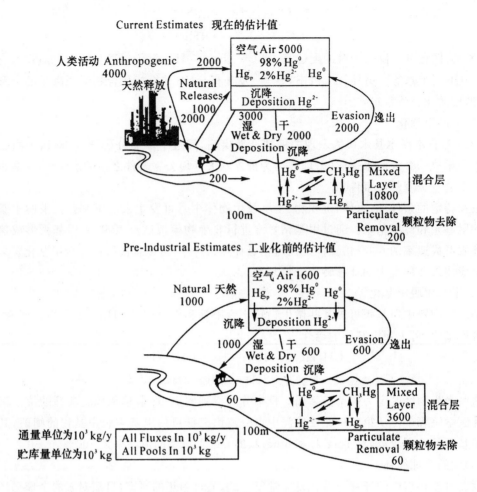

图 8-3　汞全球的收支示意图

可以与酶的活性基团结合,破坏酶的结构而降低其活性;同时抑制了土壤微生物的活性,减少了微生物对酶的合成和分泌,从而导致土壤酶活性的降低。

汞的环境效应研究重点在于汞在生态系统中的迁移、转化、生物富集和毒害效应。在水生生态系统中,由于汞的活动性强,水生生态系统的食物链较长,因此,生物富集放大效应显著,易造成危害。在陆地生态系统中,由于汞与土壤中可溶性有机质及含巯基的配位体亲和力强,其活动性差,而在陆地生态系统的生物链相对于水生生态系统短,不易被生物富集放大,因此,汞在陆地生态系统的危害常常被忽视。但随着高汞高硫煤的燃烧排放,环境酸化和汞在环境中不断积累,其潜在的危害日益显现。作为全球性污染物,汞污染已引起了人们的广泛关注。从 20 世纪 60 年代起,人们开始控制汞的使用量和排放量。从 1990 年起,国际上大约每两年一次召开汞作为全球性污染物的学术会议,对全球汞的排放数量、汞的界面散发速率、通量及影响因素、大气中汞的迁移转化和沉降、汞在陆地和水生生态系统中的迁移循环等开展了诸多研究。此外,联合国环境署正在督促各国政府确立"清晰、明确的目标",让全球汞污染水平下降并开创全球产品和工艺无汞化的新局面。美国已于 2003 年宣布将在 2018 年之前减少

70％煤炭发电站的汞污染的计划，并于 2007 年公布了汞市场最小化法案，禁止汞出口。欧盟提出全面控制汞污染的长期计划，其中包括 2011 年禁止汞产品出口，汞被禁止使用后的处理和安全储存问题，以及到 2020 年逐步淘汰水银电解生产厂。日本于 1986 年 6 月前已将水银电解法全部转换为其他方法。我国于"十五"初期已彻底淘汰水银法烧碱，"十五"后期淘汰了"汞法"制醋酸。2007 年，我国与挪威政府合作启动实施了"减少中国汞污染能力建设项目"，以研究贵州省大气汞排放为重点，评估当地汞污染状况及其环境和社会经济影响，提出有效的汞污染控制政策。

8.1.2　铅污染

1. 环境中铅的主要来源及分布

金属铅和铅的化合物很早就被人类广泛应用于社会生活的许多方面。铅的污染来自采矿、冶炼、铅的加工和应用过程。由于石油工业的发展，作为汽油防爆剂使用的四乙基铅所耗用的铅已占铅生产总量的 1/10 以上。汽车排放废气中的铅含量高达 $20 \sim 50 \mu g/L$，其污染已造成严重公害。空气中的铅浓度较之 300 年前已上升了 $100 \sim 200$ 倍。根据对大西洋中海水的分析，其表层含量达 $0.2 \sim 0.4 \mu g/L$，在 $300 \sim 800 m$ 深水处，铅的浓度急剧降低，至 3000m 深处，含铅量仅为 $0.002 \mu g/L$。这说明海水表层的铅主要来自空气污染。

2. 铅及其化合物的性质

铅在周期表中位于第Ⅳ族，原子外层轨道有四个价电子，其中两个是 s 电子，另两个是 p 电子。所有四个价电子很难从原子中完全失去，而常与电负性较大元素的原子共用电子，形成共价键。在许多铅的化合物中，两个 s 价电子不参加成键，而是作为稳定的电子对与原子核相结合，此时铅表现出 +2 氧化态。由于四价铅具有高氧化性，所以也可以说 +2 氧化态是它的特征氧化态。二价化合物比四价更稳定。此外铅还可能有 +1 和 +3 氧化态。在简单化合物中，只有少数几种 +4 价化合物（PbO_2），是稳定的。

铅在活泼性顺序中位于氢之上，能缓慢溶解在非氧化性稀酸中，也易溶于稀 HNO_3 中，加热时溶于 HCl 和 H_2SO_4；有氧存在的条件下，还能溶于醋酸，所以常用醋酸浸收处理含铅矿石。易溶于水的铅盐有硝酸铅、醋酸铅等。Pb^{2+} 在水中的主要存在形式为 $PbOH^+$，Pb_2OH^{3+}，$Pb(OH)_4^{2-}$ 等，海水中主要以 Pb^{2+}，$PbCl^+$ 和 $PbSO_4$ 形式存在。此外 Pb^{2+} 的存在形式还受环境 pH 值的影响，大多数水体中 Pb 以稳定的 Pb^{2+} 形式存在。但大多数铅化合物难溶于水，如硫化物、氢氧化物、磷酸盐、硫酸盐等皆为难溶铅盐。作为汽车排气的一种重要成分，$Pb_xCl_yBr_z$ 在水中有较大溶解度。溶解度数据是一个重要的环境参数，它关系到空气中含铅化合物的湿降、土地中含铅化合物的溶解迁移等环境过程，也关系到沉积在人体肺内铅化合物的生理特性等。

与同族元素碳、硅相比，铅的金属性强，共价性显著降低。在许多碳、硅化合物中，相同原子能连结成键，而铅则不能。所以含铅有机化合物的数量不多，且有机铅化合物的稳定性也较差。如烷基铅加热时就能分解，这就证明了 C—Pb 间的键力很弱。各种铅有机化合物的稳定程度由分子中有机基团性质和数目决定，一般芳基铅化合物比烷基铅化合物稳定，且随有机基团数增多，稳定性提高。

烷基铅是一类重要的有机铅化合物。在含铅汽油中,这类烷基铅被用作抗震剂,使汽车排气成为当今城市空气中铅的最大污染源。

3. 铅的迁移转化与循环

大气降尘或降水(含铅量可达 $40\mu g/L$)通常是海洋和淡水水系中最重要的铅污染途径。据统计,全世界每年由空气转入海洋的铅量为 $40\times10^6 kg$。20 世纪以来,各生产部门向大气中排放的含铅污染物的量急剧增多。在大气中铅的各类人为污染源中,油和汽油燃烧释放出的铅占半数以上。我国已推行无铅汽油,含铅汽油的使用将逐步废止。大气中所含微粒铅的平均滞留时间为 7~30 天。较大颗粒的铅可降落于距污染源不远的地面或水体,但细粒的或水合离子态的铅则可能在大气中飘浮相当长的时间。降落在公路路基近旁的铅污染物很容易流散,它们会经阴沟而流到淡水源中去。这种污染在经过一段干旱期后特别严重,该情况下,铅积累在路基及其近旁,当干旱季节过后,就被降水带到河里。

河水中约有 15%~83% 的铅呈与悬浮粒相结合的形态,而其中又有相当数量呈与大分子有机物相结合或被无机水合氧化物(氧化铁等)所吸附的形态。当 pH 大于 6.0,且水体中不存在相当数量的能与 Pb^{2+} 形成可溶性配合物的配位体时,水体中可溶性的铅可能就所存无几了。

当 pH 小于 7 时,铅主要以 +2 价的铅离子形态存在。在中性和弱碱性水中,当水体中溶解有 CO_2 时,可以出现 Pb^{2+},$PbCO_3^0$,$Pb(CO_3)_2^{2-}$,$PbOH^-$ 和 $Pb(OH)_2^0$ 等。海水中同时存在有大量氯离子,因此海水中铅的主要存在形态为:$PbCO_3^0$,$Pb(CO_3)_2^{2-}$,$PbCl^+$,$PbCl_2^0$ 和 $PbCl_6^{4-}$。

国外学者曾对溶解有总无机硫和总无机碳均为 $1\times10^{-3} mol/L$ 的体系进行计算,结果指出体系中可能出现 $PbSO_4$,$PbCO_3$,$Pb(OH)_2$,PbS 和 $Pb_3(OH)_2(CO_3)_2$。硫化铅溶解度极小,仅在还原条件下是稳定的,其在氧化条件下将转化为其他四种物质。硫酸铅的溶解度较大,其他三种物质的溶解度均较小。

铅在天然水中的含量和形态明显地受 CO_3^{2-},SO_4^{2-} 和 OH^- 等的含量的影响。在天然水中,铅化合物和上述离子间存在着沉淀-溶解平衡和配合平衡。

在多数环境中,铅均以稳定的固相氧化态存在。氧化-还原条件和 pH 值条件的变化,只会影响到与其结合的配位基,而不影响铅本身。

Pb^{2+} 与 OH^- 配位体生成 $Pb(OH)^+$ 的能力比其与 Cl^- 配位体配合的能力大得多,甚至在 pH 值为 8.1~8.2,$[Cl^-]=20000mg/L$ 的海水中 $Pb(OH)^+$ 的形态还能占据优势;在 pH 大于 6 时,$Pb_3(PO_4)_2$ 和难溶盐也会发生水解生成可溶性 $Pb(OH)^+$;在 pH 小于 10.0 的条件下,不会形成 $Pb(OH)_2$ 沉淀。

某些 Pb^{2+} 化合物(如酸铅)在厌氧条件下能生物甲基化而生成 $(CH_3)_4Pb$。

有机铅化合物在水体介质中的溶解度小、稳定性差,尤其在光照下容易分解。但在水体中已发现含有占总铅量 10% 左右的有机铅化合物,包括烷基铅和芳基铅。

铅与有机物,尤其是有机腐殖质有很强的配合能力。天然水体中 Pb^{2+} 浓度很低,除因铅的化合物溶解度很低外,主要因为水中悬浮物对铅的强烈吸附作用,特别是铁和锰的氢氧化物,与铅的吸附存在着显著的相关性。

　　在铅的生物地球化学循环过程中,铅经过沉淀溶解反应、络(螯)合反应等化学过程和生物作用下的有机化作用等生物反应过程,发生铅的价态变化和含铅化合物的转化。铅在岩石圈、水圈、大气圈、生物圈和土壤圈之间进行地球化学循环,如图 8-4 所示是铅的地球化学循环示意图。

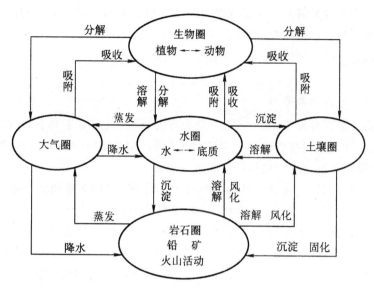

图 8-4　铅的地球化学循环

4.铅的生态环境效应

　　铅的环境污染随着人类活动以及工业的发展而日趋加重,几乎在地球上每个角落都发现它的踪迹。在北极地区的冰雪中,从 1950 年开始,平均每年以 $10^{-3}\mu g/kg$ 的速度增长,世界最高的珠穆朗玛峰的雪中铅含量也高于南极。矿山开采、金属冶炼、汽车废气是环境中铅的主要来源。

　　由于铅具有很强的毒性,已经成为重金属中的"五毒"(汞、铬、镉、铅、砷)之一。铅可通过呼吸道和消化道以粉尘、气溶胶、食物铅等形式等进入动物和人体血液循环,并在肝脏、肺部、大脑和骨骼系统中累积,产生蓄积性中毒。人类活动对铅自然环境过程的干扰,导致大气、土壤铅污染日趋普遍。

　　铅的生态环境效应主要由于其生物毒性所致。大气铅污染可直接通过呼吸作用进入人体。在土壤中,一般认为铅的移动性较弱,植物吸收的铅主要累积在根部,向地上部分迁移的比例较少。但在一定含量范围内,植物吸收的铅随添加到土壤中的活性铅的增加而增多,例如,有研究发现糙米中铅的含量与添加进入土壤的外源铅呈线性相关关系。此外,土壤中的铅也是大气尘埃中铅的重要来源,大气铅可通过沉降或植物地上部吸收进入植物,成为食物铅的提供者。Davies(1977 年)引证有关报道,讨论了人体血铅与土壤或尘埃中铅的关系,得出以下公式:

$$S = \{[(T/G^n) - B]/\delta\} \times 1000$$

式中,S 为土壤或飘尘中铅应控制的含量(g/kg);T 为应控制的血铅含量(以 Pb 计,下同)($\mu g/kg$),美国公共疾病防治中心(CDC)推荐上限值为 $30\mu g/100mL$,儿童为 $10\mu g/100mL$

(1991);G 为人群血铅分布的几何标准差，一般为 $1.3\sim1.5$，但对于暴露于多元和不均匀污染源，如老矿区的尾矿库或居室含铅油漆环境，此值可能要高一些；B 为假定或已知大众的背景或基准血铅含量($10\mu g/100mL$)；n 为相应于风险人群要求保护程度的标准差的数值；δ 是血铅-土壤(灰尘)铅关系的斜率，即土壤或灰尘增加单位铅含量引起的血铅增量。

对铅污染土壤的修复的基本途径与镉污染土壤修复类似。超积累植物的应用受到重视，已发现的铅超积累植物包括黑桦、小翅苔等。

8.1.3 砷污染

1. 砷在环境中的来源与分布

有毒重金属元素在环境中的污染效应很少有人怀疑，然而对于类金属和过渡金属如锰、镍、砷和铜等物质在人们的视野中似乎不是太受重视。但是，从环境污染效应和环境毒理学观点来看，这类物质在环境化学中的作用得到进一步研究。

砷是一种广泛存在并具有准金属特性的元素。元素砷多以无机物状态存在于环境中。在自然界中，天然水中的砷主要以 $+3$ 价和 $+5$ 价的形态存在，其还原态以 $AsH_3(g)$ 为代表，氧化态以砷酸盐为代表。地壳中砷的含量为 $1.5\sim2mg/kg$，比其他元素高 20 倍。土壤中砷的本底值介于 $0.2\sim40mg/kg$ 之间，但砷污染土壤中砷含量可达 $550mg/kg$。

在某些矿物中也含有较高浓度的砷。主要含砷矿物有砷黄铁矿($FeAsS$)、雄黄矿(As_4S_4)和雌黄矿(As_2S_3)。空气中砷的自然本底值为 $3\sim9ng/m^3$；地面水中砷的含量较低，As^{3+} 与 As^{5+} 的含量比范围为 $0.06\sim6.7$；海水中砷浓度范围为 $1\sim8\mu g/L$，其中主要为砷酸根离子。

环境中砷污染主要来自人类的工农业生产活动。工业上排放砷的部门以冶金、化工及半导体工业的排砷量较高(如砷化镓、砷化铜)。农业生产中主要来自以砷化物为主要成分的农药，用量较多的有砷酸铅、亚砷酸钙、亚砷酸钠及乙酰亚砷酸铜和有机砷酸盐等。另外，大量甲胂酸和二甲亚胂酸被用作除莠剂或在林业上用作杀虫剂，有些还作为木材防腐剂，由此带来对环境的污染也日益加重。此外，矿物燃料燃烧也是造成砷污染的重要来源。

2. 砷的化学特性

砷主要以无机砷和有机金属态砷的形式存在，有 4 种价态($-3,0,+3,+5$)。砷的存在形式取决于吸附剂的种类和数量、pH 值、氧化还原电位以及微生物活性。单质砷非常少见，-3 价砷只存在于强还原性环境中，$+5$ 价砷主要存在于氧化条件下，而 $+3$ 价砷主要存在于厌氧条件下。甲基化的砷，如甲基砷 MMA($+5$ 价)、亚甲基砷 MMA($+3$ 价)、二甲基砷 DMA($+5$ 价)、二甲基亚砷 DMA($+3$ 价)、三甲基亚砷 TMA($+3$ 价)等，都可以由微生物甲基化形成。随着化学形式和氧化状态的不同，砷的毒性和活动性也不同。一般来说，无机砷毒性和活动性要比有机砷强，而 $+3$ 价砷的毒性和活动性比 $+5$ 价砷要强得多。$+3$ 价砷在环境中水活动性较强，毒性是 $+5$ 价的 $25\sim60$ 倍。

作为元素周期表中的第 33 号元素，砷是一种"臭名昭著"的元素。从中世纪以来，砷化合物的主要用途就是"结束生命"。在中国古代，砷化合物就被用作色素和毒药，可用来杀灭鼠类和昆虫。近些年，由于世界范围内经常发生砷暴露造成的健康问题，所以砷的生物地球化学循环再次成为人们关注的热点。

3. 砷在环境中的迁移转化与循环

(1)砷在环境中的迁移

砷在天然水体中的存在形态为 $H_2AsO_4^-$，H_2AsO^{4-}，$HAsO_4^{2-}$，H_3AsO_3 和 H_2AsO^{3-}。由于砷有多种价态,因此水体的氧化-还原条件(E_h)将影响砷在水中的存在形态。环境中多以氧化物及其含氧酸形式存在,如 As_2O_3，As_2O_5，H_3AsO_3，$HAsO_2$ 及 H_3AsO_4 等。As_2O_3 在水中溶解可形成亚砷酸。

水体的 pH 值决定砷的存在形态和价态。对大部分天然水来说,砷最重要的存在形式是亚砷酸(H_3AsO_3)。当 pH 小于 4 时,主要以三价的 H_3AsO_3 占优势;当 pH 值为 4~9 时,以 H_2AsO^{4-} 占优势;当 pH 为 7.26~12.47 时,以 $HAsO_4^{2-}$ 占优势;当 pH 大于 12.5 时,主要以 AsO_4^{2-} 形式存在。

如图 8-5 所示,是砷-水体系的 E_h-pH 图,由图 8-5 可以看出,因为砷是多价态元素,因此水体的氧化-还原条件(E_h)对砷在水体中的存在形态有影响。H_3AsO_4 在氧化性水体中是优势形态;在中等还原条件或低 E_h 的条件下,亚砷酸是稳定态。当 E_h 逐渐降低,元素砷将占据稳定形态,但在极低的 E_h 时,可以形成溶解度极低的 AsH_3,当 AsH_3 的分压为 101.3kPa 时,其溶解度只有 5.01×10^{-6} mol/L 左右。

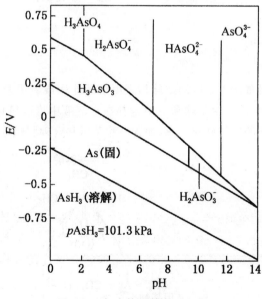

图 8-5　砷-水体系的 E_h-pH 图

在土壤中,砷主要与金属(铁、铝等)水合氧化物形成胶体态存在。土壤的氧化-还原电位(E_h)和 pH 值对土壤中砷的溶解度有很大影响。土壤的 E_h 降低和 pH 值升高,砷的溶解度增大。同时,由于 pH 值升高,土壤胶体所带正电荷减少,对砷的吸附能力降低,所以旱地土壤中可溶态砷含量比浸水土壤中低。另外,植物较易吸收 AsO_3^{3-},在浸水土壤中生长的农作物其砷含量也较高。

（2）砷的生物甲基化反应

与汞的性质相似，砷的生物甲基化反应和生物还原反应是它在环境中转化的一个重要过程。砷的化合物可通过微生物的作用被还原，然后与甲基（—CH₃）反应生成有机砷化合物。但生物甲基化所产生的砷化合物易被氧化和细菌脱甲基化，结果又使它们回到无机砷化合物的形式。在甲基化过程中，甲基钴胺素 CH_3CoB_{12} 起甲基供应体的作用。砷在环境中的转化模式如下：

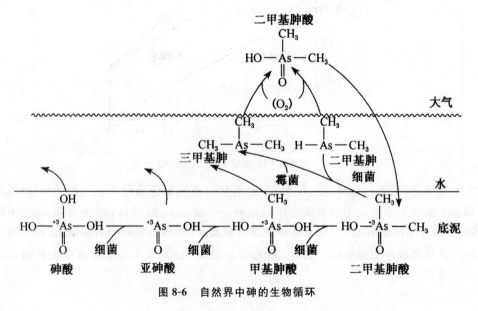

$$HAsO_4^{2-}$$
$$-H^+ \updownarrow +H^+$$
$$H_2AsO_4^- (\text{砷酸}) \xrightarrow[+O_2]{\text{生物还原}} HAsO_2 (\text{亚砷酸}) \xrightleftharpoons[\text{细菌}]{+CH_3^+} CH_3AsO(OH)_2 (\text{甲基胂酸}) \xrightleftharpoons[\text{细菌}]{+CH_3^+}$$
$$-H^+ \updownarrow +H^+$$
$$H_3AsO_4$$

上方：AsH_3 ↑ 还原

$$+H^+ \updownarrow -H^+$$
$$AsO_2^-$$

上方：CH_3AsH_2 ↑

$$+H^+ \updownarrow -H^+$$

$H_3C—As$ (O)(OH)(O⁻)

$(CH_3)_3As$（三甲基胂）
$$\text{生物还原} \updownarrow + \frac{1}{2}O_2$$

$(CH_3)_2AsH$ ↑

$(CH_3)_2AsO(OH)$（二甲基胂酸）$\xrightarrow{+CH_3^+}$ $(CH_3)_3AsO$（三甲基胂氧化物）

$$+H^+ \updownarrow -H^+$$
$(CH_3)_2As—O^-$ (‖O)

环境中砷的生物循环如图 8-6 所示。砷与产甲烷菌作用或者甲基钴氨素及 L-甲硫氨酸-甲基-d_3 反应均能将砷甲基化。二甲基胂和三甲基胂在水溶液中可以氧化为相应的甲基胂酸。这些化合物与其他较大分子的有机砷化合物，如含砷甜菜碱和含砷胆碱等，都极不容易化学降解。

图 8-6　自然界中砷的生物循环

4.砷的生态环境效应

2004 年 12 月 15 日,世界卫生组织公布,全球至少有 5000 多万人口正面临着地方性砷中毒的威胁,其中,大多数为亚洲国家,而中国正是受砷中毒危害最为严重的国家之一。

砷在土壤中累积,并由此进入农作物组织中。砷对农作物产生毒害作用最低浓度为 3mg/L,对水生生物的毒性也很大。砷和砷化物一般可通过水、大气和食物等途径进入人体,造成危害。元素砷的毒性极低,砷化物均有毒性,+3 价砷化合物比其他砷化合物毒性更强。砷污染中毒事件(急性砷中毒)或导致的公害病(慢性砷中毒)已屡见不鲜。如在英国曼彻斯特因啤酒中添加含砷的糖,造成 6000 人中毒和 71 人死亡。日本森永奶粉公司,因使用含砷中和剂,造成 12100 多人中毒,130 人因脑麻痹而死亡。典型的慢性砷中毒在日本宫崎县吕久砷矿附近,因土壤中含砷量高达 300~838mg/kg,致使该地区小学生慢性中毒。我国规定居民区大气砷的日平均浓度为 $3\mu g/m^3$,饮用水中砷最高容许浓度为 0.04mg/L,地表水包括渔业用水为 0.04mg/L。

就砷的毒性来说,+3 价无机砷毒性高于+5 价砷。也有研究表明,溶解砷比不溶性砷毒性高。可能因为前者较易吸收。据报道,摄 As_2O_3 剂量为 70~180mg 时,可使人致死。

无机砷可抑制酶的活性,+3 价无机砷还可与蛋白质的巯基反应。+3 价砷对线粒体呼吸作用有明显的抑制作用,已经证明,亚砷酸盐可减弱线粒体氧化磷酸化反应,或使之不能偶联。这一现象与线粒体三磷酸腺苷酶(ATP 酶)的激活有关,它本身又往往是线粒体膜扭曲变形的一个因素。

长期接触无机砷会对人和动物体内的许多器官产生影响,如造成肝功能异常等。体内与体外两方面的研究都表明,无机砷影响人的染色体。在服药接触砷(主要是+3 价砷)的人群中发现染色体畸变率增加。可靠的流行病学证据表明,在含砷杀虫剂的生产工业中,呼吸系统的癌症主要与接触无机砷有关。还有一些研究指出,无机砷影响 DNA 的修复机制。

8.1.4　镉污染

1.镉的来源分布与地球化学特性

镉是一种比较稀有的金属,在自然界中主要存在于锌、铜和铝矿内。镉在地壳中的元素含量为 $0.2×10^{-6}$,在重金属中是仅次于汞的含量的元素之一,是一个极为分散的化学元素,在各圈层中的储量及在各圈层间迁移通量都较小。

镉在元素周期表中与锌、汞共处第 II 副族,具有 $4d^{10}5s^2$ 电子层结构。氧化数为+2 和+1,Cd^{2+} 为其稳定状态。镉的化合物最常见的有氧化镉、硫化镉、卤化镉、氢氧化镉、硝酸镉、硫酸镉、碳酸镉。其中硝酸镉、卤化镉(除氟化镉外)、硫酸镉均溶于水。氢氧化镉 $[Cd(OH)_2]$ 与氢氧化锌不同,它不溶于碱,但溶于酸,非两性化合物。

金属镉易与多数重金属形成合金。镉不溶于碱,但溶于硝酸、热盐酸和热硫酸而形成相应的盐。金属镉本身无毒,但其蒸气有毒。化合物中以镉的氧化物毒性最大,而且属于累积性的。

镉在环境中存在的形态很多,大致可分为水溶性镉、吸附性镉和难溶性镉。镉及其化合物的化学性质近于锌而异于汞。与邻近的过渡金属元素相比,Cd^{2+} 属于较"软"(极化度大)的酸,在水中可以简单离子或络离子形态存在,如能和氨、氰化物、氯化物、硫酸根形成多种络离子而溶于水;在岩石风化成土过程中,镉易以硫酸盐和氯化物形式存在于土壤溶液中。然而水中的镉离子在天然水的 pH 值范围内都可发生逐级水解而生成羟基络合物与氢氧化物沉淀。镉还易与许多含"软"配位原子(S,Se,N)的有机化合物组成中等稳定的配合物,特别是能与含－SH 基的氨基酸类配位体强烈螯合。因此,镉类化合物具有较大脂溶性、生物富集性和毒性,并能在动植物和水生生物体内蓄积。

2. 镉的生物地球化学循环

岩石中的镉主要以 CdS 和 CdCO₃ 形态存在,并且常常与锌矿相伴存在,可以通过自然风化作用或人类对锌矿、磷矿等的开采和冶炼而进入环境。在镉的生物地球化学循环过程中,伴随着含镉化合物的转化和镉存在的形态的改变,镉经过沉淀溶解反应、络(螯)合反应、吸附解吸反应等化学过程和生物吸收、运输、固定、排出、转移等生物反应过程实现镉的生物地球化学循环,其一般模式如图 8-7 所示。

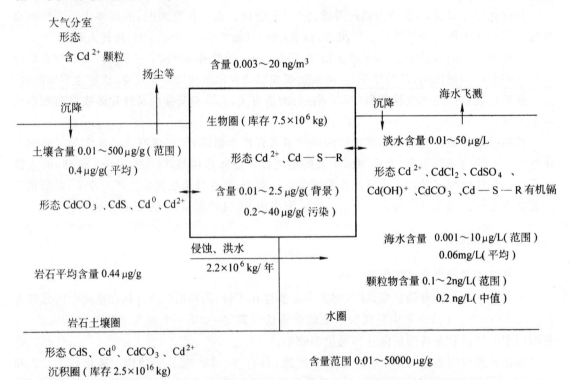

图 8-7　镉的生物地球化学循环的一般模式

镉储存库中以岩石分室中储量最大,为 2.8×10^{19} g;其次为土壤、沉积物孔隙水和海洋可溶态分室中镉的储存量,分别为 6.6×10^{13} g、6.4×10^{13} g 和 8.4×10^{13} g;大气储存库的库存量最小,为 1.5×10^{8} g,其储量比人类及生物(2×10^{8} g)少。因此,大气分室最容易受到人类的各种活动的影响。如人类的化石燃料的燃烧以及各种含镉矿的开采都会导致大量的镉进入大气,造成对环境的广泛而长期影响。而土壤和海洋中镉的巨大的储存量说明镉危害的长期性,因此,对于陆地和海洋镉的输送和迁移转化应给予广泛关注。

从循环年通量来看,以海洋生物摄取年通量最大,为 $2.4×10^{11}$ g。通过大气沉降每年进入陆地的镉年通量为 $5.7×10^8$ g,废物处理每年进入陆地的镉年通量为 $7.0×10^8$ g,目前土壤分室中每年净增加的镉达到 $9.4×10^8$ kg 以上。陆地库中镉向生物体中的积累导致大多数植物和生物体中的镉含量比远古时代上升了 $13\sim100$ 倍。

在远古时代,环境镉的含量和循环通量极低,据估计,当时的大气和土壤镉的平均背景含量分别为 $0.01\sim0.725$ pg/m³ 和 $0.01\sim2$ μg/g。而现代环境中大气和土壤镉的平均背景含量分别为 $0.37\sim0.78$ ng/m³ 和 $0.01\sim0.07$ μg/g。人类活动使镉的生物地球化学循环的自然过程发生了改变。镉的生物地球化学循环的定量模型如图 8-8 所示。

海洋分室是镉循环的汇,镉可以通过大气沉降、河流的搬运、土壤颗粒的溶解等不断进入海洋,导致海洋分室中镉含量不断增加。进入海洋中的镉可以与海水中的 Cl^-、Br^-、I^- 等离子结合形成各种络合物,也可以与沉积物中的各种有机物和胶体结合进入沉积层而沉积。海洋库中镉的库存量增大主要是由于沉积物库中的镉经过地球化学作用和人为开采活动而加速循环产生的。

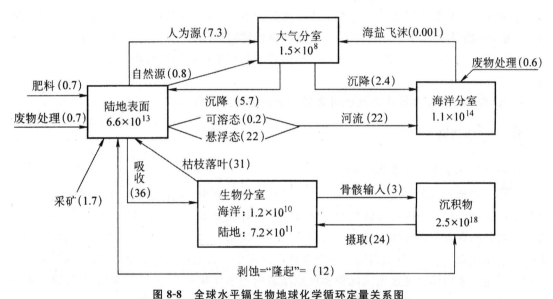

图 8-8　全球水平镉生物地球化学循环定量关系图

注:方框内数据为库存量,单位为 g;括号内数据为年通量,单位为 Gg

3.镉的生态环境效应

自从 1817 年冶金学家 F. Stromyer 在氧化锌中发现镉以来,人类对镉的开采量不断上升,从 1910 年的 50t 猛增到 1980 年的 50000t,环境中的镉污染不断加剧。镉在工业生产中释放到环境中的主要途径是采矿、冶炼、燃煤、镀镉工业、化学工业、肥料制造、废物焚化处理、尾矿堆、冶炼厂废渣、垃圾堆的冲刷和溶解等。人类活动对镉自然循环过程产生了巨大影响,世界环境镉污染问题突出,特别是土壤镉污染现象普遍。由于镉在土壤中移动性强,容易被植物吸收进入食物链,而镉是一种化学性质与人体必须元素锌相近的物质,在人体中锌能到达的地方,镉就能到达,长期镉暴露会引起极痛苦的"骨痛病"。另外,镉进入土壤中,可使细菌数量减少,硝化细菌的活性降低,从而抑制硝化作用。镉对土壤中氮的矿化作用也有较强的抑制作用。

由于镉具有生物毒性和易于生物富集的特点，其在生态系统中的迁移、转化和植物累积受到广泛关注。许多研究表明，植物从土壤中吸收的镉与外源输入镉呈现显著正相关关系，但在大田环境条件下，作物中的镉含量与土壤全镉并不一定有很好的相关性，这是因为作物对镉的吸收受多种因子制约。大量的研究表明，氧化还原电位和 pH 值是影响土壤中镉的可移动性和植物有效性的重要因子，随氧化还原电位的升高和酸度的降低，土壤中镉的有效性增加。

为防止镉进入人类食物链，对镉污染土壤的修复受到极大的重视。其途径包括如下两方面：

①降低土壤中镉的移动性和生物活性。包括施用蒙脱石、羟基磷灰石、碳酸钙、铁锰氧化物、沸石、有机肥等吸附固定剂或酸度调节剂，增加土壤对镉的吸持固定，降低其生物活性。这类方法简单易行，但存在二次污染的风险。

②使镉从土壤中去除。包括电化学修复、植物修复、使用 EDTA 等螯合剂活化土壤镉，结合灌水冲洗或植物吸收提取等。这类方法可达到治本的目的，但存在修复时间长、成本高等问题。其中，植物修复利用某些植物（即所谓超积累植物）对镉的超富集能力，从土壤中吸收移除镉，为土壤镉污染的修复提供了很好的前景，但对于超积累植物的筛选和大田适应性尚需要进一步研究。

另外，合理的耕作和轮作方式也可有效防止镉进入人类食物链。

8.1.5　锑污染

1. 锑的来源分布与地球化学特性

锑（Sb）在地壳中的丰度为 0.2×10^{-6}。在元素周期表中，锑是与砷同族的稀有重金属元素。早在 20 世纪 70 年代锑及锑化物就被美国国家环保局列入优先控制污染物，同时也被欧盟巴塞尔公约列入危险废物。日本东京和欧洲某些城市大气颗粒物中，锑已取代铅成为最富集的重金属元素。但是，意识到锑是一个全球性的污染物只是近几年的事，引起了国际科学界的高度关注。来自偏远地区湖沼沉积和极地冰芯的记录结果表明：近几十年来大气锑污染的时间和强度与铅基本相似，说明锑也是一个长距离传输的全球性污染物。

锑有 4 个价态（-3，0，+3 和 +5）。根据 Goldschmidt 经典分类方法，锑是强亲铜元素，自然矿石 Sb_2S_3（辉锑矿）和 Sb_2S（锑华）是锑的主要存在形式，同时锑还能以自然锑、金属互化物、硫化物、氧硫化物、硅酸盐、锑酸盐和卤化物等 70 多种锑化物形式存在，反映了锑的高度活动性和化学性质的多样性。与砷相似，在地表环境和生物介质中，锑主要是以 +3 价和 +5 价的形式存在，与氧化还原状态的关系十分密切；少量的研究还报道了低含量的甲基锑。锑的生物地球化学过程主要由溶解态的化学形式决定，因为以溶解形式存在时锑表现出相当活跃的地球化学行为。在含氧水体中，$Sb(OH)_6^-$ 是热力学上最稳定的形式，而含水硫化锑是主要的存在形式，另外还有 +3 价锑和 +5 价的甲基锑和二甲基锑。

岩石/土壤，土壤/植物，水/沉积物是地表环境的三个重要界面，它们涉及岩石与矿物中锑的活化与释放、植物（作物）吸收和富集、沉积和水体"二次污染"等一系列重要的物理、化学和生物过程,是地表环境中锑形态毒性转变与迁移转化等生物地球化学循环最活跃的界面,是锑生物地球化学过程研究的重点,直接影响地表生态环境。

2.锑的生物地球化学循环

目前研究结果表明:微生物在锑的生物地球化学循环过程中起到重要的作用,如图 8-9 所示。如:

①锑矿床表层氧化带已发现锑氧化细菌。

②微生物可以直接改变根系微环境,并可能影响氧化还原的状态。

③锑的化学形态直接决定了植物根系表层的吸附行为,毒性较大的三价锑可以直接吸附在根系表面,被植物吸收,而毒性较小的五价锑很少直接吸附在根系表面。某些植物如蓍藿香、车前草、狗筋麦瓶草、萝卜特别富集锑,其富集机理不清楚,但是不同植物根际微生物群落的差异性可能是一个重要原因。

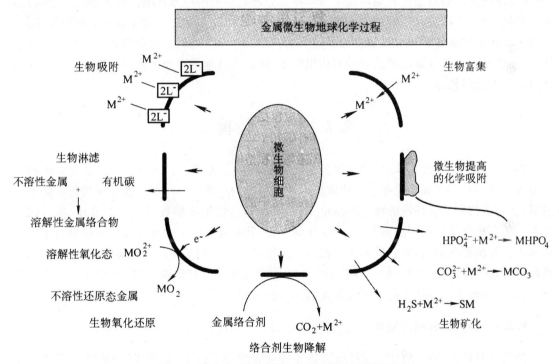

图 8-9　微生物对锑迁移转化行为影响的可能模式

3.锑的环境影响

锑已被证实对人体及生物具有毒性及致癌性,并导致肝、皮肤、呼吸系统和心血管系统方面的疾病,锑中毒具潜伏期长的特点。过量地锑摄入还可能是引起急性心脏疾病、疑是"婴儿猝死综合症"的可能原因之一;长期吸入锑粉和含锑烟雾,可引起"锑尘肺"或"锑末沉着症"和肺癌。我国已有很多锑矿区锑和砷中毒的病例报道。为此,美国和欧盟等国家规定人体每人每天最大允许摄入量为 $0.4\mu g/kg$,并规定了空气、食品和饮用水锑的允许标准(饮用水标准:WHO:$20\mu g/L$;US EPA:$20\mu g/L$;德国:$5\mu g/L$;日本:$2\mu g/L$)。

近年来,世界锑的消费水平每年约为 12~15 万吨。根据美日等经济发达国家锑消费比例分析,铅酸蓄电池的用锑量大约占 10%～15%,阻燃剂用锑量占 60%～70%,化工约占 10%,搪瓷、玻璃和塑料等占 10%左右。由于人类对锑化合物越来越广泛地使用,锑对环境的污染越来越严重,加强这方面基础研究的重要性越来越突出。目前在环境地球化学领域结合态和化学形态是锑的生物地球化学循环和生态环境影响研究中最基础和重要的内容。一般认为:锑及其化合物的毒性取决于化学形态,有机锑毒性小于无机锑,无机的＋3 价锑毒性大于＋5价锑、锑化氢和 Sb_2O_3 毒性最大。此外,微生物生物化学分析可以为解释锑生物地球化学循环过程中可能的环节提供新的思路,是目前该领域的重点研究内容之一。

如前所述,锑是全球性污染物,是目前国际上最为关注的有毒金属元素之一。与其他有毒金属如汞和砷等相比,人们对锑的环境污染过程和生物地球化学循环还缺乏系统认识。我国是锑的生产大国,世界锑年产量中约 80%来自我国,位居世界第一;而我国 79%的锑产于西南大面积低温成矿域的湘、黔锑矿带,即西南局部地表环境可能是我国锑污染较为典型的区域之一,是全球研究锑的表生生物地球化学循环和生态环境影响的理想区域。化学形态、微生物和有机质的影响,及同位素等现代分析技术是目前研究锑生物地球化学循环强有力的研究手段,可以为某些关键重要的环节提供新的思路,在此基础上,建立地表环境中锑的生物地球化学演化、归宿以及与人体健康的关系的基本认识框架,从而为其他类型锑污染(如城市地表环境)的评价和治理提供借鉴。

8.2　有机污染物

自 20 世纪 70 年代以来,世界上发生了一系列环境公害事件。20 世纪 80 年代发生的三大公害事件中有两起属于有毒有机物质进入环境造成的严重污染问题。随着现代化学的不断发展,各类有机物进入环境的概率逐渐增多,而有机污染物则达到数万种。据统计,当前化工生产中的有机化学品的生产量平均 7～8 年翻一番,其中有毒有机物和持久性有机物对生态环境和人类健康影响最大,它们以各种形式进入环境中产生多种多样的环境效应,另外由于具有难降解性,在环境中残留时间长,有蓄积性,能促进慢性中毒,有致癌、致畸和致突变作用的特点,有毒有机物类在环境中的效应成为人们关注的热点。

8.2.1　持久性有机污染物

持久性有机污染物(POPs)是指通过各种环境介质(大气、水、生物体等)能够长距离迁移并长期存在于环境,具有长期残留性、生物蓄积性、半挥发性和高毒性,对人类健康和环境具有严重危害的天然或人工合成的有机污染物质。近年来,POPs 对人体和环境带来的危害已成为世界各国关注的环境焦点。

根据 POPs 的定义,国际上公认 POPs 具有下列四个重要的特性:
①能在环境中持久地存在。
②能蓄积在食物链中对有较高营养等级的生物造成影响。
③能够经过长距离迁移到达偏远的极地地区。
④在相应环境浓度下会对接触该物质的生物造成有害或有毒效应。
POPs 一般都具有毒性,包括致癌性、生殖毒性、神经毒性、内分泌干扰特性等,它严重地

危害生物体,并且由于其持久性,这种危害一般都会持续一段时间。更为严重的是,一方面POPs具有很强的亲脂疏水性,能够在生物器官的脂肪组织内产生生物积累,沿着食物链逐级放大,从而使在大气、水、土壤中低浓度存在的污染物经过食物链的放大作用,而对处于最高营养级的人类的健康造成严重的负面影响;另一方面,POPs具有半挥发性,能够在大气环境中长距离迁移并通过所谓的"全球蒸馏效应"和"蚱蜢跳效应"沉积到地球的偏远极地地区,从而导致全球范围的污染传播。

符合上述定义的POPs物质有数千种之多,它们通常是具有某些特殊化学结构的同系物或异构体。联合国环境规划署(UNEP)国际公约中首批控制的12种POPs是艾氏剂、狄氏剂、异狄氏剂、DDT、氯丹、六氯苯、灭蚁灵、毒杀芬、七氯、多氯联苯(PCBs)、二恶英和苯并呋喃(PCDD/Fs)。其中前9种属于有机氯农药,多氯联苯是精细化工产品,后两种是化学产品的衍生物杂质和含氯废物焚烧所产生的次生污染物。1998年6月在丹麦奥尔胡斯召开的泛欧环境部长会议上,美国、加拿大和欧洲32个国家和地区正式签署了关于长距离越境空气污染物公约,提出了16种(类)加以控制的POPs,除了UNEP提出的12种物质之外,还有六溴联苯、林丹(即99.5%的六六六丙体制剂)、多环芳烃和五氯酚。

自然环境和生物体都不同程度地受到了POPs污染。POPs最初是通过大气或水体进入生态环境,并且在低纬度地区和极地地区的大气、水体、土壤中都能检测得到。

1. 大气/颗粒物中的POPs

大气中POPs主要来自于工业生产污染、机动车尾气的排放和垃圾焚烧等。于丽娜等监测了全国31个点的大气样品,分析发现,我国大气中PCBs主要来自退役和在役含PCBs设备的拆解排放和泄露。也有研究表明,大气中卤素污染物质量浓度最高的点大部分分布在城区,且呈现沿城市到乡村的下降趋势;在交通枢纽地区大气中有机氯的质量浓度要高于远离交通枢纽的采样点,说明工业污染和机动车尾气的排放是大气有机氯污染物的主要来源。

大气POPs的浓度呈现明显的季节性变化特点:有机氯农药基本遵循夏半年高而冬半年低的规律。例如,阿尔卑斯山区的大气DDTs浓度和南极地区大气七氯的浓度就符合这个规律。说明温度可能是影响POPs呈季节性变化的一个因素。由于POPs的半挥发性,夏季温度高时土壤或其他介质中残留的POPs更容易挥发到空气中,导致大气中POPs含量增加。多环芳烃和多溴联苯醚等由于燃烧排放则呈现冬高夏低的趋势,在冬季,燃烧活动加剧了此类污染物的排放,使得其在大气中的浓度有所升高。

在大气中POPs或者以气体的形式存在,或者吸附在悬浮颗粒物上,发生扩散和迁移,导致POPs的全球性污染。在德国,每天从空气中沉积落地的颗粒物中的二恶英含量在$5\sim36$pg TEQ/m³(TEQ为总毒性当量)。农村和城市空气中PCDD/Fs的污染状况不同,大气和PCDD/Fs的长距离迁移可导致农村PCDD/Fs浓度的增加。

汽油和柴油引擎汽车的尾气颗粒物中都存在PCDD/Fs。在希腊北部,每天沉积落地的大气颗粒中PCDD/Fs和PCBs的平均值分别为0.52pg TEQ/m³和0.59pg TEQ/m³。城市地区颗粒物的PCBs达到242pg/m³,而半农业地区的PCBs为74pg/m³,这些PCDD/Fs成分主要由火灾和汽车尾气带入大气。

2.水体/沉积物中的POPs

水和沉积物是POPs聚集的主要场所之一,城市污水、水库、江河和湖海都存在POPs。POPs从水和沉积物通过食物链发生生物积累并逐级放大。检测分析水体中POPs的成分、来源和存在形态是防治其污染的关键。研究表明,城市污水的来源不同,成分也存在差异。在德国,城市污水中都存在PCDD/Fs,城市的街道流出物中的PCDD/Fs含量在$1\sim11pg\ TEQ/m^3$,屋檐水中小于$17pg\ TEQ/m^3$,生活污水中达到$14pg\ TEQ/m^3$。

POPs具有强亲脂性,在下水道或污水处理中,POPs会转移到城市污泥。英国14个污水处理厂的嗜温厌氧消化污泥中都存在PCDD/Fs和PCBs。污泥中二噁英主要为七氯和八氯二噁英,表明PCDD/Fs的污染与工业的带入有关。

当前,世界绝大多数的江湖水体中都不同程度地受到POPs的污染。在威尼斯湖表面沉积物中,二噁英和呋喃的含量分别在$16\sim13642n/kg$和$49\sim12561ng/kg$,对环境造成了威胁。我国东海岸闽江、九龙江和珠江三个出海口的沉积物中也都存在较高浓度的POPs,其中DDT的浓度可能已影响到深海生物。

3.土壤中的POPs

POPs属于非极性和弱极性有机污染物,K_{ow}值较大,易于吸附在土壤和沉积物上,土壤中POPs的含量在$10^{-12}\sim10^{-9}$范围内。作为植物、土壤动物和微生物赖以生存的物质基础,土壤中含有POPs无疑会导致POPs在食物链上发生传递和迁移。在世界各国土壤中都发现了POPs,莱比锡地区废弃工厂旁的农地土壤中存在HCHs、DDX、PCBs和HCB等物质,在西班牙土壤中同样存在PCDD/Fs,且在工业地区的二噁英含量大于控制地区。

4.生物体中的POPs

POPs通过食物链得到积累和富集,使得目前无论海洋生物还是陆地物种,无论是低等的浮游生物或动物,还是人类自身,都遭受到POPs的污染和威胁。日本北海道的黑尾鸥体内存在PCDD/Fs,PCBs,DDTs,HCHs和HCB等多种POPs。北极的一些动物种群体内多氯联苯等POPs的浓度很高。北极熊、北极狐、绿灰色鸥体内的多氯联苯的浓度超过最低可见负面影响的水平,其生殖系统受到了影响。水体生物也都不同程度地受到POPs的污染。如欧洲Ladoga湖中鱼的脂肪内HCB和总PCBs的含量分别为$0.07\sim0.15mg/kg$和$0.65\sim1.0mg/kg$。海豹体内的PCB和DDT浓度比它食用的鱼高$12\sim29$倍,在食物链上都得到了生物富集和放大。南极的海洋食物链中最重要的生物种类中的POPs含量达到中度污染水平。北极的高级肉食动物海豹、鲸类和北极熊也有着相当大的POPs浓度。北极人主要以海生哺乳动物为食,从而受到了POPs的威胁。而母乳中存在POPs可能会威胁到婴儿的健康。在西班牙的有害物焚烧炉附近地区,母乳中的PCDD/Fs含量为$162\sim498pg\ TEQ/L$,平均值达$310.8pg\ TEQ/L$。在韩国母乳中也存在PCDD/Fs和PCBs。按照母乳的相应含量计算,母亲体内PCDD/Fs和PCBs总负荷达$268\sim622ng\ TEQ$,一周岁婴儿每天估计摄入量为$85pg\ TEQ/kg$。二噁英对人和动物的暴露途径如图8-10所示。

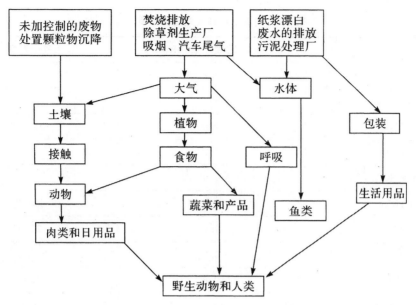

图 8-10 二噁英对野生动物和人类的暴露途径

8.2.2 有机卤代物

有机卤代物是在有机化合物中的一个官能团被卤族元素所取代形成新化合物。主要包括卤代烃、多氯联苯、多氯代二苯并二恶英等。这里主要介绍卤代烃和多氯联苯。

1.卤代烃

烃分子中的氢原子被卤素原子取代后的化合物称为卤代烃(halohyrocarbon),简称卤烃。在卤代烃中,按照卤素的不同,可分为氟代烃、氯代烃、溴代烃和碘代烃。又可根据分子中卤原子的数目不同分为一卤代烃和多卤代烃。

卤代烃主要通过天然或人为途径进入大气中,天然卤代烃的年释放量基本固定不变,人为排放是当今大气中卤代烃含量不断增加的原因。

(1)卤代烃的种类及分布

烃分子中的氢原子被卤素原子取代后的化合物称为卤代烃,简称卤烃。卤代烃的通式为:(Ar)R−X,X 可看作是卤代烃的官能团,包括 F、Cl、Br、I。根据取代卤素的不同,分别称为氟代烃、氯代烃、溴代烃和碘代烃;也可根据分子中卤素原子的多少分为一卤代烃、二卤代烃和多卤代烃。

卤代烃是一类重要的有机合成中间体,是许多有机合成的原料,它能发生许多化学反应,如取代反应、消除反应等。卤代烷中的卤素容易被−OH、−OR、−CN,NH$_3$ 或 H$_2$NR 取代,生成相应的醇、醚、腈、胺等化合物。碘代烷最容易发生取代反应,溴代烷次之,氯代烷又次之,芳基和乙烯基卤代物由于碳-卤键连接较为牢固,很难发生类似反应。卤代烃可以发生消去反应,在碱的作用下脱去卤化氢生成碳-碳双键或碳-碳三键。

如表 8-2 所示列出了对流层大气中存在的卤代烃含量及其寿命。

表 8-2　对流层中卤代烃含量及其寿命

名称	对流层聚积量（Mt）	大气中寿命（a）
CH_3Cl	5.2	2～3
CCl_2F_2	6.1	105～169
CCl_3F	4.0	55～93
CCl_4	3.7	60～100
CH_3CCl_3	2.9	5.7～10
$CHClF_2$	0.9	12～20
CF_4	1.0	10000
CH_2Cl_2	0.5	0.5
$CHCl_3$	0.6	0.3～0.6
$CCl_2=CCl_2$	0.7	0.4
CCl_3CF_3	0.6	63～122
CH_3Br	0.2	1.7
$CClF_2CClF_2$	0.3	126～310
$CHCl=CCl_2$	0.2	0.02
$CClF_2CF_3$	0.1	230～550
CF_3CF_3	0.1	500～1000
$CClF_3$	0.07	180～450
CH_3I	0.05	0.01
$CHCl_2F$	0.03	2～3
CF_3Br	0.02	62～112

注：表内所有数据均为 1980 年的水平。

在表 8-2 中，前 6 种卤代烃占大气中卤代烃总量的 88％，其他卤代烃占 12％。由表中各卤代烃在大气中的寿命可以大体看出其对大气污染的贡献。如 CH_2Cl_2，$CHCl_3$，$CCl_2=CCl_2$ 和 $CHCl=CCl_2$ 在大气中的寿命非常短。它们在对流层几乎全部被分解，其分解产物可被降雨所消除。而被卤素完全取代的卤代烃，如 CFC-113（即 $CCl_2F-CClF_2$），CFC-114（即 $CClF_2-CClF_2$），CFC-115（即 $CClF_2-CF_3$）和 CFC-13（即 $CClF_3$）虽然只占对流层中卤代烃总量的 3％，但是由于它们具有相当长的寿命，所以它们对对流层氯的积累贡献不容忽视。

（2）卤代烃的主要来源

除火山爆发、海洋蒸发等天然因素外，大气中卤代烃主要来源于工业制品的合成过程。卤代烃主要来自汽车排放的废气、塑料制品的燃烧、制冷剂、塑料发泡剂、工业溶剂的使用等。而且随着现代化学的向前发展,年排放量呈现逐步增加趋势。

(3)卤代烃在大气中的转化

①对流层中的转化。卤代烃进入大气后,主要停滞于大气层中对流层。含氢卤代烃与 HO^- 自由基反应,是它们在对流层中被消除的主要途径。脱氢卤代烃消除途径的第一步。如三氯化碳与 HO^- 的反应:

$$CHCl_3 + HO^- \longrightarrow H_2O + CCl_3^-$$

CCl_3^- 自由基再与氧气反应生成碳酰氯(光气)和 ClO^-,反应过程为:

$$CCl_3^- + O_2 \longrightarrow COCl_2 + ClO^-$$

光气在大气中的浓度随条件变化而不同。光气在晴朗高温的条件下,将一直完整地保留在空气中,光气可以随着雨水冲刷而清除,但随着降水量或光照强度而变化。如果清除速度很慢,大部分的光气将向上扩散,在平流层下部发生光解形成污染;如果冲刷清除速度很快,则光气对平流层的影响就小。

ClO^- 可氧化其他分子并产生氯原子。在对流层中,NO 和 H_2O 是参与反应最多的物质,反应机理如为:

$$ClO^- + NO \longrightarrow Cl^- + NO_2$$
$$3ClO^- + H_2O \longrightarrow Cl^- + 2HO^- + O_2$$

多数氯原子能和甲烷发生作用:

$$Cl + CH_4 \longrightarrow HCl + CH_3^-$$

氯代乙烯与 HO^- 反应将打开双键后可加成活性氧原子。如四氯乙烯可转化成三氯乙酰氯:

$$C_2Cl_4^{2+} + O^{2-} \longrightarrow CCl_3COCl$$

②平流层中的转化。进入平流层的卤代烃污染物,都受到高能光子的攻击而被破坏。例如,四氯化碳分子吸收光子后脱去一个氯原子。

$$C_2Cl_4 + h\nu \longrightarrow \cdot CCl_3 + Cl \cdot$$

$\cdot CCl_3$ 基团与对流层中氯仿的情况相同,被氧化成光气。随后产生的 $Cl \cdot$ 不直接生成 HCl,而是参与破坏臭氧的链式反应:

$$Cl \cdot + O_3 \longrightarrow ClO \cdot + O_2$$

O_3 吸收高能光子发生光解反应,生成 O_2 和 $O \cdot$,$O \cdot$ 再与 $ClO \cdot$ 反应,将其又转化为 $Cl \cdot$,反应过程为:

$$O_3 + h\nu \longrightarrow O_2 + O \cdot$$
$$O \cdot + ClO \cdot \longrightarrow Cl \cdot + O_2$$

在上述链式反应中除去了两个臭氧分子后,又再次提供了除去另外两个臭氧分子的氯原子。这种循环将继续下去,直到氯原子与甲烷或某些其他的含氢类化合物反应,全部变成氯化氢为止。

$$Cl \cdot + CH_4 \longrightarrow HCl + \cdot CH_3$$

HCl 可与 $HO \cdot$ 自由基反应重新生成 $Cl \cdot$,反应过程为:

$$HO \cdot + HCl \cdot \longrightarrow H_2O + Cl \cdot$$

这个氯原子是游离的,可以再次参与使臭氧破坏的链式反应,在氯原子扩散出平流层之前,它在链式反应中进出的活动将发生 10 次以上。一个氯原子进入链式反应能破坏数以千计的臭氧分子,直至氯化氢到达对流层,并在降雨时被清除。

(4)卤代烃的毒性

卤代烃一般比母体烃类的毒性大。卤代烃被皮肤吸收后,作用于神经中枢或内脏器官,引起中毒。一般来说,碘代烃毒性最大,溴代烃、氯代烃、氟代烃毒性依次降低。饱和卤代烃比不饱和卤代烃毒性强;多卤代烃比含卤素少的卤代烃毒性强。使用卤代烃的工作场所应保持良好的通风。

2.多氯联苯

多氯联苯是一类结构相似的化合物的总称。多氯联苯(简称 PCBs)是联苯分子中的氢原子被氯原子取代后形成的氯代苯烃类化合物(或异构体混合物)。按联苯环上取代的氯原子数目和位置的不同,可生成许多异构物。PCBs 的理化性质非常稳定,具有高度耐酸、碱和抗氧化等特点,对金属无腐蚀性,具有良好的电绝缘性和很高的耐热性,所以得到广泛的应用。

(1)多氯联苯及其结构与性质

联苯和多氯联苯的结构式如下:

联苯　　　　　　　　　多氯联苯

$(1 \leqslant m+n \leqslant 10)$

PCBs 的纯化合物为晶体,混合物则为油状液体,一般工业产品均为混合物。低氯代物呈液态,流动性好,随着氯原子数的增加其黏稠度也相应增大,呈糖浆或树脂状。PCBs 的物理化学性质十分稳定,耐酸、耐碱、耐热、耐腐蚀和抗氧化,对金属无腐蚀,绝缘性能好,加热到 $1000 \sim 11400℃$ 才完全分解,除一氯、二氯代物外,均为不可燃物质。PCBs 难溶于水,纯多氯联苯的溶解度,主要取决于分子中取代的氯原子数,随着氯原子数的增加,其溶解度降低。

常温下 PCBs 属难挥发物质,但温度和时间对 PCBs 的蒸气压有很大影响。另外 PCBs 的蒸气压还与其分子中氯的含量有关,一般蒸气压随含氯量增加而减小。

(2)多氯联苯的来源与分布

多氯联苯具有良好的化学惰性、抗热性、不可燃性、低蒸气压和高介电常数等优点,因此曾被作为热交换剂、润滑剂、变压器和电容器内的绝缘介质、增塑剂、石蜡扩充剂、黏合剂、有机稀释剂、除尘剂、杀虫剂、切割油、压敏复写纸及阻燃剂等重要的化工产品,广泛应用于电力工业、塑料加工业、化工和印刷等领域。PCBs 的商业性生产始于 1930 年,据 WHO 报道,至 1980 年世界各国生产 PCBs 总计近 100 万吨,1977 年后各国陆续停产。我国于 1965 年开始生产多氯联苯,大多数厂于 1974 年底停产,到 20 世纪 80 年代初国内基本已停止生产 PCBs,估计历年累计产量近万吨。

由于 PCBs 挥发性和水中溶解度较小,故其在大气和水中的含量较少。PCBs 在空气中的可检出浓度范围为 $1 \sim 50 ng/m^3$。未受污染的淡水中 PCBs 含量应小于 $0.1 ng/L$;中等污染的河流与港湾为 50ng/L;重度污染的河流为 500ng/L。水体中的 PCBs 主要附着在底泥中,当水体中浓度较低时,底泥中的浓度可以高出水质的数万甚至数十万倍,故在废水流入河口附近的沉积物中,PCBs 含量可高达 2000～5000$\mu g/kg$。

几个国家对人体脂肪调查表明,虽然有一些国家报道 PCBs 的含量较高,但大多数样品中的水平为 1mg/kg 或更少;而职业接触者脂肪中含量却高得多,最高可达 700mg/kg。几项全国性的调查表明,PCBs 在血液中的浓度为 0.3$\mu g/100mL$ 左右,但是职业接触者可达 200$\mu g/100mL$。在某些国家的人乳中也检出一定量的 PCBs,如表 8-3 所示。

表 8-3　某些国家人乳中 PCBs 含量

国家	美国	英国	德国	墒兴	日本
PCBs(mg·L^{-1})	0.03	0.06	0.013	0.016	0.08

(3)多氯联苯在环境中的迁移与转化

PCBs 主要通过挥发进入大气,然后经干、湿沉降转入河流、湖泊和海洋。转入水体的 PCBs 极易被颗粒物所吸附,沉入沉积物,它在环境中的主要转化途径是光化学分解和生物转化。

①光化学分解。Safe 等人研究了 PCBs 在 280～320nm 波长紫外光的光化学分解及其机理,得出结论认为紫外光可以导致 PCBs 中的碳氯链断裂,从而产生芳基自由基和氯自由基,它们从介质中取得质子或者发生二聚反应。

另外,PCBs 的光解反应与所用溶剂有关。研究表明当选用甲醇作溶剂进行光解时,除生成脱氯产物外,氯原子也会被甲氧基取代生成新韵产物。当选择环己烷作溶剂时,只有脱氯的产物。此外,PCBs 光降解时,还发现有氯化氧芴和脱氯偶联产物生成。

②生物转化。经研究表明,PCBs 的细菌降解顺序为:

联苯＞PCBs1221＞PCBs1016＞PCBs1254

因此,从单氯到四氯代联苯均可被微生物降解,而高取代的多氯联苯不易被生物降解。进一步研究发现,化合物中的碳氢键数量是影响多氯联苯的生物降解性能的主要原因,即含氯原子的数量越少,越容易被生物降解。

PCBs 除了可在生物体内积累外,还可通过代谢作用发生转化。其转化速率随分子中氯原子的增多而降低。含 4 个氯以下的低氯代 PCBs 几乎都可被代谢为相应的单酚,有些还可进一步反应形成二酚。如:

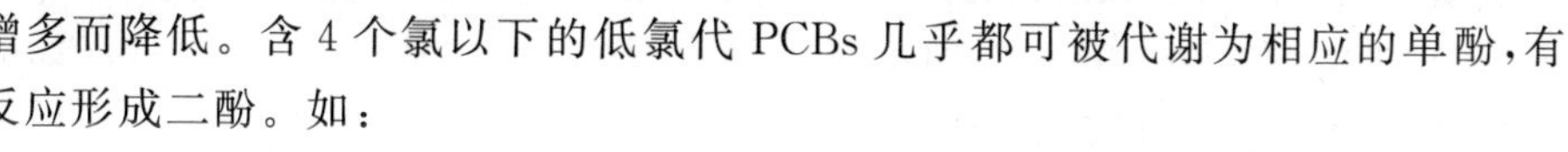

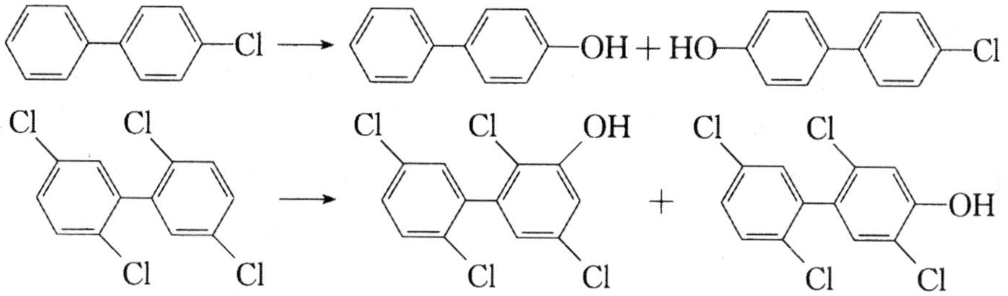

（主）　　　　　　　　　（次）

含 5 个氯或 6 个氯的 PCBs 同样可被氧化为单酚,但速度比含 4 个氯的 PCBs 要慢,含 7 个氯以上的高氯代联苯则几乎不被代谢转化。

8.2.3 多环芳烃

1. 多环芳烃的结构

多环芳烃(简称 PAHs)是指两个及以上苯环连在一起的碳氢化合物。它们是一类在环境中广泛存在的污染物。它们主要有两种组合方式,一种是非稠环型,即苯环与苯环之间各由一个碳原子相连,如联苯、联三苯等;另一种是稠环型,即两个碳原子为两个苯环所共有,如萘、蒽等。其结构式为:

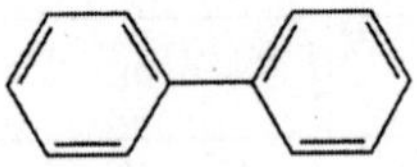

联苯 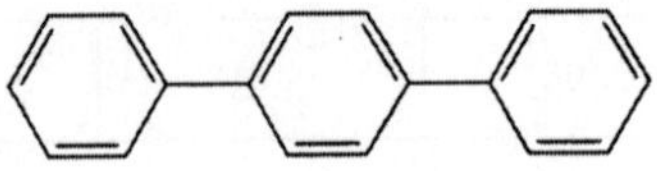 联三苯 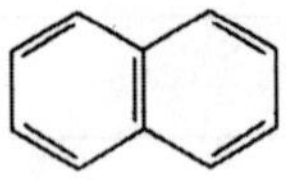 萘 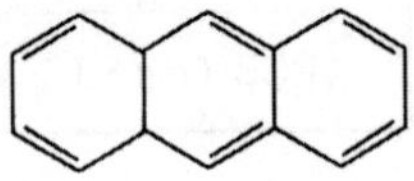 蒽

这类化合物种类很多,其中有几十种有致癌作用,主要是角状多环芳烃,最典型的是苯并[a]芘(以 B[a]P 表示)、苯并[a]蒽(以 B[a]A 表示)和菲等,结构如图 8-11 所示。

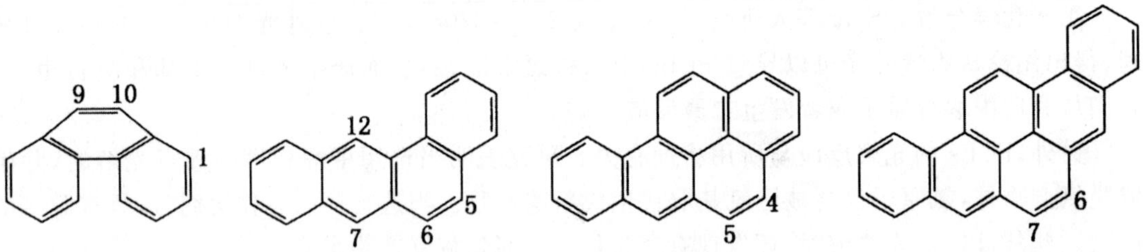

菲 苯并[a]蒽 苯并[a]芘 二苯并[a,i]芘

图 8-11 角状多环芳烃

2. 多环芳烃的来源与分布

(1)天然源

陆地和水生植物、微生物的生物合成,森林、草原天然火灾,以及火山活动,构成了 PAHs 的天然本底值。由细菌活动和植物腐烂所形成的土壤 PAHs 本底值为 $100\sim1000\mu g/kg$。也下水中 PAHs 的本底值为 $0.001\sim0.01\mu g/L$。淡水湖泊中的本底值为 $0.01\sim0.025\mu g/L$。大气中 BaP 的本底值为 $0.1\sim0.5ng/m^3$。

(2)人为源

多环芳烃的人为源主要是由各种矿物燃料(如煤、石油、天然气等)、木材、纸以及其他含碳氢化合物的不完全燃烧或在还原条件下热解形成的。在 20 世纪五六十年代,Badger 和 Lang 等研究证明,简单烃类和芳烃在高温热解过程中可以形成大量的 PAHs,如乙炔和萘等热解形成多环芳烃。Badger 根据实验结果,提出了在热解过程中形成苯并[a]芘的机理,如图 8-12 所示。

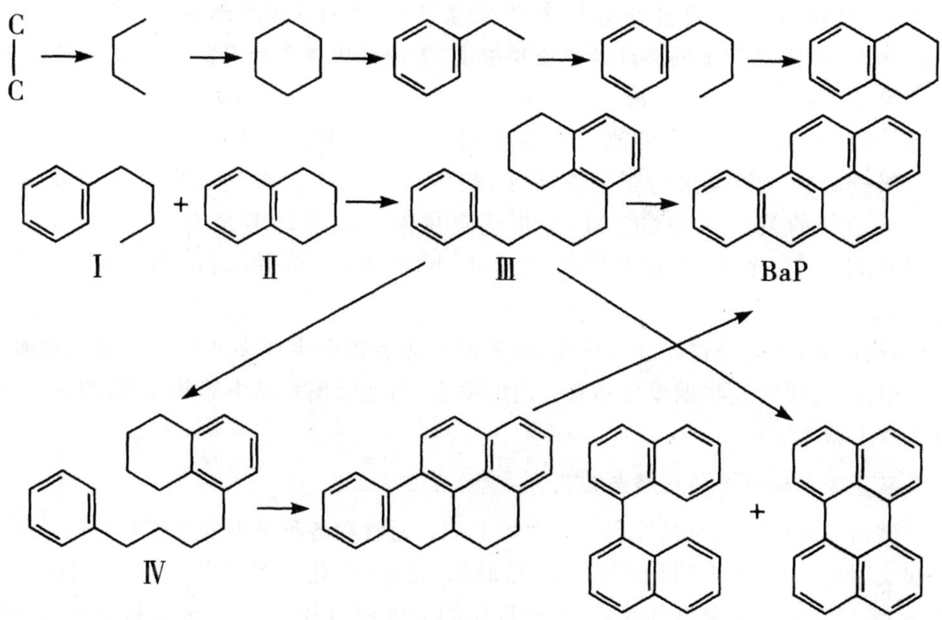

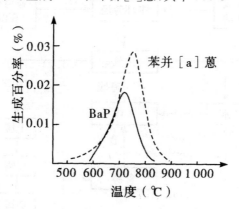

图 8-12　苯并[a]芘(BaP)形成机理

上述机理是用放射性同位素示踪实验获得的结果并从热力学的角度考察推断出来的。机理表明简单烃类(包括甲烷)在热解过程中产生的 BaP 是由一系列不同链长的自由基形成：在燃烧热解过程中所形成的自由基与 BaP 的结构越相近，产生的 BaP 就越多。自由基的寿命越长，BaP 的生成率也就越高。另外发现，燃烧正丁基苯时，中间体 Ⅱ、Ⅲ、Ⅳ 的浓度增大，BaP 的生成率也越高。

实验证明，燃烧或热解温度是影响 PAHs 生成率的重要因素。由图 8-13 可以看出，在 600℃~900℃燃烧正丁基苯可生成 BaP 和苯并[a]蒽，其中 700℃~800℃生成率最高。

图 8-13　燃烧正丁基苯生成 BaP 和苯并[a]蒽的百分率与温度的关系

乏氧是生成多环芳烃的另一个必要条件。但乏氧并不是完全缺氧，有人在纯氮中进行焦化(800℃)，结果所得的产物几乎全是联苯。在少氧的条件下进行，生成的产物有酚和一系列多环芳烃的混合物。不同炉灶燃烧产生的多环芳烃类型也有明显不同，家用炉灶排放的烟气中多环芳烃成分更多，污染更为严重。

薛柴源、燃煤源产生的多环芳烃单体质量浓度分别为 $0.81\sim199.52ng/m^3$、$9.86\sim591.95ng/m^3$。燃煤源产生的多环芳烃质量浓度,无论是单体多环芳烃还是总的多环芳烃,都比薪柴源的高得多。

此外,烟草焦油中亦含有相当数量的 PAH,一些国家和组织,对肺癌产生的两个可能因素——吸烟和大气污染进行了调查研究,初步认为吸烟比大气污染对肺癌发病率的增长具有更加直接的关系。用 GC/Ms 分析烟草焦油中的多环芳烃有 150 多种,其中致癌性的多环芳烃有 10 多种,如苯并[a]芘、苯并[b]荧蒽、二苯并[a,h]蒽、苯并[j]荧蒽、苯并[a]蒽等。

此外,据研究,食品经过炸、炒、烘烤、熏等加工之后也会生成多环芳烃。如北欧冰岛人胃癌发生率很高,与居民爱吃烟熏食品有一定的关系,当地烟熏食品中苯并[a]芘的含量,有的每千克高达数十微克。

3. 多环芳烃在环境中的迁移与转化

由于燃料不完全燃烧而释放到大气中的 PAH,通常和各种类型的固体颗粒物及气溶胶结合在一起。因此,大气中 PAH 的分布、滞留时间、迁移、转化和沉降等受多方条件的制约(如粒径大小、大气物理和气象条件等)。在较低层的大气中直径小于 $1\mu m$ 的粒子可以滞留几天到几周,而直径为 $1\sim10\mu m$ 的粒子则最多只能滞留几天,大气中的 PAH 通过干、湿沉降进入土壤和水体以及沉积物中,并进入生物圈,如图 8-14 所示。

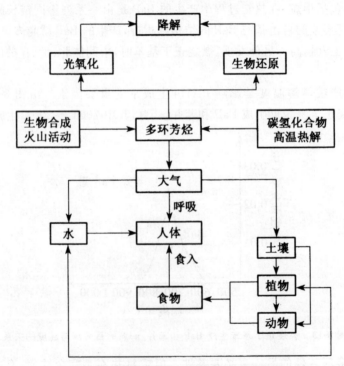

图 8-14 多环芳烃在环境中的迁移及转化

多环芳烃在紫外光(300nm)照射下很易光解和氧化,如苯并[a]芘在光和氧的作用下,可在大气中形成 1,6-醌苯并芘、3,6-醌苯并芘和 6,12-醌苯并芘,反应过程为:

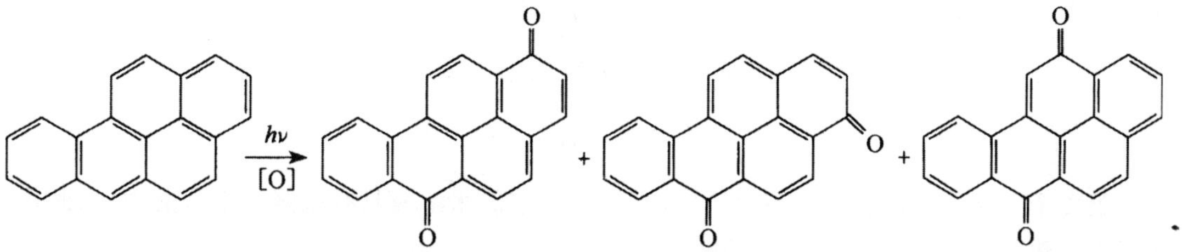

微生物也可降解多环芳烃。例如,苯并[a]芘被微生物氧化可以生成 7,8-二羟基-7,8 二氢-苯并[a]芘及 9,10-二羟基 9,10-二氢-苯并[a]芘。多环芳烃在沉积物中的消除途径主要靠微生物降解。微生物的生长速度与多环芳烃的溶解度密切相关。

8.3　表面活性剂

表面活性剂是分子中同时具有亲水性基团和疏水性基团的物质。它能显著改变液体的表面张力或两相间界面的张力,具有良好的乳化或破乳,润湿、渗透或反润湿,分散或凝聚,起泡、稳泡和增加溶解力等作用。

8.3.1　表面活性剂的分类、机构和性质

1.表面活性剂的分类

表面活性剂的疏水基团主要是含碳氢键的直链烷基、支链烷基、烷基苯基以及烷基萘基等,其性能差别较小,其亲水基团部分差别较大。表面活性剂按亲水基团结构和类型可分为四种。

(1)阴离子表面活性剂

阴离子表面活性剂溶于水时,与疏水基相连的亲水基是阴离子,其类型如下:

羧酸盐如肥皂　　RCOONa

磺酸盐如烷基苯磺酸钠　　$R-\!\!\!\bigcirc\!\!\!-SO_3Na$

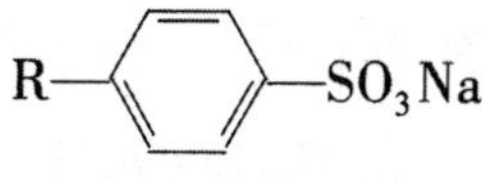

硫酸酯盐如硫酸月桂酯钠　　$C_{12}H_{25}OSO_3Na$

磷酸酯盐如烷基磷酸钠　　$RO-P{\Large\underset{ONa}{\overset{ONa}{=}}}O$

(2)阳离子表面活性剂

阳离子表面活性剂溶于水时,与疏水基相连的亲水基是阳离子,主要类型是有机胺的衍生物,常用的是季铵盐,如溴化十六烷基三甲基铵

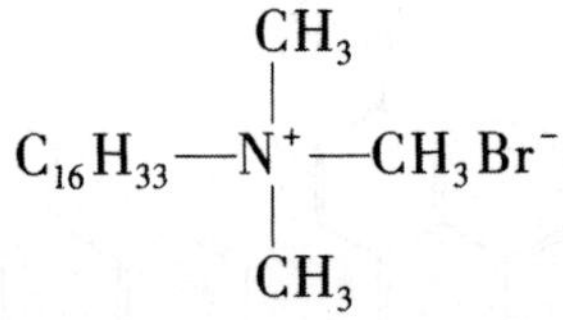

$$CH_3$$
$$C_{16}H_{33}\overset{|}{\underset{|}{N^+}}\!\!-\!CH_3Br^-$$
$$CH_3$$

阳离子表面活性剂有一个与众不同的特点,即它的水溶液具有很强的杀菌能力,因此常用作消毒灭菌剂。

(3)两性表面活性剂

两性表面活性剂指由阴、阳两种离子组成的表面活性剂,其分子结构和氨基酸相似,在分子内部易形成内盐。典型化合物如 $RNH_2CH_2CH_2COO^-$,$RN(CH_3)_2CH_2COO^-$ 等,它们在水溶液中的性质随溶液 pH 值不同而改变。

(4)非离子表面活性剂

非离子表面活性剂的亲水基团为醚基和羟基。主要类型如下:

①脂肪醇聚氧乙烯醚,如:

$$R-O-(C_2H_4O)_n-H$$

②脂肪酸聚氧乙烯酯,如:

$$RCOO-(C_2H_4O)_n-H$$

③烷基苯酚聚氧乙烯醚,如:

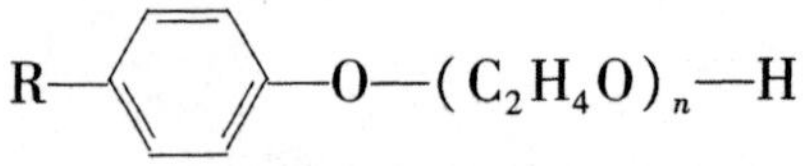

$$R-\!\!\!\bigcirc\!\!\!-O-(C_2H_4O)_n-H$$

④聚氧乙烯烷基胺,如:

$$\overset{R}{\underset{R}{\diagdown}}N(C_2H_4O)_n-H$$

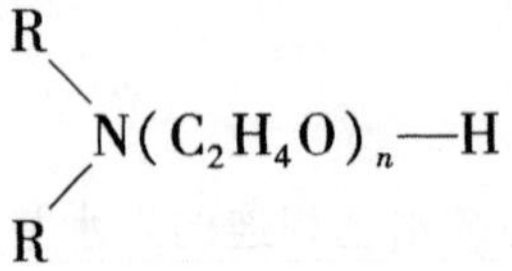

⑤聚氧乙烯烷基酰胺,如:

$$RCONH-(C_2H_4O)_n-H$$

⑥多醇表面活性剂,如:

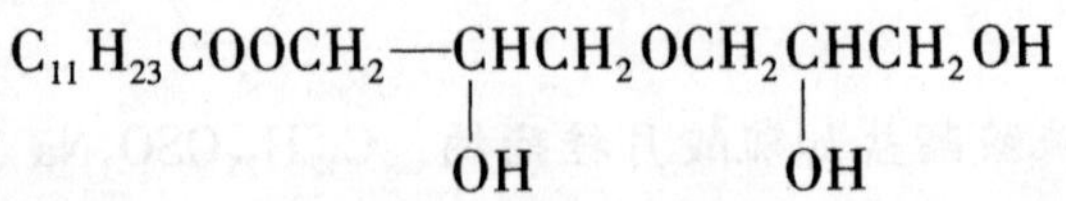

$$C_{11}H_{23}COOCH_2-\underset{OH}{CHCH_2}OCH_2\underset{OH}{CHCH_2}OH$$

2. 表面活性剂的亲水性

表面活性剂的性质依赖于化学结构,即表面活性剂分子中亲水基团的性质及在分子中的相对位置,分子中亲油基团(即疏水基团)的性质等对其化学性质也有明显影响。

表面活性剂的亲油、亲水平衡比值称为亲水性(HLB 值),可表示为:

$$HLB=\frac{亲水基的亲水性}{疏水基的疏水性}$$

测定 HLB 值的实验不仅时间长,而且很麻烦。Davies 将 HLB 值作为结构因子的总和来处理。把表面活性剂结构分解为一些基团，根据每一个基团对 HLB 值的贡献，按照下面公式，即可求出该分子的 HLB 值：

$$HLB = 7 + \sum 亲水基团 \; HLB 值 - \sum 疏水基团 \; HLB 值$$

常见基团的 HLB 值列于表 8-4。一般表面活性剂的疏水基团为碳氢链，从表 8-4 中可查出疏水基团的 HLB 值为 0.475，则

$$\sum 疏水基团 \; HLB 值 = 0.475 \times m$$

其中，m 为碳原子数。

表 8-4　常见基团的 HLB 值

亲水基团的 HLB 值		疏水基团的 HLB 值	
$-SO_4Na$	38.7	$-CH-$	
$-COOK$	21.1	$-CH_2-$	
$-COONa$	19.1	$-CH_3$	0.475
$-SO_3Na$	11	$=CH-$	
$-N(叔胺)$	9.4	$-(C_3H_6O)-(氧丙烯基)$	0.15
酯(失水三梨醇环)	6.8	$-CF_2-$	
酯(自由)	2.4	$-CF_3$	0.87
$-COOH$	2.1		
$-OH(自由)$	1.9		
$-O-$	1.3		1□3〗
$-OH(失水三梨醇环)$	0.5		
$-(C_2H_4O)-$	0.33		

3. 表面活性剂亲水基团的相对位置对其性质的影响

一般情况下，亲水基团在分子中间者比在末端的润湿性能强。如：

$$\begin{matrix} C_4H_9CHCH_2OCOCH_2CHCOOCH_2CHC_4H_9 \\ | \qquad\qquad\quad | \qquad\qquad\quad | \\ C_2H_5 \qquad\qquad SO_3Na \qquad\quad C_2H_5 \end{matrix}$$

它是有名的渗透剂。

亲水基团在分子末端的比在中间的去污能力好。如：

$$\begin{matrix} C_{16}H_{33}OCOCH_2CHCOOH \\ | \\ SO_3Na \end{matrix}$$

它的去污能力较强。

4. 表面活性剂分子大小对其性质的影响

表面活性剂分子的大小对其性质的影响比较显著，同一品种的表面活性剂，随疏水基团中

碳原子数目的增加,其溶解度有规律地减少;而降低水的表面张力的能力有明显的增长。一般规律是:表面活性剂分子较小的,其润湿性、渗透作用比较好;分子较大的,其洗涤作用、分散作用等较为优良。例如,在烷基硫酸钠类表面活性剂中,洗涤性能的顺序是:

$$C_{16}H_{33}SO_4Na > C_{14}H_{29}SO_4Na > C_{12}H_{25}SO_4Na$$

但在润湿性能方面则相反。不同品种的表面活性剂中大致以相对分子质量较大的洗涤能力较好。

5.表面活性剂疏水基团对其性质的影响

如果表面活性剂的种类相同,分子大小相同,则一般有支链结构的表面活性剂有较好的润湿、渗透性能。具有不同疏水性基团的表面活性剂分子其亲脂能力也有差别,大致顺序为:

脂肪族烷烃≥环烷烃>脂肪族烯烃>脂肪族芳烃>芳香烃>带弱亲水基团的烃基

疏水基中带弱亲水基团的表面活性剂,起泡能力弱。利用该特点可改善工业生产中由于泡沫而带来的工艺上的难度。

8.3.2 表面活性剂的来源、迁移、转化以及降解

1.表面活性剂的来源、迁移与转化

由于表面活性剂具有显著改变液体和固体表面的各种性质的能力,而被广泛用于纤维、造纸、塑料、日用化工、医药、金属加工、选矿、石油、煤炭等各行各业,仅合成洗涤剂一项,年产量已超过 $130 \times 10^4 t$。它主要以各种废水进入水体,是造成水污染的最普遍、最大量的污染物之一。由于它含有很强的亲水基团,不仅本身亲水,也使其他不溶于水的物质分散于水体,并可长期分散于水中而随水流迁移。只有当它与水体悬浮物结合凝聚时才沉入水底。

2.表面活性剂的降解

表面活性剂进入水体后,主要靠微生物降解来消除。但是表面活性剂的结构对生物降解有很大影响。

(1)阴离子表面活性剂

Swisher 研究了疏水基结构不同的烷基苯磺酸钠(即 ABS)的降解性,结果如图 8-15 所示。由图可见,其微生物降解顺序为:

直链烷烃>端基有支链取代的烷烃>三甲基的烷烃

对于直链烷基苯磺酸钠(LAS),链长为 $C_6 \sim C_{12}$ 烷基链长的比烷基链短的降解速率要快。对于苯基在末端,而磺酸基位置在对位的降解速率较快,即使有甲基侧链存在也是如此。

(2)非离子表面活性剂

由于非离子表面活性剂的种类繁多,Bars 等将其分为很硬、硬、软、很软四类。带有支链和直链的烷基酚乙氧基化合物属于很硬和硬两类,而仲醇乙氧基化合物和伯醇乙氧基化合物则属于软和很软两类。生物降解试验表明,直链伯、仲醇乙氧基化合物在活性污泥中的微生物作用下能有效地进行代谢。

(3)阳离子和两性表面活性剂

由于阳离子表面活性剂具有杀菌能力,所以在研究这类表面活性剂的微生物降解时必须注意负荷量和微生物的驯化。

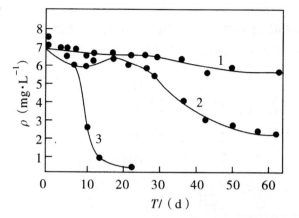

$$
\begin{aligned}
&1.\ (CH_3)_3C\ (CH_2)_7C_6H_4SO_3Na \\
&2.\ (CH_3)_2CH(CH_2CH)_3C_6H_4SO_3Na \\
&\qquad\qquad\qquad\qquad\quad | \\
&\qquad\qquad\qquad\qquad CH_3 \\
&3.\ CH_3\ (CH_2)_{11}C_6H_4SO_3Na
\end{aligned}
$$

图 8-15 三种 ABS 的降解性（河水）

Fenger 等根据德国法定的活性，污泥法，研究了氯化十四烷基二甲基苄基铵（TDBA）的降解性与负荷量、溶解氧的浓度、温度的影响，并比较了驯化与未驯化的情况。结果表明驯化后的平均降解率为 73%，TDBA 对未驯化污泥中的微生物的生长抑制作用很大，降解率很低。而对驯化污泥中的微生物的生长抑制较小，说明驯化的作用是很明显的。其降解中间产物为安息香酸、醋酸、十四烷基二甲胺，未检出伯胺和仲胺。除季胺类表面活性剂对微生物降解有明显影响外，其他胺类表面活性剂未发现有明显影响。

表面活性剂的生物降解机理主要是烷基链上的甲基氧化（ω-氧化）、β-氧化、芳香族化合物的氧化降解和脱磺化。

（1）甲基氧化（ω-氧化）

甲基氧化表面活性剂的甲基氧化，主要是疏水基团末端的甲基氧化为羧基的过程，可以表示为：

$$
RCH_2CH_2CH_3 \longrightarrow RCH_2CH_2CH_2OH \longrightarrow RCH_2CH_2CHO \longrightarrow RCH_2CH_2\overset{\displaystyle O}{\overset{\|}{C}}\!-\!OH
$$

（2）β-氧化

β-氧化表面活性剂的 β-氧化是其分子中的羧酸在辅酶 A（HSCoA）作用下被氧化，使末端第二个碳键断裂的过程，可以表示为：

$$
RCH_2(CH_2)_2CH_2\overset{\displaystyle O}{\overset{\|}{C}}\!-\!OH \xrightarrow[-H_2O]{HSCoA} RCH_2(CH_2)_2CH_2\overset{\displaystyle O}{\overset{\|}{C}}\!-\!SCoA \xrightarrow{-2H}
$$

$$
RCH_2CH_2CH\!-\!CH\overset{\displaystyle O}{\overset{\|}{C}}\!-\!SCoA \xrightarrow{H_2O} RCH_2CH_2\overset{\displaystyle OH}{\overset{|}{CH}}\!-\!CH_2\!-\!\overset{\displaystyle O}{\overset{\|}{C}}\!-\!SCoA \xrightarrow{-2H}
$$

$$
RCH_2CH_2\!-\!\overset{\displaystyle O}{\overset{\|}{C}}\!-\!CH_2\!-\!\overset{\displaystyle O}{\overset{\|}{C}}\!-\!SCoA \xrightarrow{HSCoA} RCH_2CH_2\overset{\displaystyle O}{\overset{\|}{C}}\!-\!SCoA + CH_3\!-\!\overset{\displaystyle O}{\overset{\|}{C}}\!-\!SCoA
$$

（3）芳香族化合物的氧化降解

芳香族化合物的氧化降解此过程一般是苯酚、水杨酸等化合物的开环反应。其机理可以认为是首先生成儿茶酚，然后在两个羟基中开裂，经过二羧酸，最后降解消失，可以表示为：

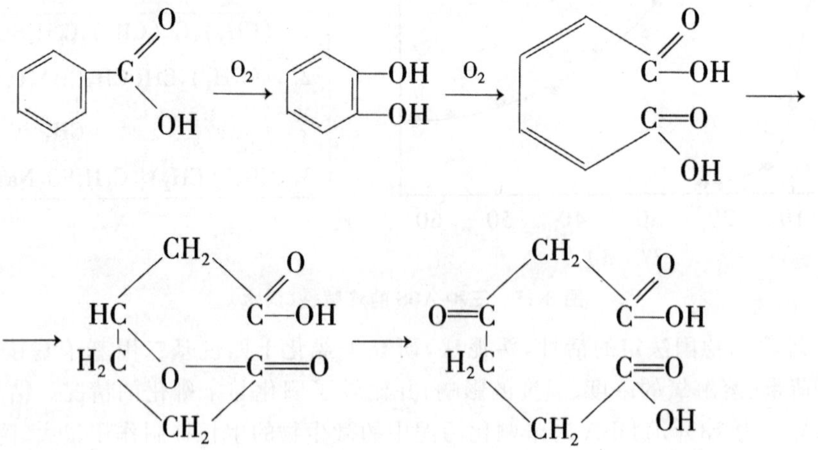

（4）脱磺化

脱磺化无论是 ABS 还是 LAS 都可在烷基链氧化过程中伴随着脱磺酸基的反应过程，即

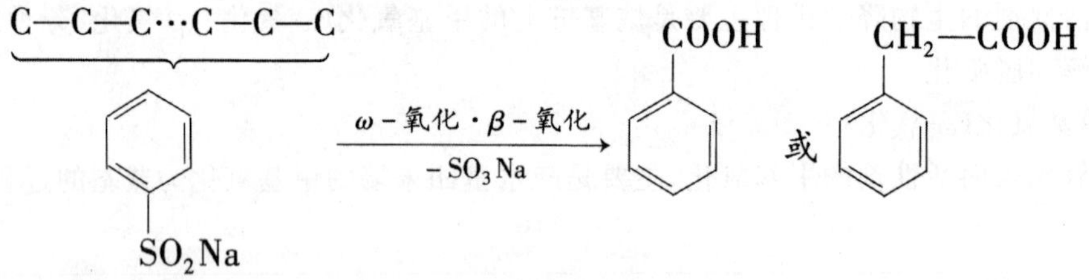

8.3.3　表面活性剂对环境的污染与效应

表面活性剂是合成洗涤剂的主要原料，特别是早期使用最多的烷基苯磺酸钠（ABS），由于它在水环境中难以降解，发泡问题十分突出，故造成地表水的严重污染。表面活性剂对环境的污染与效应主要表现在如下几个方面：

①表面活性剂污染使水的感观状况受到影响，产生大量泡沫。据调查研究，当水体中洗涤剂浓度达到 $0.7 \sim 1.0 mg/L$ 时，就可能出现持久性泡沫。洗涤剂污染水源后一般方法不易清除，所以水源受到洗涤剂严重污染的地方，自来水中也会出现大量泡沫。

②因洗涤剂中含有大量的聚磷酸作为增净剂，所以使废水中含有大量的磷，是造成水体富营养化的重要原因。

③表面活性剂可以促进水体中石油和 PCBs 等不溶性有机物的乳化、分散，增加废水处理的难度。

④阳离子表面活性剂具有一定的杀菌能力，浓度高时，可能破坏水体微生物群落。大量实验表明，烷基二甲苄基氯化铵对鼹鼠一次经口的致死量为 340mg，而人经 24h 后和 7 天后的致死量分别为 640mg 和 550mg。由两年的慢性中毒试验表明，即使饮料中仅有 0.063％的烷

基二甲基苄基氯化铵也能抑制发育;当其浓度为 0.5% 时,出现食欲不振,并伴有死亡事例发生,但仅限于最初的 10 周以内,10 周以后未再出现。相同病理现象是腹部浮肿、消化道有褐色黏性物、盲肠充盈或胃出血性坏死等。

第9章 工程环境化学的实验与应用

9.1 工程环境化学的研究方法

9.1.1 工程环境化学实验室模拟方法

一般来说,野外现场调查是区域环境化学研究中最基本和最重要的工作。但是,也必须指出,通过现场调查,只能了解该区域环境中各种物理、化学和生物化学作用的结果,而不能确切地了解这些反应发生的过程。由于发生在自然界中的过程十分复杂,受控于多方面的因素,且多种作用交织在一起进行,因此,在较深入的工程环境化学研究中,单一的现场调查是远远不够的,必须在现场或实验室内辅以简单的或复杂的模拟实验,才能揭示其内在的规律性。

在工程环境化学工作中,人们十分重视模拟实验。模拟实验就是在现场模拟观测某一过程,或在实验室内模仿建造某种特定的经过简化的自然环境,并在人工控制的条件下,通过改变某些环境参数,理想地再现自然界中某些变化的过程,从而得以研究环境因素间的相互作用及其定量关系。

工程环境化学研究中的模拟实验,按进行实验的场合可分为"现场实验模拟"与"实验室实验模拟";按所研究问题的性质可分为"过程模拟"、"影响因素模拟"、"形态分布模拟"、"动力学模拟"及"生态影响模拟"等;按模拟的精确性可分为"比例性模拟"和"形态分布模拟";按实验的规模和复杂程度可分为"简单模拟"和"复杂模拟"(或称"综合模拟");还可以作出其他一些划分。模拟实验研究在推动科学发展和揭示客观世界规律性方面有巨大的作用。

1. 模拟实验研究的设计及条件控制

模拟实验研究能否获得良好的结果与模拟研究的设计是否合理密切相关。经验表明,合理周密的设计应为研究目的服务。下面举一简单实例予以说明。

一些学者做了酚、氰污水自净机制的模拟实验研究。在进行模拟研究之前,通过现场调查(河道水团追踪测量),查明某焦化厂排出的酚、氰污水在河道中有很强的自净能力,且自净过程符合负指数函数关系:

$$c_B = c_A e^{-kt} \quad \text{或} \quad c_B = c_A e^{-kd}$$

式中,c_A 为某水团在 A 点的酚(或氰)浓度;c_B 为水团流到 B 点的酚(或氰)的浓度;t 为水团自 A 点流至 B 点的时间;d 为 A、B 两点间的距离;k 为自净系数。

按一般原理分析,含酚废水的自净途径可能有微生物分解、化学氧化、挥发作用及底泥吸附等。鉴于所研究河段终年排放同类污水,且无其他污水或河流支流汇入,故假定底泥已经对酚饱和吸附。

实验的目的在于查明微生物分解、化学氧化和挥发作用在不同条件下所进行的强度,即明确这三种机制的净化量在总净化量中所占的比例。实验设计必须为这个目的服务。

这一实验装置中的关键问题是能否保证分别测量出通过这三种机制各自净化掉的酚的量。采用图 9-1 所示的实验装置进行实验。

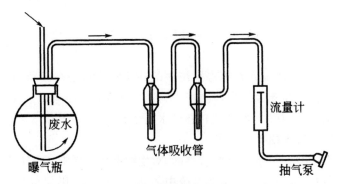

图 9-1　含酚废水降解曝气实验装置示意

将从焦化厂排水口取回的含酚废水分别置入两套实验装置中的曝气瓶中，一组加入 $HgCl_2$ 进行灭菌，另一组保持原废水中的微生物。然后在接近河流温度的条件下，按照一定的气流量（模拟水流过程中与空气接触）进行曝气实验。

按照一定的时间间隔分别取曝气瓶中的水测定其酚的减少量。

在曝气过程中挥发出的酚可用一定浓度的 Na_2CO_3 溶液吸收，然后按照相同的时间间隔测定 Na_2CO_3 溶液所吸收的酚的量。

在这一实验装置和实验步骤中，经一定时间的曝气作用以后；未灭菌曝气瓶废水中酚的减少量减去灭菌曝气瓶废水中酚的减少量即可视为是由微生物分解引起的酚的自净量。这部分酚的自净量约占未灭菌废水（原废水）中酚的自净量的 60％。

吸收于 Na_2CO_3 溶液中的酚量可视为是由挥发作用引起的酚的自净量。这部分酚的自净量占未灭菌废水中酚减少量的 40％，几乎占灭菌废水中酚减少量的 100％。灭菌废水中酚的减少量减去吸收于 Na_2CO_3 溶液中的酚量可视为是由化学氧化作用引起的酚的自净量。这部分酚的自净量接近于零。本模拟实验充分说明在酚的自净过程中单纯的化学氧化作用十分微弱；而生物化学氧化过程和挥发作用在酚的自净过程中具有十分重要的意义。

2. 同位素示踪技术在模拟实验中的应用

在工程环境化学模拟实验研究中，经常采用同位素示踪技术。因为此项技术可以确切地表明某元素或某污染物在环境各部分之间的具体迁移过程和归宿。

例如，国外学者应用此技术研究了汞、镉、硒由陆地向水生生态系统的迁移过程。该实验是在模拟实验装置中进行的，实验装置由一内垫有薄塑料板的金属池子（0.3m×0.3m×0.3m）构成。实验装置内包括陆生生态系统和水生生态系统两部分，前者为模拟的河滩地，由土壤、枯枝落叶层、高等植物和苔藓组成；后者为模拟的河流，由水（60L）、沉积物和水生生物（鱼、蜗牛、水芹）构成。河滩地上接受的降水以径流的方式汇入河流。在模拟实验装置内保持一定的光照（长日照），温度为 18℃～21℃，湿度为 70％～100％。

使用 $1.05×10^6$ Bq（贝可，为放射性同位素衰变过程中放射性强弱的单位，每秒内有 1 个原子核发生衰变为 1Bq）的 ^{115}Cd、含 $4.07×10^6$ Bq 的 ^{203}Hg 的煤烟尘和 $3.7×10^6$ Bq 的 ^{75}Se 作示踪剂,将其配于人工降水中。模拟降水的速度为 2.5cm/周。

此实验的持续时间为:^{115}Cd 的实验 3 周,在 3 周中,每周采集土壤、植物、水和鱼的样品各 2 次,供分析用;^{203}Hg 的实验 139 天,前 5 周,每周取样 1 次,以后每月取样 1 次;^{75}Se 的实验 56 天,取样安排与 ^{203}Hg 的实验相同。

实验结束后用物质平衡法计算这 3 种示踪剂在陆生生态系统和水生生态系统中各部分的分布。

大量的实验表明,这 3 种元素在生态系统中的迁移和分布是有区别的。^{115}Cd 的绝大部分(94%~96%)残留于陆生生态系统中,其中 70% 的 ^{115}Cd 存于土壤中。^{115}Cd 在植物中的积累是缓慢的。降水中的 ^{115}Cd 有 4% 经陆地转移到水生生态系统中,其中 3% 的 ^{115}Cd 保留在沉积物中。^{115}Cd 进入鱼体比进入蜗牛慢得多。

实验证明,煤烟尘中的 ^{203}Hg 是能被淋溶的,对生物群落有影响。^{203}Hg 总量的 50% 左右被淋溶到水生生态系统中,而进入水生生态系统中的 99% 的 ^{203}Hg 则保留在沉积物中。^{203}Hg 在鱼体中的积累比在蜗牛中的积累要高。

^{75}Se 的行为更接近于 ^{115}Cd,加入的 ^{75}Se 有 75% 残留在土壤中,9% 保留在沉积物中(占进入水生生态系统的绝大部分)。^{75}Se 从陆生生态系统转入水生生态系统的速率与 ^{115}Cd 相似,比 ^{203}Hg 慢一些。

3.酸雨的形成及危害模拟实验

(1)实验目的

了解酸性大气污染和酸雨的形成及它们的危害。

(2)实验用品

玻璃水槽、玻璃钟罩、喷头、小型水泵、小烧杯、胶头滴管、浓硫酸、浓硝酸、亚硫酸钠、稀盐酸、碳酸钠、铜片、昆虫、绿色植物、小草鱼和 pH 试纸。

(3)酸性大气污染的形成及危害模拟实验步骤

按图 9-2 所示,做成封闭气室。

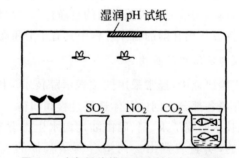

图 9-2　大气污染模拟实验封闭气室装置

①取少量 Na_2SO_3 于杯 1 中,加 2 滴水,加 1mL 浓 H_2SO_4。

②取少量铜片于杯 2 中,加 1mL 浓 HNO_3。

③取少量 Na_2CO_3 粉末于杯 3 中,加 2mL 稀盐酸。

④迅速将贴有湿润 pH 试纸的玻璃水槽罩在反应器上,做成封闭气室。观察气室中动、植物的变化。

⑤实验完毕后,用吸有 NaOH 溶液的棉花处理余气。

⑥利用上述动、植物在无污染的封闭气室中做相同的对比观察实验。

(4)观察现象及解释

①湿润的 pH 试纸变红,pH＝4。

②10min 后,小昆虫落地,死亡。

③3h 后,小鱼开始死亡。

④2 天后,植物苗开始枯黄、卷叶,最后死亡。

以上现象的化学反应方程式为:

$$Na_2SO_3 + H_2SO_4 = Na_2SO_4 + SO_2\uparrow + H_2O$$
$$Cu + 4HNO_3(浓) = Cu(NO_3)_2 + 2NO_2\uparrow + 2H_2O$$
$$Na_2CO_3 + 2HCl = 2NaCl + CO_2\uparrow + H_2O$$

以上反应产生的 SO_2,NO_2 及 CO_2 均为酸性气体,使 pH 试纸呈红色。在受污染的环境中,动、植物难以存活。在无 SO_2,NO_2 及 CO_2 酸性气体存在的封闭气室的对照实验中,同样的动、植物一星期后仍存活。

(5)酸雨及危害模拟实验步骤与现象解释

①实验步骤。如图 9-3 所示,在小烧杯中放入少量 Na_2SO_3,滴加一滴水后,加入 2mL 浓 H_2SO_4,立即罩上玻璃钟罩,同时罩住植物苗和小鱼(底部一瓷盘内)。少许几分钟后,经钟罩顶端加水使形成喷淋状,观察现象,最后测水、土的 pH 值。

②现象及解释。酸雨过后,约 1h 小鱼死亡;植物苗经酸雨淋后 3 天死亡,水 pH＝4;土壤 pH＝4。

以上现象的化学反应方程式为:

$$Na_2SO_3 + H_2SO_4 = Na_2SO_4 + SO_3\uparrow + H_2O$$

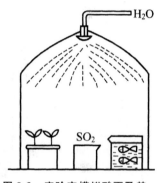

图 9-3　实验室模拟酸雨及其危害实验装置

玻璃钟罩内的 SO_2 气体经降水形成酸雨使动、植物受到危害。表明酸雨使水、土壤酸化,危害生态环境。在无酸雨的对照实验环境中生长的动、植物一星期后仍存活。

9.1.2　工程环境化学图示研究方法

环境化学的图示法(图形表示法)就是根据化学分析结果和有关资料把化学成分和有关内容用图示、图解的方法表现出来。这种方法有助于对分析结果进行比较,表示其规律性,并发现异同点,更好地显示各种环境要素的化学特性,具有直观性、简明性。图示与文字配合能很好地说明问题。一般来说,大多数图示法是为了同步(或同时)地表示溶质总浓度或某个环境化学样品分析结果中每个离子所占的比例或随时空的变化规律。下面对几种比较常用的方法进行简要的阐述。

(1)直方图

直方图是用一组直方柱表示某环境要素中污染物含量(浓度)或其他指标在时间或空间上的差异和变化规律。如图 9-4 和图 9-5 所示是用这方图进行图示研究的实例。

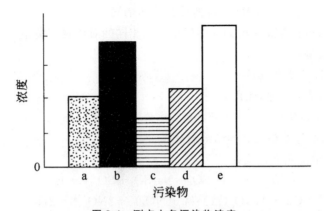

图 9-4 测点上各污染物浓度

$a-NO_3-N;b-NH_4-N;c-TP;d-COD;e-SS$

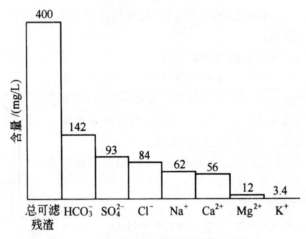

图 9-5 某观测站水质指标数量大小顺序

（2）曲线图

曲线图是比较简单、常用的一种图示。它以直角坐标为基础，用纵、横两个坐标轴，表示两相关事物的关系，即将研究的两种组分或两个因素或两项内容分别以纵、横坐标表示，作出关系曲线，如污染物浓度随时间变化曲线、矿化度-离子含量关系曲线、离子含量－深度关系曲线等，如图 9-6 所示，是某水域酚浓度变化曲线，这是污染物浓度随时间变化曲线。还可以对某一河流在各个地段某些水质指标用图示法表示，横坐标可表示流域中各采集水的地点距源头的距离，纵坐标表示某水质指标的数值。例如，如图 9-7 所示是黄河沿程含砷量与含砂量变化示意。还可以对同一采样点各水质指标含量作图。通过绘制曲线图，可以寻找化学成分变化的规律性。

（3）等值线图

等值线图是利用一定密度的观测点资料，用一定方法内插出等值线（即浓度相等点的连线），以表示水质、大气、土壤或污染物在空间上的变化规律。如图 9-8 所示是污染物浓度等值线图。

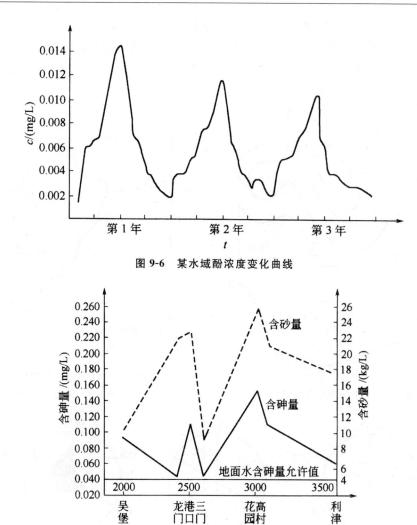

图 9-6　某水域酚浓度变化曲线

图 9-7　黄河沿程河水含砷量与含砂量变化示意

（4）平面图

环境化学平面图主要包括化学成分类型分区图、采样点布置图、环境质量评价图等，这些图件可按行政区划、水系、自然单元等编制。如图 9-9 所示是某河流的水质图，这是一个典型的平面图。

（5）剖面图

剖面图主要是对地下水和土壤而言。当有足够的分层或分段取样的分析资料时，可编制地下水（或土壤）化学剖面图，以反映地下水化学成分（或土壤成分）在垂向上的变化规律。剖面图上一般还应表示主要的地质——水文地质内容。

（6）化学玫瑰图

如图 9-10 所示是水化学玫瑰图画法的三个步骤，这是化学玫瑰图。化学玫瑰图是用圆的 6 条半径（圆心角均为 60°）表示 6 种主要阴阳离子（K^+ 合并到 Na^+ 中）的毫摩尔百分数，离子浓度单位为 mmol%/L(毫摩尔百分数每升)。每条半径称为离子的标量轴,圆心为零,至周边代表 100%。把各离子含量点绘在对应的半径上,用直线连接各点,即为化学玫瑰图。化学玫瑰图可以清晰地表示某环境要素中各组分的分布优势及其关系。

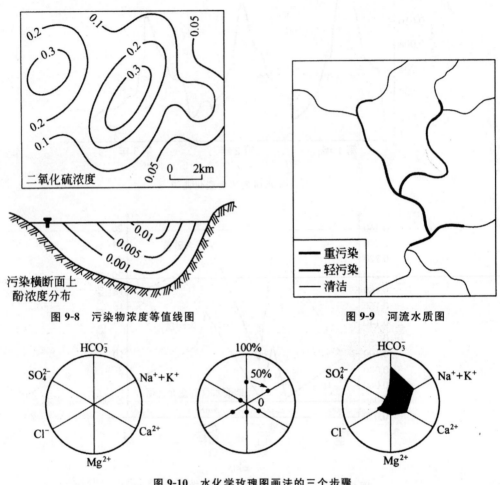

图 9-8　污染物浓度等值线图　　　　图 9-9　河流水质图

图 9-10　水化学玫瑰图画法的三个步骤

(7)圆形图示法

圆形图示法是把图形分为两半,一半(一般为上半)表示阳离子,一半(一般为下半)表示阴离子,其浓度单位为 mmol/L。某离子所占的图形大小,按该离子物质的量(mmol)占阴离子或阳离子物质的量(mmol)的比例而定。圆的大小按阴、阳离子总物质的量(mmol)大小而定,如图 9-11 所示。这种图示法可以用于表示一个水点的化学资料,也可以在化学平面图或剖面上表示。

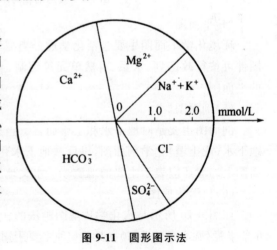

图 9-11　圆形图示法

9.2　化学分析和仪器分析在工程环境化学中的应用

化学分析和仪器分析是研究工程环境化学的重要方法,是进行环境化学监测的重要手段,随着分析精度的提高和分析技术的现代化,这两种方法的作用越来越大。

9.2.1　化学分析研究

化学分析的对象是水、气、土壤、生物等各环境要素,化学元素及污染物的分析是环境化学研究的基础。工作目的与要求不同,分析项目与精度也不相同。在一般环境化学调查中,区分为简分析和全分析,为了配合专门任务,则进行专项分析或细菌分析,下面以水为例进行简要说明。

(1)专项分析

专项分析是根据专门的目的任务,针对性的分析环境中的某些组分。例如,在水质分析中,分析水中重金属离子(Hg,Pb,Cr,Cd 和 As 等的离子),以确定水的污染状况。

(2)简分析

简分析用于了解区域环境化学成分的概貌。例如,水质分析,可在野外利用专门的水质分析箱就地进行。简分析项目少,精度要求低,简便快速,成本不高,技术上容易掌握。分析项目除物理性质(温度、颜色、透明度、臭味、味道等)外,还应定量分析的项目有 HCO_3^-,SO_4^{2-},Cl^-,Ca^{2+},总硬度,pH 值等。通过计算可求得各主要离子含量及溶解性总固体(总矿化度)。定性分析的项目则不固定,较经常的有 NO_3^-,NO_2^-,NH_4^+,Fe^{2+},Fe^{3+},H_2S,耗氧量等。分析这些项目是为了初步了解水质是否适于饮用。

(3)全分析

全分析项目较多,要求精度高。通常在简分析的基础上选择有代表性的水样进行全分析,比较全面地了解水化学成分,并对简分析结果进行检验,全分析并非分析水中的全部成分,一般定量分析的项目有:HCO_3^-,SO_4^{2-},Cl^-,CO_3^{2-},NO_2^-,NO_3^-,Ca^{2+},Mg^{2+},K^+,Na^+,NH_4^+,Fe^{2+},Fe^{3+},H_2S,CO_2,耗氧量,pH 值及干涸残余物等。

(4)细菌分析

为了解水的污染状况及水质是否符合饮用水标准,一般需进行细菌分析。通常主要分析细菌总数和大肠杆菌。

在进行环境化学分析时,对环境要素取样必须有代表性。例如,在进行水质分析时,必须注意对地表水和地下水取样分析。因为地表水体可能是地下水的补给来源,或者是排泄去路。前一种情况下,地表水的成分将影响地下水。后一种情况下,地表水反映了地下水化学变化的最终结果。对于作为地下水主要补给来源的大气降水的化学成分,至今一直很少注意,原因是它所含物质数量很少。但是,必须看到,在某些情况下,不考虑大气降水的成分,就不能正确地阐明水化学成分的形成。因此要注意"三水"(地表水、地下水、大气降水)的分析研究。

化学分析一般包括滴定分析和称量分析两大类,这里不再赘述。

9.2.2　仪器分析研究

仪器分析是根据物质的物理性质或物质的物理化学性质来测定物质的组成及相对含量。

仪器分析需要精密仪器来完成最后的测定,它具有快速、灵敏、准确的特点。一般认为,化学分析是基础,仪器分析是目前的发展方向。目前,分析仪器开始进入微机化和自动化,能自动扫描,自动处理数据,自动、快速、准确打印分析结果,且新的先进仪器、新的仪器分析方法不断涌现。

根据测定的方法原理不同,仪器分析方法可分为光化学分析法、电化学分析法、色谱法及其他分析方法等。

1. 光化学分析法

光化学分析法包括吸收光谱、发射光谱两类。它是基于物质对光的选择性吸收或被测物质能激发产生一定波长的光谱线来进行定性、定量分析。主要包括以下方法:

(1)比色法

比较溶液颜色深浅来确定物质含量的分析方法。主要有目视比色法、光电比色法。

目视比色法是一种用眼睛比较溶液颜色的深浅以测定物质含量的方法。常用的目视比色法是标准系列法。这种方法就是使用一套由同种材料制成的,大小形状相同的平底玻璃管(称为比色管),于管中分别加入一系列不同量的标准溶液和待测液,在实验条件相同的情况下,再加入等量的显色剂和其他试剂,至一定刻度(比色管容量有 10mL,25mL,50mL,100mL 等几种),然后从管口垂直向下观察,比较待测液与标准溶液颜色的深浅。若待测液与某一标准溶液颜色深度一致,则说明两者浓度相等,若待测液颜色介于两标准溶液之间,则取其算术平均值作为待测液浓度。

光电比色法是借助光电比色计来测量一系列标准溶液的吸光度,绘制标准曲线,然后根据被测试液的吸光度,从标准曲线上求出被测物质的含量的。

(2)原子吸收光谱法

原子吸收光谱法(简称 AAS)也称原子吸收分光光度法,简称原子吸收法,是基于试样蒸气相中待测元素的基态原子对光源发出的该原子特征谱线的吸收作用来进行元素定量分析的一种方法。根据被测元素原子化方式的不同,可分为火焰原子吸收法和非火焰原子吸收法两种。另外,某些元素如汞,能在常温下转化为原子蒸气而测定,称为冷原子吸收法。

原子吸收光谱法与紫外-可见光谱法基本原理相同,都是基于物质对光选择吸收而建立起来的光学分析法,都遵循朗伯-比耳定律。但它们的吸光物质的状态不同,原子吸收光谱法是基于蒸气相中基态原子对光的吸收,吸收的是空心阴极灯等光源发出的锐线光,是窄频率的线状吸收。紫外-可见光谱法则是基于溶液中的分子(或原子团)对光的吸收,可在广泛的波长范围内产生带状吸收光谱,这是两种方法的根本区别。

原子吸收光谱分析和原子发射光谱分析是互相联系的两种相反过程。它们使用的仪器和测定方法有相似之处,也有不同之处。原子的吸收线比发射线数目少得多,由谱线重叠引起光谱干扰的可能性很小,因此原子吸收光谱法的选择性高。原子吸收光谱法由吸收前后辐射强度的变化来确定待测元素的浓度,辐射吸收值与基态原子的数量有关,在实验条件下,原子蒸气中基态原子数比激发态原子数多得多,测定的是大部分原子,使 AAS 法具有高灵敏度。另外在 AES 法中原子的蒸气与激发过程都在同一能源中完成,而 AAS 法则分别由原子化器和辐射光源提供。

原子吸收光谱法具有检出限低、灵敏度高、精密度好、选择性好、准确度高、分析速度快、应用范围广、易于普及等优点。其局限是每测定一种元素都需要更换相应的空心阴极灯,不能对多种元素进行同时测定。

（3）原子发射光谱法

原子发射光谱法(简称 AES)是根据处于激发态的待测元素原子回到基态时发射的特征谱线对待测元素进行分析的方法。

原子吸收光谱法建立以后,原子发射光谱法在分析化学中的作用下降。20 世纪 70 年代等离子体光源的发射分光光度计的出现使原子发射光谱具有多元素同时分析的能力,也适用于液体样品分析,性能大大提高,使其应用范围迅速扩大。

原子发射光谱分析具有多元素同时检测能力、分析速度快、选择性好、检出限低、准确度较高和试样消耗少等优点。

原子发射光谱法的缺点是:常见的非金属元素(如氧、硫、氮、卤素等)谱线在远紫外区,目前一般的分光光度计尚不好检测;还有一些非金属元素,如 P,Se,Te 等,由于其激发电位高,灵敏度较低。

（4）分子光谱法

由分子吸光或发光所形成的光谱称为分子光谱,分子光谱是带状光谱。在这里我们介绍最常见的紫外-可见吸收光谱和红外吸收光谱。

紫外-可见吸收光谱法是利用某些物质的分子吸收(200～800nm)光谱区的辐射来进行分析测定的方法,这种分子吸收光谱产生于价电子和分子轨道上的电子在电子能级间的跃迁,是研究物质电子光谱的分析方法。通过测定分子对紫外-可见光的吸收,可鉴定和定量测定大量的无机化合物和有机化合物。

红外吸收光谱又称为分子振动-转动光谱。当样品受到频率连续变化的红外光照射时,分子吸收某些频率的辐射,并由其振动或转动运动引起偶极矩的净变化,产生分子振动和转动能级从基态到激发态的跃迁,使相应于这些吸收区域的透射光强度减弱。记录红外光的百分透射比与波数或波长关系的曲线,就得到红外吸收光谱。

（5）原子荧光光谱法

原子荧光光谱法(简称 AFS)是通过测定待测原子蒸气在辐射能激发下发射的荧光强度来进行定量分析的方法。从原理来看该方法属原子发射光谱范畴,发光机制属光致发光,但所用仪器与原子吸收分光光度计相近。

原子荧光光谱分析中,样品先被转变为原子蒸气,原子蒸气吸收一定波长的辐射而被激发,然后回到较低激发态或基态时便发射出一定波长的辐射——原子荧光。

把氢化物发生和原子荧光光谱法结合起来,我国科学工作者研创了实用的氢化物-原子荧光光谱商品仪器。此后,原子荧光光谱分析迅速普及并发展成为原子发射光谱法和原子吸收光谱法的有力补充。

原子荧光光谱法具有谱线简单、检出限低、可同时进行多元素分析、可以用连续光源、校准曲线的线性范围宽等优点。

原子荧光光谱法也存在一定的局限性:在较高浓度时会产生自吸,导致非线性的校正曲线;在火焰样品池中的反应和原子吸收的相似,也能引起化学干扰;存在荧光猝灭效应及散射光的干扰等问题。

原子荧光光谱法目前多用于砷、铋、镉、汞、铅、锑、硒、碲、锡和锌等元素的分析。相比之下,该法不如原子发射光谱法和原子吸收光谱法用得广泛。

2. 电化学分析法

电化学分析法是根据物质的电化学性质,产生的物理量与浓度关系来测定被测物质的含量,主要包括以下几种。

(1) 电位分析法

电位分析法有两类。第一种方法选用适当的指示电极浸入被测试溶液,测量相对一个参比电极的电位。根据测得的电位,直接求出被测量的物质浓度,这种方法称为直接电位法。第二种方法是向试液中加入能与被测物质发生化学反应的已知浓度的试剂。观察滴定过程中指示电极电位变化,以确定滴定的终点。根据所需滴定试剂的量计算出被测物质的含量。这类方法称为电位滴定法。

(2) 电导分析法

电导分析法一种通过测量溶液的电导率确定被测物质浓度,或直接用溶液电导值表示测量结果的分析方法。在外电场的作用下,携带不同电荷的微粒向相反的方向移动形成电流的现象称为导电。以电解质溶液中正负离子迁移为基础的电化学法分析法,称为电导分析法。

(3) 库仑分析法

库仑分析法是通过测量电解完全时所消耗的电量,计算待测物质含量的分析方法。库仑分析法是在电解分析法基础上发展起来的,通过电解过程中消耗的电量对物质进行定量。库仑分析法的基本要求是电极反应必须单纯,用于测定的电极反应必须具有 100% 的电流效率,电量全部耗在被测物质上。

(4) 极谱分析法

极谱法是通过测定电解过程中所得到的极化电极的电流-电位(或电位-时间)曲线来确定溶液中被测物质浓度的一类电化学分析方法。极谱法和伏安法的区别在于极化电极的不同。极谱法是使用滴汞电极或其他表面能够周期性更新的液体电极为极化电极;伏安法是使用表面静止的液体或固体电极为极化电极。极谱分析法主要有经典极谱法、示波极谱法和溶出伏安法三种。

3. 色谱分析法

色谱分析法是一种根据物质在两相中分配系数不同而将混合物分离,然后用各种检测器测定各组分含量的分析方法。目前应用最广泛的方法有以下四种。

(1) 气相色谱分析

气相色谱法是以气体为流动相,以涂渍在惰性载体(担体)或柱内壁上的高沸点有机化合物(称为固定液)或表面活性吸附剂为固定相的柱色谱分离技术。色谱定性与定量分析是以色谱图为依据,根据图中色谱峰的保留值与各色谱峰之间相对峰面积的大小来实现的。保留值取决于试样中组分在两相中的分配系数,它与组分的性质有关,是色谱定性的依据;峰面积大小取决于试样中组分的相对含量,是色谱定量的依据。

(2) 高效液相色谱法

效液相色谱法(简称 HPLC)又称高压液相色谱法。由于气相色谱法对离子型化合物、相对分子质量大的化合物、热不稳定物质及生物活性物质的分析无能为力。而生命科学、生物工程技术的发展,迫切需要解决上述复杂混合物的分离分析。这种需要推动了人们致力于液相色谱的研究。

高压液相色谱法是在借鉴了气相色谱的成功经验,克服经典液相色谱缺点的基础上发展起来的。采用细粒度、筛分窄、高效能的固定相以提高柱效率;采用高压泵加快液体流动相的流动速率;设计灵敏度高,使体积小的检测器;自动记录和数据处理装置,从而实现了其具有分析速度快,分离效率高和操作自动化等一系列可与气相色谱相媲美的特点。同时还保持了液相色谱对样品适应范围宽、流动相改变灵活性大的优点。因此,HPLC 在分析和分离技术领域中有广泛的应用。

(3)薄层色谱法

将载体均匀涂在一块玻璃板上形成薄层,被测组分在此板上进行色谱分离,用双波长薄层扫描仪自动扫描测定其含量。

(4)纸色谱

以色谱纸作载体,以水或有机溶剂浸析点在纸上的被测样品,达到被测组分与其他组分彼此分离。

4. 其他分析法

仪器分析研究的其他分析法有差热分析法、质谱分析法、放射分析法、核磁共振波谱法、X射线荧光分析法等。在这里我们对质谱分析法和核磁共振波谱法进行简单的介绍。

(1)质谱分析法

质谱分析法(简称 MS)是通过对被测样品离子质荷比的测定来进行分析的一种分析方法。被分析的样品首先要离子化,然后利用不同离子在电场或磁场中运动行为的不同,把离子按质荷比分开而得到质谱,通过样品的质谱和相关信息,可以得到样品的定性定量结果。

相比于核磁共振、红外和紫外光谱法,质谱分析法具有两个突出的优点:

①灵敏度远远超过其他方法,样品的用量也不断降低。

②可准确确定分子结构式;而分子式对推测结构至关重要。

(2)核磁共振波谱法

核磁共振已成为鉴定有机化合物结构及研究化学动力学等的重要方法,在有机化学、生物化学、药物化学、物理化学、无机化学、环境化学及多种工业部门中得到广泛的应用。核磁共振可提供多种一维、二维谱,反映了大量的结构信息,另外,所有的核磁共振谱具有很强的规律性,可解析性最强。所以 20 世纪 70 年代后期以来,核磁共振成为鉴定有机化合物结构的最重要工具。

实际工作中,化学分析和仪器分析各有优缺点,应取长补短,合理应用。在环境化学监测中,仪器分析主要用于分析水、空气中的有毒物质、土壤中的金属及有机氯农药含量、农作物中的农药残毒等。

对不同类型的环境要素,化学分析和仪器分析的内容和方法不尽相同。例如,地表水水质指标及选配分析方法如表 9-1 所示。一般而言,金属类化合物,通常用比色法(或称分光光度法,下同)、原子吸收分光光度法;非金属类化合物,常用比色法、离子选择电极法、容量法;有机化合物一般用比色法、容量法等。

表 9-1 地面水水质指标及选配分析方法

序号	参数	测定方法		检测范围/(mg/L)
1	水温	水温计法		$-6\sim41$①
9	pH 值	玻璃电极法		$1\sim14$②
3	硫酸盐	硫酸钡重量法		10 以上
		铬酸钠比色法		$5\sim200$
		硫酸钡比浊法		$1\sim40$
4	氯化物	硝酸银容量法		10 以上
		硝酸汞容量法		可测至 10 以下
5	总铁	邻二氮菲比色法		检出下限 0.05
		原子吸收分光光度法		检出下限 0.3
6	总锰	过硫酸铵比色法		检出下限 0.05
		原子吸收分光光度法		0.1
7	总铜	原子吸收分光光度法	直接法	$0.05\sim5$
			螯合萃取法	$0.001\sim0.05$
		二乙基二硫化氨基甲酸钠(铜试剂)分光光度法		检出下限 0.003(3cm 比色皿) $0.02\sim0.7$(1cm 比色皿)
		2,9-二甲基-1,10-二氮杂菲(新铜试剂)分光光度法		
8	硒(四价)	二氨基联苯胺比色法		检出下限 0.01
		荧光分光光度法		检出下限 0.001
9	总砷	二乙基二硫代氨基甲酸银分光光度法		$0.007\sim0.5$
10	总汞	冷原子吸收分光光度法	高锰酸钾-过硫酸钾消解法	28
			溴酸钾-溴化钾消解法	
		高锰酸钾-过硫酸钾消解-双硫腙比色法		$0.002\sim0.04$
11	总镉	原子吸收分光光度法(螯合萃取法)		$0.001\sim0.05$
		双硫腙分光光度法		$0.001\sim0.05$
12	铬(六价)	二苯碳酰二肼分光光度法		$0.004\sim1$
13	总锌	双硫腙分光光度法		$0.005\sim0.05$
14	硝酸盐	酚二磺酸分光光度法		$0.02\sim1$

续表

序号	参数	测定方法		检测范围/（mg/L）
15	亚硝酸盐	分子吸收分光光度法		0.003～0.20
16	非离子氨 （NH$_3$）	纳氏试剂比色法		0.05～2（分光光度法） 0.02～2（目视比色法）
		水杨酸分光光度法		0.01～1
17	凯氏氮	纳氏试剂比色法		0.05～2（分光光度法） 0.02～2（目视比色法）
18	总磷	钼蓝比色法		0.025～0.6
19	高锰酸钾指数	酸性高锰酸钾法		0.5～4.5
		碱性高锰酸钾法		0.5～4.5
20	溶解氧	碘量法		0.02～20
21	化学需氧量（COD）	重铬酸钾法		10～800
22	生化需氧量（BOD）	稀释与接种法		3 以上
23	氟化物	氟试剂比色法		0.05～1.8
		茜素磺酸锆目视比色法		0.05～2.5
		离子选择电极法		0.05～1900
24	总铅	原子吸收分光光度法	双硫腙分光光度法	0.2～10
			螯合萃取法	0.01～0.2
		直接法		0.01～0.3
25	总氰化物	异烟酸-吡啶啉酮比色法		0.004～0.25
		吡啶-巴比妥酸比色法		0.002～0.45
26	挥发酚	蒸馏后 4-氨基安替比林分光光度法（氯仿萃取法）		0.002～6
27	石油类	紫外分光光度法		0.05～50
28	阴离子表面活性剂	亚甲基蓝分光光度法		0.05～2
29	总大肠菌群	多管发酵法		
		滤膜法		
30	苯并[a]芘	纸色谱—荧光分光光度法		2.5μg/L

注：①数值单位为℃；②无单位。

9.3　联用技术

9.3.1　联用技术概述

由两种（或多种）分析仪器组合成统一完整的新型仪器，它能运用各种分析技术之特长，弥补彼此间的不足，及时利用各有关学科与技术的最新成就，具有单一仪器不具备的卓越性能。因此联用技术是极富生命力的一个分析领域。目前，分析仪器联用技术已广泛地应用于化学、化工、材料、环境、地质、能源、生命科学等各个领域。

联用技术指两种或两种以上的分析技术结合起来，重新组合成一种以实现更快速、更有效地分离和分析的目的的技术。

联用技术至少使用两种分析技术：一种是分离物质；一种是检测定量。这两种技术由一个界面联用，因此检测系统一定兼容分离过程。目前常用的联用技术是将分离能力最强的色谱技术与质谱或其他光谱检测技术相结合。色谱法具有高分离能力、高灵敏度和高分析速率的优点；质谱法、红外吸收光谱法和核磁共振波谱法等对未知化合物有很强的鉴别能力；色谱法和光谱法联用可综合色谱法分离技术和光谱法优异的鉴定能力，成为分析复杂混合物的有效方法。

联用技术可以按照参与联用的起分离作用的色谱技术及具有鉴别能力的光谱检测技术的联用方式对联用技术进行分类，如非在线联用和在线联用；也可以根据参与联用的色谱技术及光谱检测技术的具体种类对联用技术进行分类，如气相色谱-质谱联用，液相色谱-质谱联用；当然也可以将单纯的分离技术或单纯的检测技术联用，如色谱-色谱联用，质谱-质谱联用。仪器联用分析可以发挥某种仪器（方法）的特长，又可相互补充相互促进，比采用单一仪器分析具有更多的优点。

（1）色谱-质谱联用

在气相色谱-质谱联用仪器中，由于经气相色谱柱分离后的样品呈气态，流动相也是气体，与质谱的进样要求相匹配，这两种仪器最容易联用，普遍适用于环境中挥发性有机物，包括金属有机物的分析；相比之下，液相色谱-质谱（LC-MS）联用要困难得多，主要因为接口技术发展比较慢，直到电喷雾电离（ESI）接口与大气压电离（API）接口出现，才有了成熟的商品液相色谱-质谱联用仪。由于有机化合物中的 80% 不能汽化，只能用液相色谱分离，特别是发展迅速的生命科学中的分离和纯化也都使用了液相色谱仪，使液相色谱-质谱联用技术得到了快速发展。

（2）色谱-红外光谱联用

红外光谱在有机化合物的结构分析中有着重要作用，而色谱又是有机化合物分离纯化的最好方法，因此，色谱与红外光谱的联用技术一直是有机分析化学家十分关注的问题。在傅里叶变换红外光谱出现后，由于扫描速率和灵敏度都有很大提高，解决了色谱和红外光谱联用时扫描速率慢的最大障碍。

（3）色谱-原子光谱联用

原子光谱（原子吸收光谱和原子发射光谱）主要用于金属或非金属元素的定性、定量分析，而色谱主要用于有机化合物的分析、分离和纯化。随着有机金属化合物研究的发展，特别是要进行元素的价态或形态的测定和研究，就要对这些元素的不同价态或不同形态进行分离，这时色谱就成为最有力的分离方法，而分离后的定量分析又是原子光谱的特长。

（4）色谱-电感耦合等离子体质谱联用

色谱-电感耦合等离子体质谱联用是近年来兴起的新技术，由于电感耦合等离子体质谱具有诸多的优点，发展十分迅速，尤其是在分析环境中有害元素的形态时十分有用。

（5）色谱-色谱联用

色谱-色谱联用技术（多维色谱）是将不同分离模式的色谱通过接口连接起来，用于单一分离模式不能完全分离的样品分离与分析。

9.3.2 常用的联用技术介绍

1.气相色谱-质谱联用

气相色谱-质谱联用技术（GC-MS）发挥了色谱法的高分辨率和质谱法的高鉴别能力，适合于多组分混合物中未知组分的定性鉴定，可以判断化合物的分子结构，准确地测定未知组分的相对分子质量，测定混合物中不同组分的含量，研究有机化合物的反应机理，修正色谱分析的错误判断，鉴定出部分分离甚至未分离开的色谱峰等，在环境分析及其他领域得到广泛的应用。

GC-MS 联用仪系统一般由图 9-12 所示的各部分组成。

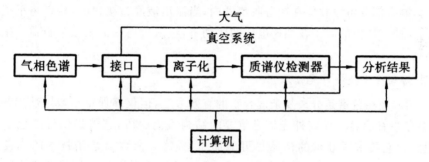

图 9-12 GC-MS 联用仪系统示意图

气相色谱仪分离样品中的各组分，起到样品制备的作用。接口把气相色谱分离出的各组分送入质谱仪进行检测，起到气相色谱和质谱之间的适配器作用，质谱仪将接口引入的各组分依次进行分析成为气相色谱仪的检测器。计算机系统交互式地控制气相色谱、接口和质谱仪，进行数据的采集和处理是 GC-MS 的中心控制单元。

有机混合物由色谱柱分离后，经过接口进入离子源被电离成离子，离子在进入质谱的质量分析器前，在离子源与质量分析器之间，有一个总离子流检测器，以截取部分离子流信号，总离子流强度与时间（或扫描数）的变化曲线就是混合物的总离子流色谱图（TIC）。另一种获得总离子流图的方法是利用质谱仪自动重复扫描，由计算机收集、计算后再现出来，此时总离子流检测系统可省略。对 TIC 图的每个峰，可以同时给出对应的质谱图，由此可以推测每个色谱峰的结构组成。

定性分析就是通过比较得到的质谱图与标准谱库或标准样品的质谱图实现的（对于高分辨率的质谱仪，可以通过直接得到精确的相对分子质量和分子式来定性）；定量分析是通过 TIC 或者质谱图采用类似色谱分析法中的面积归一法、外标法、内标法实现的。

GC-MS 衍生化技术在环境监测中的应用主要是不挥发酚类物质的监测。例如烷基酚、双酚 A 和氯代酚类等极性较高的化合物，若不经过衍生化，则无法用 GC-MS 准确测定，用 N,O-双（三甲基硅）三氟乙酰胺（BSTFA）进行三甲基硅（TMS）衍生化，是一种比较简单的方法，在 TMS 衍生物的质谱图上，一般 $[M-Me]^+$ 的信号较强，因此在 SIM（选择离子）检测中，都选择此离子进行定量。

2.液相色谱-质谱联用

为了适应工程环境科学基础研究的要求,质谱技术的研究热点集中于如下两个方面:

①发展新的软电离技术,以分析高极性、热不稳定性、难挥发的大分子有机污染物。

②发展液相色谱与质谱联用的接口技术,以分析环境复杂体系中的痕量污染物组分。

对于高极性、热不稳定、难挥发的大分子有机化合物,使用 GC-MS 有困难,而液相色谱的应用不受沸点的限制,并能对热稳定性差的试样进行分离、分析。在实现 LC-MS 联用时所遇到的困难比 GC-MS 大得多,它需要解决液相色谱流动相对质谱工作环境的影响以及质谱离子源的温度对液相色谱分析试样的影响。

与 GC-MS 类似,LC-MS 由液相色谱、接口和质谱仪三部分构成。其工作原理是:从 LC柱出口流出液,先通过一个分离器。如果所用的 HPLC 柱是微孔柱(1.0mm),全部流出液可以直接通过接口,如果用标准孔径(4.6mm)HPLC 柱,流出液被分开,仅有约 5% 流出液被引进电离源内,剩余部分可以收集在馏分收集器内;当流出液经过接口时,接口将承担除去溶剂和离子化的功能。产生的离子在加速电压的驱动下,进入质谱仪的质量分析器。整个系统由计算机控制。

3.色谱-傅里叶变换红外光谱联用

气相色谱和液相色谱是分离复杂混合物的有效方法,但仅靠保留指数定性未知物或未知组分却始终存在着困难。而红外光谱是重要的结构检测手段,它能提供许多色谱难以得到的结构信息,但它要求所分析的样品尽可能简单、纯净。所以将色谱技术的优良分离能力与红外光谱技术独特的结构鉴别能力相结合,是一种具有实用价值的分离鉴定手段。形象地说,红外光谱仪成为色谱的"检测器",这一"检测器"是非破坏性的,并能提供色谱馏分的结构信息。

气相色谱-傅里叶变换红外光谱(GC-FTIR)联用系统由以下四个单元组成:

①气相色谱单元,对试样进行气相色谱分离。

②联机接口,GC 馏分在此检测。

③傅里叶变换红外光谱仪,同步跟踪扫描、检测 GC 各馏分。

④计算机数据系统,控制联机运行及采集、处理数据。

联机检测的基本过程如下:

试样经气相色谱分离后,各馏分按保留时间顺序进入接口,与此同时,经干涉仪调制的干涉光汇聚到接口,与各组分作用后干涉信号被汞镉碲(MCT)液氮低温光电检测器检测。计算机数据系统存储采集到的干涉图信息,经快速傅里叶变换得到组分的气态红外谱图,进而可通过谱库检索得到各组分的分子结构信息。

尽管气相色谱法具有分离效率高、分析时间短、检测灵敏度高等优点,但是,在已知的有机化合物中,只有 20% 的物质可不经化学预处理而直接用 GC 分离。液相色谱则不受样品挥发度和热稳定性的限制,因而特别适合沸点高、极性强、热稳定性差、大分子试样的分离,对多数已知化合物,尤其是生化活性物质均能很好分离、分析。液相色谱对多种化合物的高效分离特点与红外光谱定性鉴定的有效结合,使复杂物质的定性、定量分析得以实现,成为与 GC-FTIR

互补的分离鉴定手段。

液相色谱-傅里叶变换红外光谱(GC-FTIR)联用系统组成与 GC-FTIR 联用一样,也主要由色谱单元、接口、红外谱仪单元和计算机数据系统组成。简述如下:

①液相色谱单元,将试样逐一分离。

②接口,流动相或喷雾集样装置,被分离组分在此处停留而被检测。

③FTIR 单元,同步跟踪扫描、检测 LC 馏分。

④计算机数据系统,控制联机运行及采集、处理数据。

联机运行的控制、数据采集和处理的软件也与 GC-FTIR 联用类同。其主要区别在于 GC 的载气无红外吸收,不干扰待测组分的红外光谱鉴定,而液相色谱的流动相均有强红外吸收,严重干扰待测组分的红外光谱检测,因此消除流动相的干扰成为接口技术的关键。

4. 色谱-原子光谱联用

随着微量元素对人体健康及环境污染方面的研究的发展,人们发现元素的环境效应不仅与其总量有关,而且与其价态和存在形态关系密切,如甲基汞、四乙基铅、烷基砷等的毒性及对环境的影响都远比其相应的无机重金属盐强得多。因此在分析环境中的重金属含量时,应测定出它们的价态和存在的形态。为解决这一问题,可以将分离仪器与测量仪器联机使用,利用分离仪器将不同价态和不同形态的微量元素先进行分离,然后再用测量仪器分别测定这些不同价态和不同形态的微量元素的含量。最常使用的是色谱和原子光谱的联用。

气相色谱-火焰原子吸收光谱(GC-FAAS)联用是由气相色谱分离后的组分通过有加热装置的传输线直接导入火焰原子吸收光谱的火焰原子化器,进行测定。与气相色谱-火焰原子吸收光谱(GC-FAAS)联用相似,气相色谱-等离子体原子发射光谱联用(GC-ICP)原理都是将气相色谱分离后的流出物雾化或直接汽化后引入等离子体原子化器(ICP)。也有通过氢化物发生器,将生成的氢化物直接引入等离子体原子化器,然后进行下一步测定。

5. 高效液相色谱-核磁共振联用

核磁共振波谱分析测试的对象目前只是液体和固体样品,因此普遍采用液相色谱-核磁共振波谱联用技术。

高效液相色谱(HPLC)是目前最有效的分离方法之一,而核磁共振波谱(NMR)则是最有效的结构鉴定方法之一,它们联用将产生巨大的功用。但是,高效液相色谱-核磁共振波谱(HPLC-NMR)在线(on-line)联用要比 HPLC 和 MS 在线联用更加困难。一是 HPLC 的洗脱液对 NMR 测定的干扰;另一个是 NMR 中存在的弛豫过程使 NMR 的测定需要较长的时间(一般要数秒至数十秒或更长一些),这与 HPLC 洗脱液的流速(常用流速为 1mL/s)相矛盾。傅里叶变换核磁共振波谱仪的出现,使这些困难的解决出现可能:利用脉冲序列可以抑制洗脱液对谱峰测定的干扰;傅里叶变换核磁共振的脉冲作用仅为微秒数量级,一个样品的测量一般只需要几秒,这可大大减少测量时间,并大大提高测定的灵敏度。

6. 色谱-电感耦合等离子体/质谱联用

ICP-MS 是超痕量分析、多元素形态分析及同位素分析的重要手段,与 AAS 和 AES 等分析技术相比,具有检出限低、分析速率快、动态范围宽、能同时分析多种元素、可进行同位素分析等优点;与其他无机质谱相比,可在大气压下进样,便于与色谱联用。在环境分析中

ICP-MS 可用于测定饮用水中水溶性元素总量,分析水体中 Cr^{4+},Cu,Cd,Pb 等金属元素含量;也可用于大气粉尘、土壤、海洋沉积物中重金属元素的测定,在汽车尾气净化催化剂和包装食品塑料袋的痕量分析中也有报道。

由于气相色谱(GC)的流出物是气体,因此,可以简单地使用一根短的传输管连接 GC 的色谱柱和 ICP/MS 的等离子炬管,这个"短的传输管"就成为 GC-ICP/MS 联用的"接口"。对 GC-ICP/MS 接口的基本要求是保证分析物以气态的形式从 GC 传输到 ICP/MS 的等离子炬管,在传输过程中不会在接口处产生冷凝,这与 GC 与原子光谱联用是一样的。可以对传输管从头到尾进行充分加热,或者采用气溶胶载气传送。

由于常规 ICP/MS 分析中的样品进样是液体形态,而且液相色谱(LC)的流速与 ICP/MS 进样的速率兼容,这就使 GC-ICP/MS 联用的接口比较简单,雾化器可作为 LC 与 ICP/MS 联用的接口,其中,包括 GC-ICP/MS 联用中使用最多的气动雾化器以及低流速雾化器,由于这类雾化器可有效降低引入样品对等离子体稳定性的影响,因此很多人致力于低流速雾化器的研究。

9.3.3 联用技术在环境分析中的应用

1. 色谱-质谱联用技术在环境分析中的应用

色谱-质谱联用技术在环境分析中用于测定大气、降水、土壤、水体及其沉淀物或污泥、工业废水及废气中的有毒有害物质,包括农药残留物、多环芳烃、卤代烷、硝基多环芳烃、多氯二苯并二噁英、多氯二苯并呋喃、酚类、多氯联苯、有机酸、有机硫化合物和苯系物、氯苯类等挥发性化合物及多组分有机污染物和致癌物。此外,还用于光化学烟雾和有机污染物的迁移转化研究。这种联用技术凭借着色谱仪的高度分离能力和质谱仪的高灵敏度(10^{-11} g)等优点成为分析痕量有机物的有力工具。

2. 色谱-傅里叶变换红外光谱联用技术在环境分析中的应用

在大气检测方面,已经制成的 GC-FTIR 联用仪,以 2km 长光程多次反射吸收,可以检测含量 10^{-9} 以下的大气污染物,如乙炔、乙烯、丙烯、甲烷、光气等。

另外,GC-FTIR 在确定农药分子结构、鉴定农药在实验室和田间的降解代谢产物、检验农药的纯度及其中含有的致癌活性物质等方面是十分有效的工具。煤衍生物中含有碱性含氮化合物,用 GC-FTIR 很难分离。由于衍生物中含有异构体,GC-MS 也难以判定有关结构。需要采用微孔柱 HPLC-FTIR 对煤衍生物进行测定。同时,HPLC-FTIR 可以对含有异构体的偶氮染料进行分离测定。

3. 色谱-原子光谱联用技术在环境分析中的应用

色谱-原子光谱联用技术在环境分析中主要用来对环境中金属及非金属污染物的化学形态进行分析。

目前,HPLC-ICP/AES 成功应用于海洋生物中 As 的化学形态分析。Rubio 等利用 Hamilton PRPX-100 分离含 As(Ⅲ),As(Ⅴ),二甲基次胂酸钠及甲基胂酸二钠的水样,洗脱物用低压汞灯辐照,$K_2S_2O_8$ 氧化,经 $NaBH_4$ 还原成 AsH_3 测定。Emteborg 开发了微孔柱离子色谱与塞曼效应石墨炉原子吸收(ETAAS)联用技术,将以 $80\mu L/min$ 低流速的色谱流出物用小体积液体定量收集杯收集存留,定时将定量杯中试样注入 ETAAS 检测,很好地解决了连续过程和间歇过程,使用该装置测定生物样和水样中的硒化合物绝对检出限低于 0.1ng,与 HPLC-ICP/MS 检出限相当。

4. HPLC^{-1}H NMR 在环境分析中的应用

在环境要素大气、水、土壤中存在着大量由工农业生产产生的有机污染物,对于可挥发性和半挥发性有机污染物一般采用 GC-MS 分析,对于不挥发性有机污染物,就只能用 HPLC-MS 分析了。但是不论 GC-MS 还是 HPLC-MS,对于一些同分异构体的确认存在着很大的困难,而有些有机污染物的分子结构会对它的毒性、在环境中的迁移转化产生巨大影响,当这些未知污染物存在同分异构体时,往往要使用 HPLC^{-1}H NMR 联用技术进行分析。

使用 HPLC-NMR 仪器对样品进行分析,可以迅速准确地确定样品中的各种微量物质的种类数量,并且随着硬件技术的改进和使用富集预处理,已经能从样品中检测到超痕量级的物质。

5. 色谱-电感耦合等离子体/质谱联用在环境分析中的应用

GC-ICP/MS 法是测定有机锡的最新方法。在环境中,三丁基锡可以分解为二丁基锡、一丁基锡和无机锡,且在一定环境条件下还可以生成甲基锡化合物。即使浓度为 1ng/L 的三丁基锡也会对水生生物有毒害作用,因此研究开发高灵敏度的检测方法是环境科学工作者的重要研究领域。在其他种类的有机金属化合物测定中,GC-ICP/MS 法也能发挥重要作用,当水样为 0.5～1L 时,绝对检出限约为 5fg 级,可以测量 1pg/L 的极低浓度的有机金属化合物,如有机汞、有机镍、有机铅等。

9.4　工程环境化学实验

9.4.1　环境空气中挥发性有机物的污染

挥发性有机化合物(简称 VOCs)是指沸点在 50℃～260℃ 室温下饱和蒸气压超过 133.322Pa 的易挥发性化合物,是室内外空气中普遍存在且组成复杂的一类有机污染物。它主要来自有机化工原料的加工和使用过程,木材、烟草等有机物的不完全燃烧过程,汽车尾气的排放。此外,植物的自然排放物也会产生 VOCs。

随着工业迅速发展,建筑物结构发生了较大变化,使得新型建材、保温材料及室内装潢材料被广泛使用;同时各种化妆品、除臭剂、杀虫剂和品种繁多的洗涤剂也大量应用于家庭。其中有的有机化合物可直接挥发,有的则可在长期降解过程中释放出低分子有机化合物,由此造成环境空气有机物的污染极其普遍。由于 VOCs 的成分复杂,其毒性、刺激性、致癌作用等对人体健康造成较大的影响。因此,研究环境中 VOCs 的存在、来源、分布规律、迁移转化及其对人体健康的影响一直受到人们的重视,并成为国内外研究的热点之一。

1. 实验目的

该实验的目的如下:

① 了解 VOCs 的成分、特点。

②以苯系物为代表了解气相色谱法测定环境中 VOCs 的原理,掌握其基本操作。

2.实验原理

活性炭对有机物具有较强的吸附能力,而二硫化碳能将其有效地洗脱下来。本实验将空气中苯、甲苯、乙苯、二甲苯等挥发性有机化合物吸附在活性炭采样管上,用二硫化碳洗脱后,经气相色谱火焰离子化检测器测定,以保留时间定性,峰高(或峰面积)外标法定量。

本法检出限:苯为 1.25mg;甲苯为 1.00mg;二甲苯(包括邻、间、对)及乙苯均为 2.50mg。当采样体积为 100L 时,最低检出浓度:苯为 0.005mg/m³;甲苯为 0.004mg/m³;二甲苯(包括邻、间、对)及乙苯均为 0.010mg/m³。

3.仪器和试剂

(1)仪器

①容量瓶:5mL,100mL。

②移液管:1mL,5mL,10mL,15mL 及 20mL。

③微量注射器:10μL。

④气相色谱仪:氢火焰离子化检测器(FID)。

⑤空气采样器流量范围:0.0～1.0L/min。

⑥采样管:取长 10cm,内径 6mm 玻璃管,洗净烘干,每支内装 20～50 目粒状活性炭 0.5g〔活性炭应预先在马弗炉内(350℃)通高纯氮灼烧 3h,冷却后备用〕分 A、B 两段,中间用玻璃棉隔开,如图 9-13 所示。

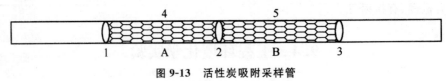

图 9-13　活性炭吸附采样管

1,2,3－玻璃棉;4,5－粒状活性炭

(2)试剂

①苯、甲苯、乙苯、邻二甲苯、对二甲苯、间二甲苯(均为色谱纯试剂)。

②二硫化碳:使用前需纯化,并经色谱检验。进样 5μL,在苯与甲苯峰之间不出峰方可使用。

③苯系物标准储备液:分别吸取苯、甲苯、乙苯和邻二甲苯、间二甲苯、对二甲苯各 10.0μL 至装有 90mL 二硫化碳的 100mL 容量瓶中,用二硫化碳稀释至标线,再取上述标液 10.0mL 至装有 80mL 二硫化碳的 100mL 容量瓶中,并稀释至标线,摇匀。此储备液含苯 8.8μg/mL、乙苯 8.7μg/mL、甲苯 8.7μg/mL、对二甲苯 8.6μg/mL、间二甲苯 8.7μg/mL、邻二甲苯 8.8μg/mL,在 4℃可保存一个月。

储备液中苯系物含量计算公式为:

$$\rho_{苯系物} = \frac{10}{10^5} \times \frac{10}{100} \times \rho \times 10^6$$

式中,$\rho_{苯系物}$为苯系物的浓度,μg/mL;ρ为苯系物的密度,μg/mL。

4. 实验步骤

(1) 采样

用乳胶管连接采样管 B 端与空气采样器的进气口。A 端垂直向上,处于采样位置。以 0.5L/min 流量采样 100～400min。采样后,用乳胶管将采样管两端套封,样品放置不能超过 10 天。

(2) 标准曲线的绘制

分别取苯系物储备液 0mL,5.0mL,10.0mL,15.0mL,20.0mL,25.0mL 于 100mL 容量瓶中,用纯化过的二硫化碳稀释至标线,摇匀,其浓度如表 9-2 所示。另取 6 支 5mL 容量瓶,各加入 0.25g 粒状活性炭及 1～6 号的苯系物标液 2.00mL,振荡 2min,放置 20min 后,进行色谱分析。色谱条件如下:

① 色谱柱:长 2m,内径 3mm 不锈钢柱,柱内填充涂附 2.5% DNP 及 2.5% Bentane 的 Chromosorb WHP DMCS。

② 柱温:64℃;气化室温度:150℃;检测室温度:150℃。

③ 载气(氮气)流量:50mL/min;燃气(氢气)流量:46mL/min;助燃气(空气)流量:320mL/min。

④ 进样量:5.0μL。

测定标样的保留时间及峰高(或峰面积),以峰高(或峰面积)对含量绘制标准曲线。

表 9-2 苯系物标准溶液的配制

编号	1	2	3	4	5	6	样品
苯系物标准储备液体积/mL	0	5.0	10.0	15.0	20.0	25.0	
稀释至体积/mL	100	100	100	100	100	100	
苯、邻二甲苯的浓度/(μg/mL)	0	0.44	0.88	1.32	1.76	2.20	
甲苯、乙苯、间二甲苯的浓度/(μg/mL)	0	0.44	0.87	1.31	1.74	2.18	
对二甲苯溶液的浓度/(μg/mL)	0	0.43	0.86	1.29	1.72	2.15	

(3) 样品测定

将采样管 A 段和 B 段活性炭,分别移入两支 5mL 容量瓶中,加入纯化过的二硫化碳 2.00mL,振荡 2min。放置 20min 后,吸取 5.0μL 解吸液注入色谱仪,记录保留时间和峰高(或峰面积),以保留时间定性,峰高(或峰面积)定量。

5. 数据处理

计算苯系物各成分的浓度的公式为:

$$\rho_{苯系物} = \frac{W_1 + W_2}{V_n}$$

式中,$\rho_{苯系物}$ 为苯系物的浓度,mg/m³;W_1 为 A 段活性炭解吸液中苯系物的含量,μg;W_2 为 B 段活性炭解吸液中苯系物的含量,μg;V_n 为标准状态下的采样体积,L。

9.4.2 碳酸种类与 pH 值关系的测定

1. 实验目的

通过实验测得在同一 pH 值溶液中，$[H_2CO_3^*]$，$[HCO_3^-]$ 和 $[CO_3^{2-}]$ 的分配系数（即在水溶液中所占总碳酸的百分比）与根据理论数据进行计算的结果相等或近似，从而加深理解碳酸平衡中三类碳酸的分配系数随 pH 值变化而变化的规律性。即 $H_2CO_3^*$ 的分配系数（α_0）随 pH 值增加而减小；HCO_3^- 的分配系数（α_1）随 pH 值增加而由小变大后再变小；CO_3^{2-} 的分配系数（α_2）随 pH 值增大而变大。

2. 实验原理

水中 H^+，$CO_2(H_2CO_3^*)$，HCO_3^- 及 CO_3^{2-} 四者之间存在着以下的动态平衡：

$$CO_2 + H_2O \xrightleftharpoons{K_0} H_2CO_3 \xrightleftharpoons{K_1} H^+ + HCO_3^- \xrightleftharpoons{K_2} 2H^+ + CO_3^{2-}$$

且溶液中溶解的总碳酸浓度 c_T(mmol/L) 符合下述关系：

$$c_T = [H_2CO_3^*] + [HCO_3^-] + [CO_3^{2-}]$$

25℃时的平衡常数为：

$$K_1 = \frac{[H^+][HCO_3^-]}{[H_2CO_3^*]} = 4.5 \times 10^{-7}$$

$$K_2 = \frac{[H^+][CO_3^{2-}]}{[HCO_3^-]} = 4.7 \times 10^{-11}$$

不同形式碳酸的分配系数可通过理论公式计算求得，也可通过实测结果计算：

$$\alpha_0 = \frac{[H_2CO_3^*]}{c_T} \times 100\%$$

$$\alpha_1 = \frac{[HCO_3^-]}{c_T} \times 100\%$$

$$\alpha_2 = \frac{[CO_3^{2-}]}{c_T} \times 100\%$$

3. 实验方法、步骤

（1）实验前的准备工作

用 HCl，Na_2CO_3，$NaHCO_3$ 调节溶液 pH 值，配制出 pH=4，pH=5，pH=6，pH=7，pH=8，pH=9 和 pH=10 等各种溶液。

（2）实验方法步骤

分别吸取配制的各种 pH 值的溶液，并按下列方法测定 $CO_2(H_2CO_3^*)$，HCO_3^-，CO_3^{2-} 的毫摩尔浓度（mmol/L）。

①游离 CO_2 的测定。用移液管吸取水样 25mL、加两滴 1‰ 酚酞指示剂。用标准浓度的 NaOH 滴定至溶液呈淡红色不消失为终点，记下 NaOH 的用量 V_1(mL)。计算式为：

$$[H_2CO_3^*] \approx [CO_2] = \frac{MV_1}{V_{样品}}$$

式中，M 表示 NaOH 的毫摩尔浓度，mmol/L；$[H_2CO_3^*]$ 的单位为 mmol/L。在滴定过程中碳酸是由游离 CO_2 转变而来，因此，$[H_2CO_3]=[CO_2]$。

②HCO_3^- 的测定。吸取水样 25mL，加 4 滴溴甲酚绿－甲基红指示剂，若溶液呈玫瑰红色，则此溶液无 HCO_3^-；若此溶液呈绿色，则用标准浓度的盐酸滴定至呈现玫瑰红色为终点，记下盐酸的用量 V_2(mL)。计算式为：

$$[HCO_3^-]=\frac{MV_2}{V_{样品}}$$

式中，M 为盐酸的毫摩尔浓度，mmol/L；$[HCO_3^-]$ 的单位为 mmol/L。

③HCO_3^- 及 CO_3^{2-} 的测定 吸取水样 25mL，加入两滴酚酞，若加酚酞后溶液无色，则无 CO_3^{2-}，当其溶液呈红色时，用标准浓度的盐酸滴定至红色刚消失为止，记下盐酸的用量 V_1(mL)；然后再加 4 滴溴甲酚绿-甲基红指示剂，用标准浓度的盐酸滴定，绿色刚变成玫瑰红色为止，记下盐酸的用量 V_2(mL)。计算式为：

$$[CO_3^{2-}]=\frac{MV_1}{V_{样品}}$$

$$[HCO_3^-]=[CO_3^{2-}]=\frac{M(V_2-V_1)}{V_{样品}}$$

式中，M 为盐酸的毫摩尔浓度，mmol/L；V_1、V_2 为盐酸的用量；$[CO_3^{2-}]$，$[HCO_3^-]$ 的单位均为 mmol/L。

4. 实验结果的资料整理

①分别计算出各 pH 值时的 $H_2CO_3^*$，HCO_3^- 及 CO_3^{2-} 的毫摩尔浓度(mmol/L)。
②计算出各 pH 值的总毫摩尔浓度 $c_T=[H_2CO_3^*]+[HCO_3^-]+[CO_3^{2-}]$。
③计算出不同 pH 值时的三种碳酸的分配系数(α_0、α_1、α_2)。
④在方格坐标纸上作出分配系数与 pH 值关系曲线。

5. 记录表格

碳酸种类与 pH 值关系分析实验原始记录如表 9-3 所示。

表 9-3　碳酸种类与 pH 值关系分析实验原始记录

pH 值	分析项目	体积 /mL	止	起	差	毫摩尔浓度/ (mmol/L)	毫摩尔浓度百分数	pH 值	分析项目	体积 /mL	止	起	差	毫摩尔浓度/ (mmol/L)	毫摩尔浓度百分数
4	$H_2CO_3^*$ HCO_3^- CO_3^{2-}							8.5	$H_2CO_3^*$ HCO_3^- CO_3^{2-}						
	合计								合计						

pH 值	分析项目	体积 /mL	止	起	差	毫摩尔浓度/ (mmol/L)	毫摩尔浓度 百分数	pH 值	分析项目	体积 /mL	止	起	差	毫摩尔浓度/ (mmol/L)	毫摩尔浓度 百分数
5	$H_2CO_3^*$ HCO_3^- CO_3^{2-}							9	$H_2CO_3^*$ HCO_3^- CO_3^{2-}						
	合计								合计						
6	$H_2CO_3^*$ HCO_3^- CO_3^{2-}							10	$H_2CO_3^*$ HCO_3^- CO_3^{2-}						
	合计								合计						
7	$H_2CO_3^*$ HCO_3^- CO_3^{2-}							11	$H_2CO_3^*$ HCO_3^- CO_3^{2-}						
	合计								合计						
8	$H_2CO_3^*$ HCO_3^- CO_3^{2-}							12	$H_2CO_3^*$ HCO_3^- CO_3^{2-}						
	合计								合计						

9.4.3 天然水的净化

1. 实验目的

练习利用简易方法净化天然水。

2. 仪器和试剂

小烧杯、试管、玻璃棒、铁架台、胶头滴管、研钵、自制简易水过滤器、浑浊的天然水、明矾、新制的漂白粉溶液。

3. 实验步骤

(1)浑浊天然水的澄清

在两个小烧杯中,各加入 100mL 浑浊的河水(或湖水、江水、井水等)。向一份水样中加入少量经研磨的明矾粉末,搅拌,静置。观察现象,与另一份水样进行比较。

(2)过滤

将烧杯中上层澄清的天然水倒入自制的简易水过滤器中过滤,将滤液收集到小烧杯中。

简易过滤器的制作:取一个塑料质地的空饮料瓶,剪去底部,瓶口用带导管的单孔橡胶塞塞住,将瓶子倒置,瓶内由下向上分层放置洗净的蓬松棉、活性炭、石英砂、小卵石四层,每层间可用双层纱布分隔,如图 9-14 所示。

（3）消毒

向过滤后的水中滴加几滴新配制的漂白粉溶液,进行消毒。

9.4.4　河流中水的纵向扩散系数的测定

污染物进入河流水体后,会发生扩散。研究污染物在水体中的扩散,对了解污染物从污染源排出后在水体中的散布过程以及推算污染物的浓度随时空的变化和分布规律具有重要意义。如何确定扩散系数是一个相当复杂的问题,需要进行示踪实验和模拟计算。实验时,把示踪剂溶解于水中,制成比较浓的溶液,倾倒于河流中。倾倒方式可以是瞬时(不稳定)排放或定常(稳定)排放。本实验仅就较简单的一维河流中河段纵向扩散系数的荧光示踪测定法进行简要介绍。

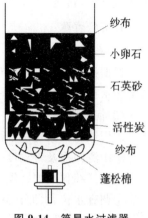

图 9-14　简易水过滤器

1. 实验目的

①掌握荧光仪的工作原理和使用方法。

②学会瞬时投放荧光示踪法测定河段纵向扩散系数的方法。

2. 实验原理

对于河宽较窄、水深较浅的河段,当污染物进入该水体后,若污染物在河流的横向上和水深的垂向上不存在浓度梯度,污染物只沿着河流的纵向流动方向上存在浓度梯度,则这类河段可近似看成是一维河流。在该河段中,若采用一次性全部投入(瞬时投入)示踪剂方式时,其河流下游水体中示踪剂的浓度随时间(t)、空间(x)的变化规律如下:

①对于可分解物质:

$$c(x,t) = \frac{W}{A\sqrt{4\pi E_x t}}\exp(-Kt)\exp\left[-\frac{(x-\bar{v}t)^2}{4E_x t}\right]$$

②对于不可分解物质:

$$c(x,t) = \frac{W}{A\sqrt{4\pi E_x t}}\exp\left[-\frac{(x-\bar{v}t)^2}{4E_x t}\right]$$

式中,$c(x,t)$ 为在距投药点下游 x 处,t 时刻时示踪剂的浓度,mg/L;W 为瞬间投放示踪剂的量,g;A 为河流断面面积,m^2;x 为采样点距投药点的距离,m;t 为从投药到采样时所经过的时间,s;E_x 为纵向扩散系数,m^2/s;$\bar{v}$ 为河流平均流速,m/s;K 为污染物衰减速率系数,s^{-1}。

实验时,采用不可分解的(指在实验期间)罗丹明荧光物质作示踪剂,用荧光仪测定水样的荧光强度(求出其水样中示踪剂的浓度)。

在 W、A、$\bar{v}$、x 已知的条件下,变动 E_x 数值,可算出示踪剂浓度随时间的变化。绘出此曲线,并与实测曲线相比,取接近于实测过程线的曲线,其假定的 E_x 值即为成果值。

河流的扩散作用同许多因素有关。例如,水力和水文因素、地理因素、河流水质因素等。故在进行实验时应对有关因素进行调查和测定。

3. 实验药品与仪器

本实验的实验药品与仪器为:罗丹明(示踪剂),100mL 容量瓶,流速仪,秒表,经纬仪,测距绳,水样塑料壶,荧光仪。

4. 实验步骤

(1)布点

根据拟定污水排放的位置、考察河段的状况及采样布点的原则布点(示踪剂投放点设置于拟定污水排放口处)。

(2)河段调查

①用流速仪测定法或浮标测定法测定河流的流速。

②用测距绳及带刻度竹竿测定投药断面及各采水断面的形状。

③用经纬仪或测距绳测定各采样断面距投药断面的距离。

④调查水位、水面比降,地表水、地下水的流入或引水情况,调查河床底质情况。

(3)示踪剂投放

根据河段实际情况,取适量的罗丹明试剂,用适量的河水溶解,制成比较浓的溶液。一次性瞬间全部倾倒于投放点,同时各采样点打开秒表开始计时。

(4)采样

罗丹明溶液为鲜红色,在红色水团到达各采样点之前,各点均取一个空白对照样。在红色水团经过采样断面期间,各采样点至少要采得 10 个水样,且所采水样的浓度分布为峰值分布。通常离投放点近的采样点,取样的间隔时间短些,反之,取样间隔时间要长些。每次采样时,均应记下采样时间,并尽可能地不要搅动河水。

(5)实验室工作

①罗丹明标准母液的配制。准确称取分析纯罗丹明试剂 400mg,用少量水溶解后,定量转入 1L 容量瓶中,并稀释定容至刻度,此母液浓度为 400mg/L。取上述母液 25.00mL 置于另一个 1L 容量瓶中,并稀释定容至刻度,此中间母液浓度为 10000μg/L(上述溶液由实验室准备)。

②罗丹明标准溶液配制。于 7 个 100mL 容量瓶中,分别加入上述中间母液 0mL,0.5mL,1.0mL,2.0mL,3.0mL,4.0mL,5.0mL,并用蒸馏水稀释定容至刻度。

③在荧光仪上,以空白液调仪器零点,再分别测定各标样的相对荧光强度。以示踪剂含量为横坐标,相对荧光强度为纵坐标绘制工作曲线。

④样品的测定。在与工作曲线相同的测定条件下,在荧光仪上测定各水样的相对荧光强度,在扣除河水的相对荧光强度本底值后,查工作曲线,求出水样中示踪剂的浓度。并在坐标纸上绘出示踪剂的浓度随时间变化的实际曲线。

⑤E_x 值的确定。选择某一 E_x 值代入公式

$$c(x,t)=\frac{W}{A\sqrt{4\pi E_x t}}\exp\left[-\frac{(x-\bar{v}t)^2}{4E_x t}\right]$$

中,在给定的 W、A、$\bar{v}$、x 条件下,求 $c(x,t)$-t 曲线,并与实测 $c_{实}(x,t)$-t 曲线相比,取接近于实测过程线的曲线,其假定的 E_x 值即为成果值。

5. 注意事项

①罗丹明所产生的荧光属分子荧光,其荧光激发波长为 555nm,分子响应荧光为 580nm。

②当河水中悬浮物(如泥沙)较多时,其悬浮物由于吸附、散射等作用而干扰测定,此时宜

对水样进行离心分离(各样品分离的时间应一致),并用注射器抽取中间的清液进行分析,同时应用该河水配制标样,并通过同样的离心分离后,用注射器抽取中间清液分析,以便减少误差。由于滤纸对罗丹明有较大的吸附,故含悬浮物较多水样不宜用滤纸过滤。

③由于内滤效应、荧光猝灭效应等原因,工作曲线的高浓度部分会向浓度轴发生偏离。

④采样断面应设置在废水(示踪剂)与河水充分混合后河段,其距离 L 可按式以下方法计算。

若工厂废水采用河心排放方式,则

$$L \geqslant 1.8 \times \frac{B^2 \bar{v}}{4 H v^*}$$

式中,B 为河流平均宽度,m;H 为河流平均水深,m;$\bar{v}$ 为河水平均流速,m/s;v^* 为摩阻流速,$v^* = \sqrt{gHL}$;g 为重力加速度,$g = 9.8 m/s^2$;I 为河段水力坡降。

若工厂废水采用岸边排放,则

$$L \geqslant 1.8 \times \frac{B^2 \bar{v}}{H v^*}$$

9.4.5　土壤中有机氯农药的测定

1. 实验目的

①了解土壤中有机物的提取富集方法。

②学习和了解气相色谱法的原理和方法。

2. 实验原理

有机氯农药六六六和 DDT 具有物理化学性质稳定,不易分解,水溶性低、脂溶性高及在有机溶剂中分配系数较大的特点。本法采用有机溶剂提取,浓硫酸纯化消除或减少对分析的干扰,然后用电子捕获检测器进行气相色谱测定。

3. 仪器和试剂

①带有电子捕获检测器的气相色谱仪。

②脂肪提取器。

③500mL 分液漏斗。

④容量瓶。

⑤康氏振荡器。

⑥250mL 具塞锥形瓶。

⑦布氏漏斗,吸滤瓶。

⑧石油醚。沸程 60～90℃,色谱进样无干扰峰。如不纯,用全玻璃蒸馏器重蒸或通过中性三氧化二铝柱色谱纯化。

⑨丙酮。分析纯,空白分析无干扰峰,否则需要用全玻璃蒸馏器重蒸。

⑩无水硫酸钠。300℃烘 4h,放入干燥器中备用。

⑪2％硫酸钠水溶液。

⑫硅藻土。粒度为 0.65～0.20mm(30～80 目)。

⑬苯。用全玻璃蒸馏器重蒸。

⑭六六六、DDT 标准储备液。将六六六异构体、DDT 及其代谢产物用石油醚配制成 200mg/L 的储备液（β-六六六先用少量重蒸苯溶解），再分别稀释 10～1000 倍，配成适当浓度的中间溶液和标准溶液。

4. 实验步骤

（1）提取

根据实际条件，以下两种提取方法任选一种。

①称取粒度为 0.30mm（60 目）土壤或风干土壤 20.00g（同时另称量 20.00g 以测定水分含量）置于小烧杯中，加 2mL 水，4g 硅藻土，充分混合后，全部移入滤纸筒内，上部盖上一片滤纸，或将混合均匀的样品，用滤纸包好，移入脂肪提取器中，加入 80mL（1＋1）石油醚-丙酮混合溶液浸泡 12h 后，提取 4h，待冷却后将提取液移入 500mL 分液漏斗中，用 20mL 石油醚分 3 次冲洗抽提器烧瓶，将洗涤液并入分液漏斗中。向分液漏斗中加入 300mL 浓度为 2％硫酸钠水溶液，静置分层后，弃去下层丙酮水溶液，上层石油醚提取液供纯化用。

②称取 20.00g 粒度为 0.30mm（60 目）的土壤或风干土壤（同时另称量 20.00g 以测定水分含量）置于 250mL 磨口锥形瓶中，加 2mL 水，加 2g 硅藻土，再加 80mL（1＋1）石油醚-丙酮混合溶液浸泡 12h 后，在康氏振荡器上振荡 2h，然后用布氏漏斗抽滤，滤渣用 20mL 石油醚分 4 次洗涤。全部滤液和洗液移入 500mL 分液漏斗中，向分液漏斗中加入 300mL 浓度为 2％硫酸钠水溶液，上层石油醚提取液供纯化用。

（2）纯化

在盛有石油醚提取液的分液漏斗中，加 6mL 浓硫酸，开始轻轻振摇，并不断将分液漏斗中因受热挥发的气体放出，以防发热引起爆裂，然后剧烈振摇 1min。静止分层后弃去下部硫酸层，用浓硫酸纯化 1～3 次（依提取液中杂质多少而定）。然后加入 100mL 浓度为 2％硫酸钠水溶液，振摇洗去石油醚中残存的硫酸，静置分层后，弃去下部水相。上层石油醚提取液通过铺有 3～5mm 厚度无水硫酸钠层的漏斗，漏斗下部用脱脂棉或玻璃棉支托无水硫酸钠。脱水后的石油醚收集于 100mL 容量瓶中，无水硫酸钠层用少量石油醚洗涤 2～3 次，洗涤液收集于上述 100mL 容量瓶中，加石油醚稀释至标线，供色谱测定。

（3）色谱测定

①色谱条件。色谱柱：2m 长玻璃柱，内径 2～3mm；载体：Chromosorb-w 酸洗硅烷化（AWDMCS），粒度为 0.20～0.15mm（80～100 目）；固体液：1.5％OV-17＋2％QF-1；载气流速：60～70mL/min，高纯氮；温度：检测器 240℃，汽化室 240℃，色谱室 180～195℃；纸速：5mm/min；进样量：5μL。

②定量。将各种浓度标准溶液注入色谱仪，确定电子捕获测器线性范围，之后注入样品溶液。根据样品溶液的色谱峰高，选择与该浓度接近的标准溶液注入色谱仪。

5. 计算

$$c_样=\frac{h_样}{h_标}\frac{c_标}{Q_标}\frac{Q_标}{K}$$

式中，$c_样$ 为样品浓度，mg/kg；$h_样$ 为扣除全试剂操作空白峰高后样品的峰高；$h_样$ 为样品的进样量,$5\mu L$;$Q_{标}$ 为标准溶液浓度,mg/L;$c_{标}$ 为标准溶液进样量,$5\mu L$;$h_{标}$ 为标准溶液色谱图峰高;K 为样品提取液体积,相当于样品的质量,本法为 $0.2kg/L$。

6. 注意事项

①新装填的色谱柱在通氮气条件下,加温连续老化至少 48h。老化时可注射六六六异体和 DDT 及其代谢产物的标准液,待色谱柱对农药的分离及定性响应恒定后方能进行定量分析。

②在上述色谱条件下 α-六六六与六氯苯保留时间相同,采用本方法六氯苯干扰 α-六六六的分析。

9.4.6　土壤中农药的残留

农药主要包括杀虫剂、杀菌剂及除草剂,常见的农药可分为有机氯二有机磷、有机汞和有机砷农药等。农业生产中大量而持续地使用农药,可导致其在土壤中不断累积,造成土壤农药污染。农药可通过土壤淋溶等途径污染地下水,通过土壤-作物系统迁移积累影响农作物的产量和质量,乃至农产品的安全,最终经由食物链直接或间接影响人类健康。土壤农药污染的程度可用残留性来描述。土壤中农药的残留量与其理化性质、药剂用量、植被以及土壤类型、结构、酸碱度、含水量、有机质含量及金属离子、微生物种类、数量等有关。从环境保护的角度看,各种化学农药的残留期愈短愈好;但从植物保护角度,如果残留期太短,就难以达到理想的杀虫、治病、灭草的效果。因此,评价农药残留性,对防治土壤农药污染及研制新型农药均具有重要的参考价值。

1. 实验目的

①掌握农药残留量的测定原理及方法。
②理解农药残留性评价的环境化学意义。

2. 实验原理

用极性有机溶剂分三次萃取土壤中有机磷农药,用带火焰光度检测器(FPD)的气相色谱法测定有机磷农药的含量。火焰光度检测器对含硫、磷的物质有较高的选择性,当含硫、磷的化合物进入燃烧的火焰中时,将发生一定波长的光,用适当的滤光片,滤去其他波长的光,然后由光电倍增管将光转变为电信号,放大后记录之。当所用仪器不同时,方法的检出范围不同。通常的最小检出浓度为:乐果 $0.02\mu g/mL$;甲基对硫磷 $0.01\mu g/mL$;马拉硫磷 $0.02\mu g/mL$;乙基对硫磷 $0.01\mu g/mL$。

3. 仪器和试剂

(1)仪器
①气相色谱仪,带火焰光度检测器。
②旋转蒸发仪。
④振荡器。
④分液漏斗 1000mL。
⑤Celite 545 布氏漏斗。
⑥量筒:100mL,50mL。

（2）试剂

①丙酮：分析纯。

②二氯甲烷：分析纯。

③氯化钠：分析纯。

④色谱固定液：OV-101,OV-210。

⑤载体 Chomosorb WHP(80～100 目)。

⑥有机磷农药标准储备溶液将色谱纯乐果、甲基对硫磷、马拉硫磷、乙基对硫磷用丙酮配制成 $300\mu g/mL$ 的单标储备液（冰箱内 4℃保存 6 个月），再分别稀释 30～300 倍，配成适当浓度的标准使用溶液（冰箱内 4℃保存 1～2 个月）。

4．实验步骤

（1）样品的采集与制备

用金属器械采集样品，将其装入玻璃瓶，并在到达实验室前使它不至变质或受到污染。样品到达实验室之后应尽快进行风干处理。

将采回的样品全部倒在玻璃板上，铺成薄层，经常翻动，在阴凉处使其慢慢风干。风干后的样品，用玻璃棒碾碎后，过 2mm 筛(铜网筛)，除去 2mm 上的砂砾和植物残体。将上述样品反复按四分法缩分，最后留下足够分析的样品，再进一步用玻璃研钵予以磨细，全部通过 60 目金属筛。过筛的样品，充分摇匀，装瓶备分析用。在制备样品时，必须注意不要使土壤样品受到污染。

（2）样品的提取

称取 60 目土壤样品 20g，加入 60mL 丙酮，振荡提取 30min，在铺有 Celite 545 的布氏漏斗中抽滤，用少量丙酮洗涤容器与残渣后，倾入漏斗中过滤，合并滤液。

将合并后的滤液转入分液漏斗中，加入 400mL 浓度为 10％氯化钠水溶液，用 100mL，50mL 二氯甲烷萃取两次，每次 5min。萃取液合并后，在旋转蒸发器上蒸发至干(低于 35℃)，用二氯甲烷定容，测定有机磷农药残留量。

（3）标准曲线的绘制和样品的测定

将有机磷农药储备液用丙酮稀释配制成混合标准使用溶液，如表 9-4 所示，并用气相色谱仪测定，以确定氮磷检测器的线性范围。

表 9-4　有机磷农药标准使用溶液的配制

农药名称	浓度/(μg/mL)				
	1	2	3	4	5
乐果	1.8	3.6	5.4	7.2	9.0
甲基对硫磷	0.6	1.2	1.8	2.4	3.0
马拉硫磷	1.5	3.0	4.5	6.0	7.5
乙基对硫磷	0.9	1.8	2.7	3.6	4.5

将定容后的样品萃取液用气相色谱仪进行分析，记录峰高。根据样品溶液的峰高，选择接近样品浓度的标准使用溶液，在相同色谱条件下分析，记录峰高。以峰高对浓度作图，绘制标准曲线。

色谱条件：色谱柱为 3.5％OV-101＋3.25％OV-210/Chomosorb WHP(80～100 目)玻璃

柱,长 2m,内径 3mm,也可以用性能相似的其他色谱柱;气体流速为氮气 50mL/mim;氢气 60mL/min;空气 60mL/min;柱温为 190℃;气化室温度为 220℃;检测器温度为 220℃;进样量为 $2\mu L$。

5.数据处理

四种农药的残留量计算公式为:

$$有机磷农药的残留量(mg/g) = \rho_测 \frac{V}{W}$$

式中,$\rho_测$ 为从标准曲线上查出的有机磷农药测定浓度,mg/L;V 为有机磷农药提取液的定容体积,L;W 为土壤样品的质量,g。

9.4.7　吸附实验

吸附实验的目的是为了查清溶质吸附及解吸机理,建立相应的等温吸附线及等温吸附方程,求得分配系数(K_d)及最大吸附容量(S_m)。该实验一般分为吸附平衡实验及土柱实验两种。

1.吸附平衡实验

实验方法步骤如下:

①从现场采集研究的岩土样,风干过筛(一般是 2mm 的筛)备用。

②测定岩土样的有关参数,诸如颗粒级配、有机质、黏土矿物,Fe,Al 等,测定什么参数视具体研究情况而定,有时还必须测定岩土的 pH 值。

③称少量(一般是几克)备用岩土样放入离心管(一般是 250mL 离心管)。

④配置含有不同溶质浓度的溶液,取约 50mL(视情况有所增减),放入装有土样的离心管。

⑤将装有土样及其溶质溶液的离心管放置于水浴中,保持恒温并振荡。定时取出溶液,离心澄清,取少量(一般为 1mL,或数毫升,以不引起离心管溶液浓度明显变化为原则)进行分析,直至前后几次的浓度不变为止。以时间为横坐标,浓度为纵坐标,绘出浓度-时间曲线(c-t 曲线),确定达吸附平衡所需时间。

⑥将一组(一般是 5 个以上)装有不同溶质浓度和岩土样的离心管置于水中,保持恒温并振荡。待达到上述所确定的吸附平衡所需时间后,取出试管,离心澄清,取清液分析溶质浓度。

⑦溶液原始浓度减去平衡浓度,乘以试验溶液体积,所得的溶质减少量即为岩土的吸附总量,并换算成岩土的吸附浓度。

⑧把实验数据作数学处理,绘出吸附等温线,建立等温吸附方程,求得分配系数(K_d)及最大吸附容量(S_m)。

2.土柱实验

土柱实验和吸附平衡实验的不同点在于:前者是动态实验,后者是静态实验;前者的结果较接近实际,不仅可确定分配系数(K_d),而且可探讨吸附的一般机理。其实验装置及步骤简述如下。

(1)装置

土柱实验的装置,一般分为两部分(如图 9-15 所示),另外,还有取样测流辅助装置。

①土柱。包括实验工作段及滤层。

②供水。常采用马利奥特瓶原理稳定水头,供水容器最好能容纳实验全过程所消耗的溶液(水)。

③取样及测流。包括控流阀(目的是控制实验流速接近实际),流量计和取样器。

(2)方法步骤

①把岩土样风干、捣碎及过筛(一般为 2mm 孔径)。

②测定实验岩土样的有关参数,除平衡实验所述参数外,增加含水量,容重及密度的测定。

③岩土样装填。最下段一般为石英砂滤层,其上下应有滤网,上段为岩土实验段,应根据长度及土容重算出装填岩土质量,分段装填,每段一般为 2~5cm,稍稍捣实,以保持土柱岩土接近天然容重。

④吸附实验。将具有某溶质一定浓度的溶液注入土柱,定期测流量,取分析样。直至渗出水与渗入水某溶质相近为止,吸附实验结束。

⑤解吸试验。吸附实验结束,供水容器改换不含实验溶质的溶液(水)进行实验。取分析水样,并记录流量,直至渗出水某溶质浓度为零。或渗出水某溶质浓度趋于稳定为止,试验结束。

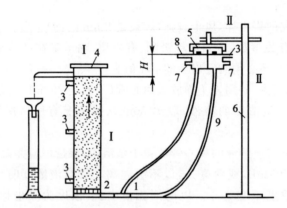

图 9-15　研究岩石渗透时弥散、吸附和溶解的实验装置

Ⅰ—装土的圆筒;Ⅱ—供给指示剂液(P)或水(B)的装置;

1—混合供给水或溶液的开关;2—过滤器;3—取样管;

4—盖子;5—保持定水头的装置;6—支架;

7—供水或溶液的管;8—排除多余液体的管;9—皮管

(3)试验数据整理

以相对浓度 c_i/c_0 为纵坐标(c_i 为渗出水浓度,c_0 为渗入水浓度),渗过土柱水的孔隙体积为横坐标,绘制穿透曲线。值得注意的是,一般不应以时间 t 为横坐标,因为不同实验岩土的孔隙体积及流速不同,如以时间 t 为横坐标,则使不同岩土实验的穿透曲线可比性差。土柱孔隙体积(V_n)等于孔隙度(n)与装填岩土体积(v)的乘积。孔隙度(n)的计算公式为:

$$n = 1 - \frac{\rho_b}{\rho}$$

式中,n 为孔隙度,无量纲;ρ_b 为岩土重,g/cm^3;ρ 为岩土密度,g/cm^3。

样图如图 9-16 所示。该图说明,头 7 个孔隙体积水里,Cr^{6+} 浓度为零,说明 Cr^{6+} 完全被吸附;此后渗出水 Cr^{6+} 逐步增加,至第 22 孔隙体积水渗过土柱时,$c_i/c_0=1$,砂土吸附量耗尽。据计算 Cr^{6+} 为 960mmol/L,据此算得:

$$K_d = 2.34L/kg$$

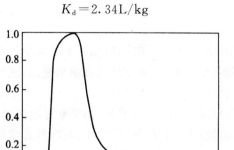

图 9-16　Cr^{6+} 的穿透曲线(吸附—解吸试验)

(淋滤水:$c(Cr^{6+})=960\mu mol/L$,流速 $=7.1\times10^{-4}cm/s$,pH$=6.8$,$n=40\%$,

1 孔隙积$=606ml$,$\rho_b=1.6g/cm^3$,$c=$渗出水中铬浓度)

参考文献

[1]汪群慧.环境化学(第2版).哈尔滨:哈尔滨工业大学出版社,2008.

[2]王秀玲,崔迎.环境化学.上海:华东理工大学出版社,2013.

[3]黄伟.环境化学.北京:机械工业出版社,2010.

[4]杨志峰,刘静玲等.环境科学概论.北京:高等教育出版社,2004.

[5]唐孝炎,张远航,邵敏.大气环境化学.北京:高等教育出版社,2006.

[6]袁加成.环境化学.北京:化学工业出版社,2010.

[7]戴树桂.环境化学.北京:高等教育出版社,1997.

[8]刘绮.环境化学.北京:化学工业出版社,2004.

[9]张瑾,戴猷元.环境化学导论.北京:化学工业出版社,2008.

[10]邹洪涛,陈征澳.化境化学.广州:暨南大学出版社,2011.

[11]吕小明.环境化学.武汉:武汉理工大学出版社,2005.

[12]郭子义.环境化学概论(第2版).北京:北京师范大学出版社,2004.

[13]戴树桂.环境化学进展.北京:化学工业出版社,2005.

[14]沈玉龙,曹文华.绿色化学(第2版).北京:中国环境科学出版社,2009.

[15]张宝贵.环境化学.武汉:华中科技大学出版社,2009.

[16]赵美萍,邵敏.环境化学.北京:北京大学出版社,2005.

[17]董德明,康春莉,花修艺.环境化学.北京:北京大学出版社,2010.

[18]陈景文,全燮.环境化学.大连:大连理工大学出版社,2009.

[19]姚运先等.环境化学.广州:华南理工大学出版社,2009.

[20]王红云,赵连俊.环境化学(第2版).北京:化学工业出版社,2009.

[21]夏立江.环境化学.北京:中国环境科学出版社,2003.